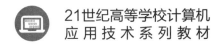

21世纪高等学校计算机
应用技术系列教材

U0168577

ASP.NET
程序设计案例教程 第2版

◎ 涂俊英 编著

清华大学出版社
北京

内 容 简 介

本书以学以致用和指导实践为目的,系统介绍使用 ASP. NET 进行开发应该掌握的主要技术。内容包括 ASP. NET 概述、ASP. NET 服务器控件、ASP. NET 内置对象、界面外观设计与布局、ADO. NET 技术、数据绑定技术、Web Service、ASP. NET AJAX 技术,最后通过一个综合案例将主要知识贯穿在一起。全书提供了大量的应用案例,每章均附有习题。

本书立求理论与实践相结合,注重基础、案例丰富,适合作为高等院校计算机及相关专业本科生的教材,也可供广大网站开发技术人员参考。

图书在版编目(CIP)数据

ASP. NET 程序设计案例教程/涂俊英编著. —2 版. —北京:清华大学出版社,2023.3
21 世纪高等学校计算机应用技术系列教材
ISBN 978-7-302-62673-2

Ⅰ. ①A⋯　Ⅱ. ①涂⋯　Ⅲ. ①网页制作工具－程序设计－高等学校－教材　Ⅳ. ①TP393.092.2

中国国家版本馆 CIP 数据核字(2023)第 024036 号

责任编辑:陈景辉
封面设计:刘　键
责任校对:徐俊伟
责任印制:沈　露

出版发行:清华大学出版社
　　　　　网　　　址:http://www.tup.com.cn,http://www.wqbook.com
　　　　　地　　　址:北京清华大学学研大厦 A 座　　　邮　　编:100084
　　　　　社 总 机:010-83470000　　　　　　　　　　邮　　购:010-62786544
　　　　　投稿与读者服务:010-62776969,c-service@tup.tsinghua.edu.cn
　　　　　质量反馈:010-62772015,zhiliang@tup.tsinghua.edu.cn
　　　　　课件下载:http://www.tup.com.cn,010-83470236
印 装 者:三河市铭诚印务有限公司
经　　销:全国新华书店
开　　本:185mm×260mm　　印　张:16.5　　　　　字　　数:415 千字
版　　次:2018 年 8 月第 1 版　　2023 年 3 月第 2 版　　印　　次:2023 年 3 月第 1 次印刷
印　　数:1~1500
定　　价:59.90 元

产品编号:098666-01

前 言

    .NET 是软件开发人才培养的一个比较重要的方向。当前基于.NET 的教材普遍存在两方面的问题:一方面陷入"教材与企业应用严重脱节"的怪圈,即教材中所讲的 ASP.NET 开发基本上是拖控件的"傻瓜式"开发,而实际企业中很少使用拖控件的方式进行开发,这就造成了很多毕业生刚参加工作时无法适应用人单位的技术要求;另一方面,有些基于工作过程或项目应用的教材只给出片段程序,省略了最重要的语法格式,学生只能看懂这段程序,而不知道这段程序为何要这样编写,变换某项要求后就不会改写相应程序了,这类教材舍本逐末,违反了认知规律。

    本书采用符合认知规律的形式,从企业的实际工程项目中提取素材,将其简化和分解后编入课程中,讲授的内容都选取最贴近企业实际开发的技术,让学生不仅能从书上学到必备的理论知识,还能从书上的工程案例中学到更实用的工程经验,服务于学生的就业需求。

本书内容

本书分为 9 章。

第 1 章为 ASP.NET 概述,介绍了.NET 和 ASP.NET 的基本概念,搭建 ASP.NET 开发环境的方法以及 ASP.NET 的两种开发模式,最后通过两个案例分别介绍创建 ASP.NET 应用程序项目和 ASP.NET 空网站的具体过程。

第 2 章为 ASP.NET 服务器控件,介绍了 ASP.NET 控件的类型、公共属性和事件,然后分类介绍了文本控件、控制权转移控件、选择控件及其他常用的标准控件,最后介绍了 ASP.NET 验证控件。

第 3 章为 ASP.NET 内置对象,介绍了 ASP.NET 对象的概念、访问方法以及 ASP.NET 各内置对象的属性、方法和应用,并对 Application 对象、Session 对象和 Cookie 对象进行了比较。

第 4 章为界面外观设计与布局,首先介绍了主题和母版页技术,用于在 ASP.NET 中设计并维护具有相同风格的网页,然后介绍了网站地图的创建及导航控件的使用方法,最后介绍了 3 种页面布局方式。

第 5 章为 ADO.NET 技术,介绍了 ADO.NET 的基础知识,主要讲解 ADO.NET 的相关概念、ADO.NET 的结构、五大对象、两种数据库访问模式,最后通过案例讲解使用 ADO.NET 技术操作数据的常用方法。

第 6 章为数据绑定技术,介绍了数据绑定的概念及数据绑定语法,对常用的数据源控件和数据显示控件也做了详细说明,最后通过几个典型案例展示如何将数据绑定到控件上。

第 7 章为 Web Service,首先介绍了 Web Service 的概念及 Web Service 的创建与引用方法,然后在此基础上以案例的形式介绍了如何使用 Web Service 实现数据库操作和通信功能,并讲解了使用 Web Service 生成验证码和注册码的完整过程。

第 8 章为 ASP.NET AJAX,介绍了 AJAX 的工作原理,讲解了 ASP.NET AJAX 常用

控件的使用方法，并以案例的形式介绍了 AJAX 在 ASP.NET 开发中的实际应用。

第9章为综合案例，以留言板系统为例介绍了留言板的功能模块设计、数据库设计和公用模块设计，并完整地说明了留言板各功能模块的实现过程。

本书各章都提供了适量的练习题和上机操作题供读者选用。

本书特色

（1）注重基础，内容翔实。本书注重基础，对教材内容的设置进行了科学安排，力求内容翔实和全面，并细致地解析了每个知识点。

（2）结构清晰，讲解透彻。本书结构清晰，讲解深入透彻、细致完整，并通过合理的案例来加深读者对相应技术的理解和掌握。

（3）案例丰富，讲究实用。本书充分体现了案例教学的特点，以易学、易用为出发点，精选大量实用的案例，操作步骤详细，特别适合入门者。

配套资源

为便于教与学，本书配有源代码、教学课件、教学大纲、习题答案。

（1）获取源代码、彩色图片、扩展阅读方式：先刮开并用手机版微信 App 扫描本书封底的文泉云盘防盗码，授权后再扫描下方二维码，即可获取。

源代码　　　　彩色图片　　　　扩展阅读　　　　全书网址

（2）其他配套资源可以扫描本书封底的"书圈"二维码，关注后回复本书书号，即可下载。

读者对象

本书理论与实践相结合，注重基础、案例丰富，适合作为高等院校计算机及相关专业的教材，也可供广大网站开发技术人员参考。

致谢

本书全部章节由湖北工程学院计算机与信息科学学院教师涂俊英编著，本书的编写得到了湖北工程学院教务处教改项目的资助，清华大学出版社对本书的出版给予了大力支持，朱三元、黄兰英老师以及连续几届的选课学生对本书的编写提出了许多宝贵的建议，在此一并表示感谢！

限于编者的水平和经验，加之时间仓促，书中的疏漏之处在所难免，敬请读者批评指正。

编　者

2023 年 1 月

目　录

第1章

ASP.NET概述

本章学习目标

- 了解.NET 和 ASP.NET 的概念；
- 掌握搭建 ASP.NET 开发环境的具体步骤和操作方法；
- 了解 ASP.NET 的两种开发模式；
- 掌握创建 ASP.NET Web 项目的两种方式。

本章介绍.NET 和 ASP.NET 的基本概念、搭建 ASP.NET 开发环境的方法以及 ASP.NET 的两种开发模式，最后通过两个案例分别介绍创建 ASP.NET 应用程序项目和 ASP.NET 空网站的具体过程。

1.1 ASP.NET 简介

1.1.1 什么是.NET

.NET 是指微软公司推出的.NET 框架，它能够提供一个统一的编程环境，但是却没有开发语言的限制。.NET 能够让程序员更高效地建立各种 Web 应用程序和服务，并让 Internet 上的应用程序之间可以通过 Web 服务进行沟通。

一般来说，用一种编程语言编写出来的程序很难与用另一种语言编写出来的程序进行数据交换，因为不同编程语言的数据类型的定义规则不同，用一种语言编写出来的程序在用其他语言编写的程序中调用起来非常不方便。

那么怎样才能解决这个问题呢？.NET 的出现提出了这样一种解决方案：使用一种对各种所支持语言都相同的公共数据类型。这就好比每个人都有自己的语言，但是为了不同国家的人之间交流方便，给每个人都带上一个能够把所有的语言都翻译成一种语言的工具。.NET 提供的公共类型系统定义了一个数据类型的集合，它屏蔽了大部分编程语言中数据类型的差异性。例如，在使用一个字符串时，公共类型系统能够确保在.NET 环境下所引用的字符串对其他支持语言来说是完全相同的，因为这里使用的 string 类型并非各个编程语言自己定义的数据类型，而是.NET 公共类型系统里定义的数据类型，它让编程语言与数据类型的定义分离。这样就能够使.NET 环境支持多种语言的合作编程，而且不影响效率。

.NET 框架包括 3 个主要组成部分，即公共语言运行时、服务框架和应用程序模板。

公共语言运行时（Common Language Runtime，CLR）是一个运行时环境，管理代码的执行并使开发过程变得更加简单。CLR 为每一种.NET 语言提供了一个编译器,当网页第一次被访问时将会编译生成一种通用的中间语言(简称 IL)。中间语言是一种类似于汇编的程序语言,不能直接执行。所有的中间语言都具有相同的形式,然后中间语言利用即时编译器在本机上进一步编译成机器代码以便执行。由于中间语言与机器无关,它可以在任何可以运行 CLR 的机器上运行,因此.NET 可以满足跨平台的需要。

在 CLR 之上的是服务框架,它提供了一套强大的类库,封装了对 Windows、网络、文件、多媒体等的处理功能,使开发人员可以轻松地构建程序。.NET 类库被分为几部分,每一部分都被包含在一个命名空间下。.NET 的命名空间是指功能相近的类的集合。在开发程序时可以将命名空间引入代码中,然后使用该命名空间下的类完成开发的需要。

.NET 提供了两类应用模板供用户自主选择,分别是传统的 Windows 应用程序模板(Win Forms)和基于 ASP.NET 的面向网络的 Web 应用程序模板(Web Forms 和 Web Services)。.NET 框架结构如图 1.1 所示。

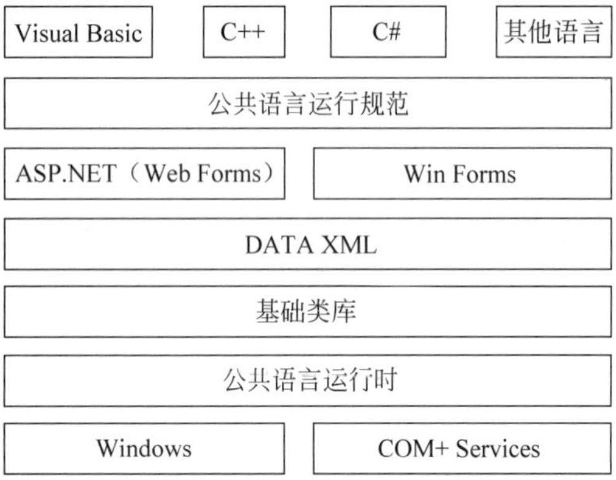

图 1.1　.NET 框架结构

1.1.2　什么是 ASP.NET

ASP.NET 是微软公司于 2002 年推出的 Windows 平台下的 Web 开发技术,经过多年的改进和优化,ASP.NET 现已逐渐成为一种稳定而强大的 Web 开发技术,利用 ASP.NET 进行网络程序的开发和网站的开发已成为潮流。

传统的 ASP 只能使用弱类型的脚本语言进行编程,以解释方式执行程序。由于 ASP 产品的安全性问题不容易完善解决,因此一旦受到攻击很容易造成资料的泄露。另外,由于 ASP 的前、后台代码是不分离的,这样会让设计者在代码比较复杂时很难进行有效的管理,因此用 ASP 开发的系统出现 bug(漏洞)的概率以及后期维护的成本都非常高。

在这样的背景之下,ASP.NET 问世后很快就受到了广大程序员的欢迎。相对于 ASP,ASP.NET 的功能更加强大,也更加稳定、安全,其条理清晰的前、后台代码分离以及许多的集成功能更是可以达到 ASP 无法达到的高度,从而能够成为当今 Web 应用程序开发的主流。

1.2　搭建 ASP.NET 开发环境

1.2.1　启用与配置 IIS

如果要在 Visual Studio 2013 中开发 ASP.NET 应用程序或网站,计算机中需要有以下环境。

- IE 10;
- IIS 7;

- .NET Framework 4.5。

在安装 Visual Studio 2013 的过程中会自动安装.NET Framework 4.5；Windows 7 操作系统中已经自带 IE 8，只需升级到 IE 10；安装了 Windows 7 操作系统的计算机自带 IIS 7，因此在 Windows 7 计算机中无须安装 IIS，只需要启用 IIS 服务。启用与配置 IIS 的具体步骤如下。

1. 进入控制面板

进入 Windows 7 控制面板，打开程序功能，选择"打开或关闭 Windows 功能"选项。

2. 选择相关选项

在打开的"Windows 功能"对话框中选择所有与 Internet 信息服务相关的选项，如图 1.2 所示。

3. 启用 IIS 服务

在操作系统中选择"控制面板|系统和安全|管理工具|服务"选项，在打开的"服务"窗口中选择名称为 IIS Admin Service 的服务，双击启用该服务，如图 1.3 所示。

图 1.2 选择所有与 Internet 信息服务相关的选项

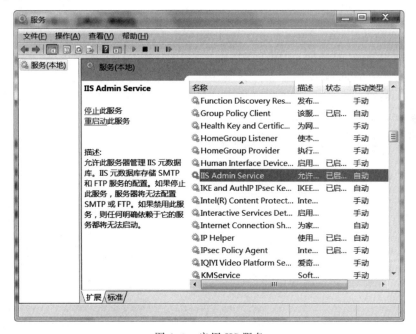

图 1.3 启用 IIS 服务

4. 配置 IIS

IIS 功能启用后可以按如下步骤进行配置。

（1）打开控制面板，选择"系统和安全|管理工具|Internet 信息服务（IIS）管理器"选项，打开 IIS 管理器，如图 1.4 所示。

图 1.4　IIS 管理器

（2）展开"网站"节点，选中 Default Web Site 节点，在右侧的列表中单击"基本设置"超链接，打开"编辑网站"对话框，如图 1.5 所示。

（3）单击"…"按钮，选择网站文件夹所在的路径；单击"选择"按钮，打开"选择应用程序池"对话框，如图 1.6 所示，在该对话框中选择 DefaultAppPool 选项，单击"确定"按钮，返回"编辑网站"对话框，然后单击"确定"按钮，完成对网站路径的选择。

图 1.5　"编辑网站"对话框

图 1.6　"选择应用程序池"对话框

（4）在"Internet 信息服务(IIS)管理器"窗口中单击"内容视图"，切换到"内容视图"页面，如图 1.7 所示。

在该对话框中间的列表中选择网站的首页，然后右击，在弹出的快捷菜单中选择"浏览"选项，即可浏览配置好的网站。配置完成后，在浏览器的地址栏中访问自己的 IP 就可以打开刚才添加的网站。

图 1.7 "内容视图"页面

1.2.2 配置 ASP.NET 应用程序开发环境

在开发 ASP. NET Web 应用程序时,一个好的开发环境非常重要,它既可以方便程序开发人员更好地开发程序,也可以方便程序开发人员调试程序。

1. 打开"选项"对话框

打开 Visual Studio 2013,在菜单栏中选择"工具|选项"选项,在打开的"选项"对话框中配置 Visual Studio 2013 开发环境,如图 1.8 所示。

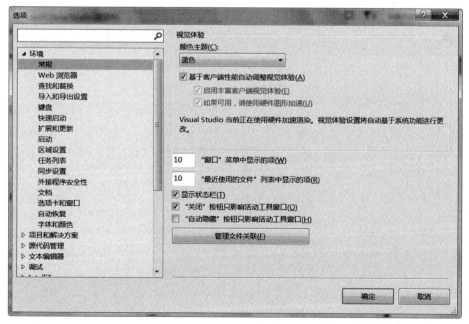

图 1.8 "选项"对话框

2．设置行号显示功能

在"选项"对话框中选择"文本编辑器|C#|常规"选项，在右侧界面找到行号并勾选，如图1.9所示。应用此功能，程序开发人员可以清晰地看到代码在编辑器中的位置以及程序发生错误时错误代码的准确位置。

图1.9 "文本编辑器"下的"C#"选项

3．设置项目位置

在"选项"对话框中选择"项目和解决方案|常规"选项，其中"常规"选项可以设置项目的"项目位置""用户项目模板位置"和"用户项模板位置"等。例如，将"项目位置"设置为"D:\源代码"，如图1.10所示。

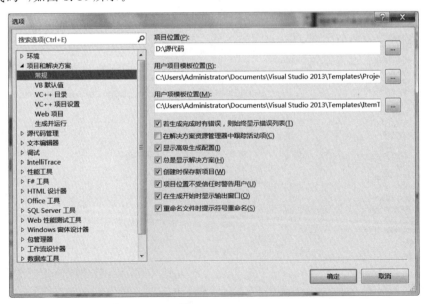

图1.10 "项目和解决方案"的"常规"选项

4．添加数据库连接

在菜单栏中选择"工具│连接到数据库"选项，系统会打开"添加连接"对话框，同时"服务器资源管理器"窗口也会在界面左侧出现，如图 1.11 所示。

图 1.11　添加数据库连接

在"添加连接"对话框的"服务器名"文本框中添加所要连接的本地数据库服务器名或远程数据库服务器名。在添加了服务器名之后，"连接到数据库"选项会自动启动，在该选项中选择所要连接的数据库，然后单击"测试连接"按钮，若系统提示"连接成功"，单击"确定"按钮完成操作。

1.3　ASP.NET 的两种开发模式

1.3.1　Web Forms 模式

Web Forms 是传统的 ASP.NET 编程模式，它是整合了 HTML、服务器控件和服务器代码的事件驱动开发模型。Web Forms 在服务器上编译和执行，再由服务器生成 HTML 显示为网页。Web Forms 有数以百计的 Web 控件和 Web 组件用来创建带有数据访问的用户驱动网站。Web Forms 模式的工作流程如图 1.12 所示。

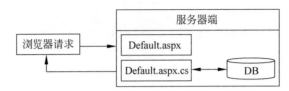

图 1.12   Web Forms 模式的工作流程

客户端通过浏览器请求窗体页面，服务器根据相应的后台代码文件进行业务逻辑处理，其中可能包括对数据库服务器的访问，最后由窗体页面呈现处理结果给客户端浏览器。

1.3.2   MVC 模式

MVC(Model View Controller)是模型(Model)—视图(View)—控制器(Controller)的缩写，它强制性地将 Web 应用程序的输入、处理和输出分开，将 Web 应用程序分成 3 个不

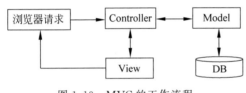

图 1.13   MVC 的工作流程

同的组成部分，其中 Model 负责数据、View 负责显示、Controller 负责输入。它们各自处理自己的任务，但是又相互关联，Controller 负责获取 Model 数据并将 Model 数据传递给 View，通知 View 显示。MVC 的工作流程如图 1.13 所示。

1.4   ASP.NET 页面语法

1.4.1   ASP.NET 页面指令

页面开头形如<% @…%>这样的代码称为页面指令，是对本页面的某种声明。在新建一个 Web 窗体页面时第 1 行就是页面指令，页面指令包含有指令名称和若干属性名值对。在 ASP.NET 中最常用的页面指令是 Page 指令。

（1）Page 指令。

Page 指令只能出现在 aspx 页面中，用于定义页面属性，而且只能出现一次。下面是 Page 指令的一个例子。

```
<%@ Page Language = "C♯" AutoEventWireup = "true" CodeBehind = "WebForm1.aspx.cs" Inherits =
"example1.WebForm1" %>
```

其中，Language 指定选用的 .NET Framework 所支持的编程语言，通常值为 C♯；AutoEventWireup 指定窗体页的事件是否自动绑定，默认值为 true；CodeBehind 用于指定窗体页的后台代码文件；Inherits 与 CodeBehind 属性一起使用，提供本页继承的代码隐藏类。

除了 Page 指令外，在本书后面的章节中还会用到以下页面指令。

（2）Master 指令：出现在母版页。

（3）Control 指令：在构建 ASP.NET 用户控件时使用。

（4）Register 指令：在调用用户控件时对用户控件进行注册。

1.4.2 代码块语法

使用"<%"和"%>"标签将 ASP.NET 执行代码封装起来，形成一个执行块，这个执行块一般用来呈现内容。在页面里内嵌代码的语法如下。

```
<%内嵌代码%>
```

例如，使用代码块语法，根据系统时间显示"上午好！"或"下午好！"，具体代码如下。

```
<% if(DateTime.Now.Hour<12){ %>
    上午好!
<% }else{ %>
    下午好!
<%} %>
```

通常，在页面中使用动态文本的语法如下。

```
<% = 变量或有返回值的方法名()%>
```

1.4.3 数据绑定语法

在含有数据库访问的 Web 窗体页面的前台代码里，通过数据绑定表达式输出数据源中的字段值。数据绑定表达式包含在"<%♯"和"%>"分隔符之内，并使用 Eval()方法和 Bind()方法。Eval()方法用于定义单向（只读）绑定，Bind()方法用于定义双向（可更新）绑定。其语法格式如下。

```
<% ♯Eval("字段名") %>
<% ♯Bind("字段名") %>
```

<%♯绑定表达式%>不仅可以绑定数据源，而且还可以绑定简单属性、集合、表达式，甚至可以从方法调用返回结果。

1.4.4 表达式语法

ASP.NET 表达式是基于运行时计算的信息设置控件属性的一种声明性方式，主要应用在获取数据库的连接字符串、应用程序设置等地方。

1. 从< connectionStrings >节中取值

例如，当使用数据源控件配置数据源时，系统会将数据库连接字符串保存到配置文件 Web.config 中；而在前台代码中，数据源控件的 ConnectionString 属性值则通过<%$:%>语法从 Web.config 文件的< connectionStrings >配置节中获取。

```
ConnectionString = "<% $ connectionStrings:TestDBConnectionString %>"
```

其中，TestDBConnectionString 是< connectionStrings >配置节中定义的数据库连接字符串名称，表达式将 connectionStrings 的值赋给控件的 ConnectionString 属性。

2．从<appSettings>配置节中获取值

例如，在配置文件 Web.config 中的<appSettings>配置节里通过<add>标记的 key 属性和 value 属性分别定义"名值对"。

```
<appSettings>
    <add key = "PI" value = "3.1415926"/>
</appSettings>
```

然后在前台代码界面中通过<% $ appSettings:PI%>形式来引用前面定义的值。

```
<asp:Label ID = "Label1" runat = "server" Text = "<% $ appSettings:PI %>"></asp:Label>
```

其中，<% $ appSettings:PI%>获取的即是由 key 定义的值。

1.5　创建 ASP.NET Web 项目的两种方式

1.5.1　用两种方式创建 Web 项目

1．创建 ASP.NET Web 应用程序项目

【案例 1.1】　创建一个简单的 ASP.NET Web 应用程序项目。

1）新建 ASP.NET 应用程序项目

（1）打开 Visual Studio 2013，在菜单栏中选择"文件|新建项目"选项，在打开的"新建项目"对话框中单击左侧面板中的 Visual C# 下的 Web，之后单击中间面板中的"ASP.NET Web 应用程序"，设定项目的名称、位置，如图 1.14 所示。

图 1.14　"新建项目"对话框

(2) 单击"新建项目"对话框中的"确定"按钮,打开"新建 ASP. NET 项目"对话框,在其中选择 Web Forms 模板,如图 1.15 所示。

图 1.15　"新建 ASP. NET 项目"对话框

(3) 如果想更改模板默认使用的身份验证方式,那么可以单击"更改身份验证"按钮,打开"更改身份验证"对话框,在其中选择需要的身份验证方式,如图 1.16 所示。

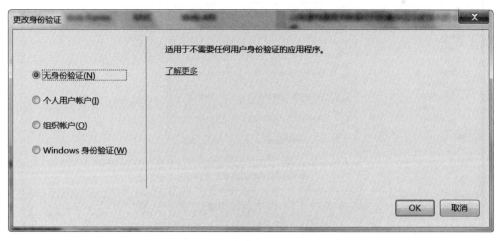

图 1.16　"更改身份验证"对话框

(4) 单击"更改身份验证"对话框中的 OK 按钮,返回到"新建 ASP. NET 项目"对话框,单击其中的"确定"按钮,至此完成新建 ASP. NET Web 应用程序项目的操作,新建的 ASP. NET Web 应用程序项目结构如图 1.17 所示。

图 1.17   项目 proj1-1 的结构

2）编写 ASP．NET 应用程序

在使用 Web Forms 模板创建 ASP．NET Web 应用程序项目时，Visual Studio 会添加一个名为 Default．aspx 的窗体页，可以使用该页作为项目的主页。在本案例中将创建并应用一个新页面。

（1）将新页面添加到项目。

在解决方案资源管理器中右击项目名称，在弹出的快捷菜单中选择"添加 | 添加新项"选项，打开"添加新项"对话框，在中间的模板列表中选择"Web 窗体"选项，在"名称"文本框中输入页面名称，如图 1.18 所示。

单击"添加"按钮，Visual Studio 将创建一个新页并将其前台页面打开。此时 Visual Studio 将创建 3 个文件，其中 WebForm1．aspx 是前台界面文件，用户在页面中添加的文本和控件会在此页面中自动生成代码；WebForm1．aspx．cs 是后台代码文件，用于用户书写后台逻辑代码；WebForm1．aspx．designer．cs 是设计器文件，在 WebForm1．aspx 页面中使用的控件会在此文件中自动生成声明。

图 1.18   "添加新项"对话框

有时候会出现在 aspx 页面中明明使用了一个服务器控件，并且 id 和 runat 属性都添加了，但是在后台 aspx．cs 中却无法使用的情况，这时可以检查 WebForml．aspx．designer．cs 文件中对这个控件的声明语句，检查控件类型和 id 是否与 aspx 页面中的一致。

将 CodeBehind 分成 aspx．cs 和 WebForml．aspx．designer．cs 两个部分可以有效地减

少开发人员由于误操作而影响到 Visual Studio 自动生成的代码,这两部分在编译时将被合成一个类。

（2）向页面中添加静态文本。

在文档窗口的左下角单击"设计"选项卡切换到设计视图。此时页面上没有任何文本或控件,只有一个由虚线勾勒出轮廓的矩形,此矩形表示页面上的 div 元素。单击由虚线勾勒出的矩形内部,输入"欢迎使用 ASP.NET!"。切换到源视图,可以看到刚才通过设计视图输入的文本,该页面看起来类似普通的 HTML 页面,唯一的区别在于该页面的顶部有 <%@ Page%>指令。

（3）向页面中添加控件。

单击"设计"选项卡切换到设计视图,将光标定位在刚才添加的文本之后,按两次 Enter 键空两行,从工具箱的标准选项卡中将文本框控件 TextBox 拖曳到页面上;将光标定位在 TextBox 控件之后,按两次 Enter 键空两行,从工具箱的标准选项卡中将按钮控件 Button 拖曳到页面上;将光标定位在 Button 控件之后,按两次 Enter 键空两行,从工具箱的标准选项卡中将标签控件 Label 拖曳到页面上。

将光标定位在 TextBox 控件之前,并输入"请输入您的姓名:",此静态 HTML 文本作为填写 TextBox 控件的提示信息。选择 Button 控件,在属性窗口中将其 Text 属性设置为"提交"。

（4）对 Button 控件编程。

单击"设计"选项卡切换到设计视图,然后双击 Button 控件,Visual Studio 会在前台页面的 Button 控件中增加 OnClick="Button1_Click"的属性,同时 Visual Studio 会在编辑器的单独窗口中打开 FirstWebPage.aspx.cs 文件,该文件中生成了按钮的 Click 事件处理程序的框架,在这个框架中添加如下代码。

```
Label1.Text = TextBox1.Text + ",welcome to Visual Studio!";
```

该程序读取用户在文本框中输入的姓名,然后在 Label 中显示出来。

3）编译与运行程序

在生成并运行 Web 窗体页前需要先编译 ASP.NET Web 应用程序项目,在编译 Web 应用程序后就可以运行其中包含的页,有 3 种方法可以生成应用程序并运行 Web 窗体页。

（1）使用调试器生成并运行 Web 窗体页。

在解决方案资源管理器中右击要运行的 Web 窗体页,然后单击"设为起始页"。在菜单栏中选择"调试|启动调试"选项,或者直接按键盘上的 F5 键,这种方式重新编译后再运行,这样可以在程序代码中通过设置断点跟踪来调试程序。

（2）不用调试器生成并运行 Web 窗体页。

在解决方案资源管理器中右击要运行的 Web 窗体页,然后单击"设为起始页"按钮。在菜单栏中选择"调试|开始执行(不调试)"选项,或者直接按键盘上的 Ctrl+F5 组合键,这种方式直接运行生成的程序,不进行重新编译,所以运行起来比较快。

（3）在浏览器中查看生成并运行 Web 窗体页。

在解决方案资源管理器中右击要预览的 Web 窗体页,然后单击"在浏览器中查看"按钮,Visual Studio 会生成 ASP.NET Web 应用程序,并在默认浏览器中启动要预览的页面。

本案例的运行界面如图 1.19 所示。

在文本框控件中输入姓名后单击"提交"按钮,出现如图 1.20 所示的界面。

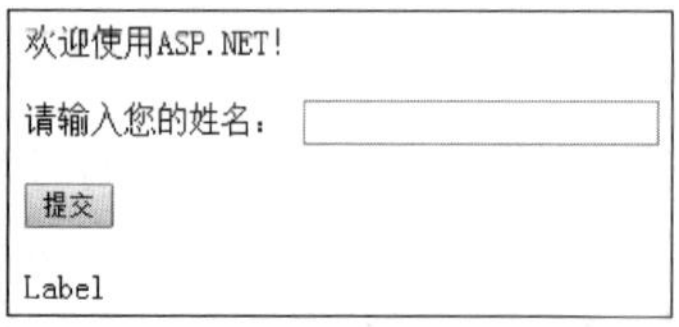

欢迎使用ASP.NET!	欢迎使用ASP.NET!
请输入您的姓名:	请输入您的姓名: 李明
提交	提交
Label	李明, welcome to Visual Studio!

图 1.19　运行界面　　　　　图 1.20　输入姓名后的运行界面

4) ASP.NET Web 应用程序项目的编译与发布

编译、发布本案例,使之能在本机 IIS 服务器上运行,具体操作步骤如下。

(1) 在 D 盘根目录下创建一个名为 MyWebDeploy 的文件夹。

(2) 在 Visual Studio 2013 的解决方案资源管理器中右击项目 proj1-1,在弹出的快捷菜单中选择"重新生成"选项,完成整个项目的编译;再次右击项目 proj1-1,在弹出的快捷菜单中选择"发布…"选项,在打开的"发布 Web"对话框中单击"新建配置文件",如图 1.21 所示。

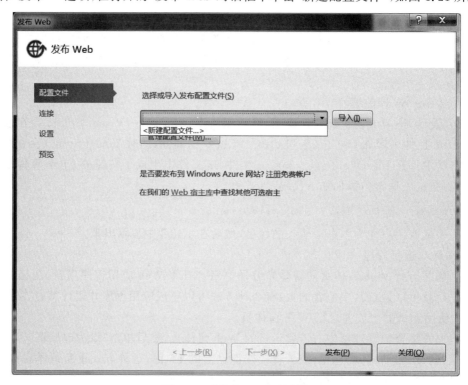

图 1.21　"发布 Web"对话框

图 1.22　"新建配置文件"对话框

在打开的"新建配置文件"对话框中输入自定义的配置文件的名称 MyWebDeploy,如图 1.22 所示。

(3) 单击"确定"按钮返回"发布 Web"对话框,在此对话框中单击左侧的"连接"选项,从下拉列表中选择"发布方法"为"文件系统",指定存放发布项目的目标位置为"D:\ MyWebDeploy",如

图 1.23 所示。

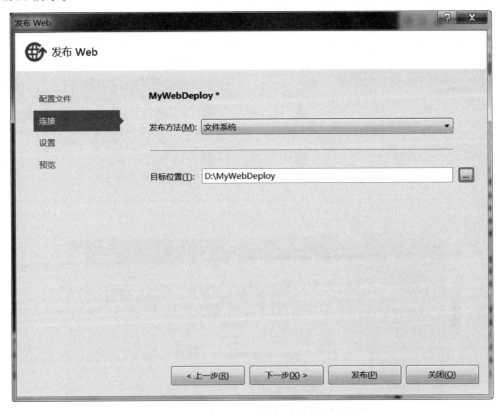

图 1.23 "发布 Web"对话框中的"连接"选项

（4）单击"发布"按钮，等待几秒后，在 Visual Studio 2013 的输出窗口中可以查看到项目发布成功的相关信息，如图 1.24 所示。

图 1.24 项目发布成功的相关信息

（5）选择"控制面板|管理工具|Internet 信息服务(IIS)管理器"选项，然后展开服务器，如图 1.25 所示。

（6）右击"网站"，在弹出的快捷菜单中选择"添加网站"选项，在打开的"添加网站"对话框中输入网站名称，选择应用程序池为 ASP.NET v4.0，选择网站的物理路径为"D:\MyWebDeploy"，指定站点端口为 84，如图 1.26 所示。

图 1.25　Internet 信息服务(IIS)管理器

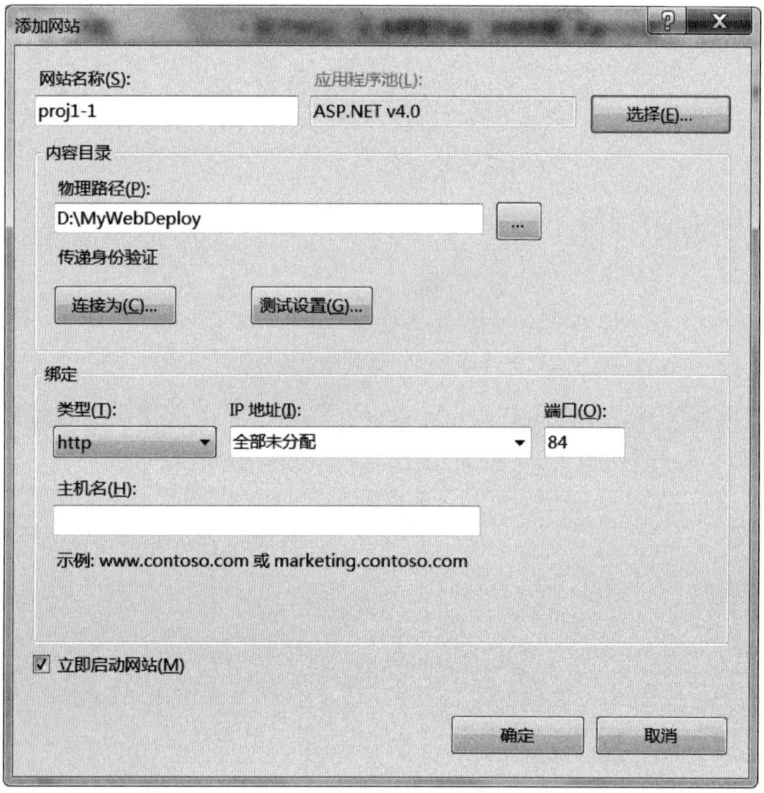

图 1.26　"添加网站"对话框

（7）在 IIS 管理器中单击添加的网站，把 FirstWebPage.aspx 设为默认文档；再右击添加的网站，在弹出的快捷菜单中选择"管理网站|浏览"选项，如图 1.27 所示。

浏览的效果如图 1.28 所示。

项目发布后会在目标文件夹 MyWebDeploy 下自动生成一个名为 bin 的文件夹，用来存放原项目引用的程序集和窗体后台代码类文件编译后的程序集，其他的文件也会直接复制到目标文件夹中。

图 1.27　选择"管理网站|浏览"

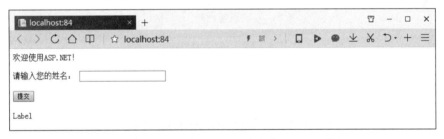

图 1.28　在 IIS 管理器中浏览发布的 Web 项目

2．创建 ASP.NET 网站

【案例 1.2】　创建一个简单的 ASP.NET 网站。

1）新建 Web 站点

在 Visual Studio 2013 中使用下列步骤新建一个 Web 站点。

（1）在菜单栏中选择"文件|新建网站"选项，在打开的"新建网站"对话框中单击左侧面板中"模板"下的 Visual C#，单击中间面板中的"ASP.NET 空网站"，在"Web 位置"文本框中采用默认的"文件系统"，然后单击"浏览"按钮，选择网站页面保存设定网站的名称、位置，如图 1.29 所示。

（2）单击"新建网站"对话框中的"确定"按钮，完成新建 Web 站点的操作，新建的 ASP.NET 空网站的结构如图 1.30 所示。

2）编写 ASP.NET 网站程序

（1）将新页面添加到网站。

在解决方案资源管理器中右击网站名称，在弹出的快捷菜单中选择"添加|添加新项"选项，打开"添加新项"对话框，在中间的模板列表中选择"Web 窗体"选项，在"名称"文本框中输入页面名称，如图 1.31 所示。

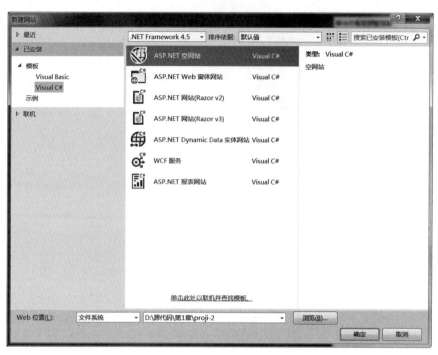

图 1.29　"新建网站"对话框

图 1.30　ASP.NET 空网站的结构

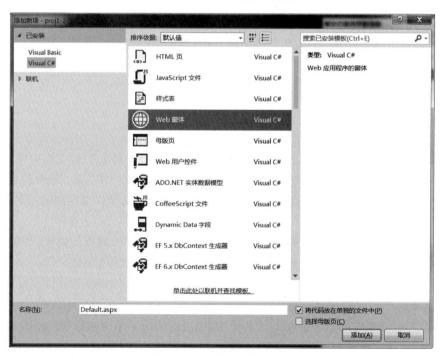

图 1.31　"添加新项"对话框

单击"添加"按钮，Visual Studio 将创建一个新页并将其前台页面打开。此时 Visual Studio 将创建两个文件，其中 Default.aspx 是前台界面文件，用户在页面中添加的文本和控件会在此页面中自动生成代码；Default.aspx.cs 是后台代码文件，用于用户书写后台逻辑代码。

（2）向页面中添加静态文本。

在文档窗口的左下角单击"设计"选项卡切换到设计视图，然后单击由虚线勾勒出的矩形内部，输入"用户登录界面"。切换到源视图，可以看到刚才通过设计视图输入的文本，该页面看起来类似普通的 HTML 页面，唯一的区别在于该页面的顶部有<%@ Page%>指令。

（3）向页面中添加控件。

单击"设计"选项卡切换到设计视图，将光标定位在刚才添加的文本之后，按两次 Enter 键空两行，从工具箱的标准选项卡中将文本框控件 TextBox 拖曳到页面上；将光标定位在 TextBox 控件之后，按两次 Enter 键空两行，再拖一个 TextBox 控件到页面上；将光标定位在第二个 TextBox 控件之后，按两次 Enter 键空两行，从工具箱的标准选项卡中将按钮控件 Button 拖曳到页面上；将光标定位在 Button 控件之后，按两次 Enter 键空两行，从工具箱的标准选项卡中将标签控件 Label 拖曳到页面上。

将光标定位在第一个 TextBox 控件之前，并输入"用户名："；将光标定位在第二个 TextBox 控件之前，并输入"密码："；选择 Button 控件，在属性窗口中将其 Text 属性设置为"提交"。

（4）对 Button 控件编程。

单击"设计"选项卡切换到设计视图，双击 Button 控件，Visual Studio 会在前台页面的 Button 控件中增加 OnClick="Button1_Click"的属性，同时 Visual Studio 会在编辑器的单独窗口中打开 FirstWebPage.aspx.cs 文件，该文件中生成了按钮的 Click 事件处理程序的框架，在这个框架中添加如下代码。

```
if (TextBox1.Text == "admin" && TextBox2.Text == "123")
    Label1.Text = "登录成功!";
else
    Label1.Text = "用户名或密码不正确!";
```

该程序读取用户输入的用户名和密码，如果正确就在 Label 中显示"登录成功！"，否则就在 Label 中显示"用户名或密码不正确！"。

3）运行 Web 窗体页程序

（1）使用调试器生成并运行 Web 窗体页。

在 Visual Studio 的文档窗口中单击要运行的 Web 窗体页的选项卡，使之成为文档窗口的当前页面。在菜单栏中选择"调试|启动调试"选项，或者直接按键盘上的 F5 键，这种方式重新编译后再运行，这样可以在程序代码中通过设置断点跟踪来调试程序。

（2）不用调试器生成并运行 Web 窗体页。

在 Visual Studio 的文档窗口中单击要运行的 Web 窗体页的选项卡，使之成为文档窗口的当前页面。在菜单栏中选择"调试|开始执行（不调试）"选项，或者直接按键盘上的

Ctrl＋F5组合键,这种方式直接运行生成的程序,不进行重新编译,所以运行起来比较快。

（3）在浏览器中查看生成并运行 Web 窗体页。

在解决方案资源管理器中右击要预览的 Web 窗体页,然后选择"在浏览器中查看"选项,Visual Studio 会生成 ASP. NET Web 应用程序,并在默认浏览器中启动要预览的页面。

在本案例中用户输入的用户名和密码正确时的运行界面如图 1.32 所示。

用户输入的用户名或密码不正确时的运行界面如图 1.33 所示。

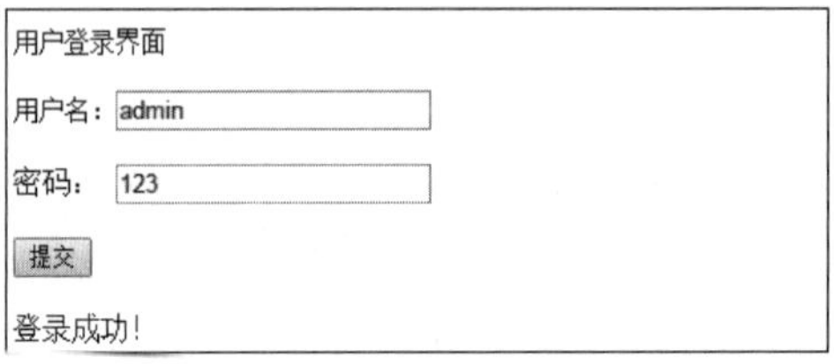

图 1.32　用户名和密码正确时的运行界面 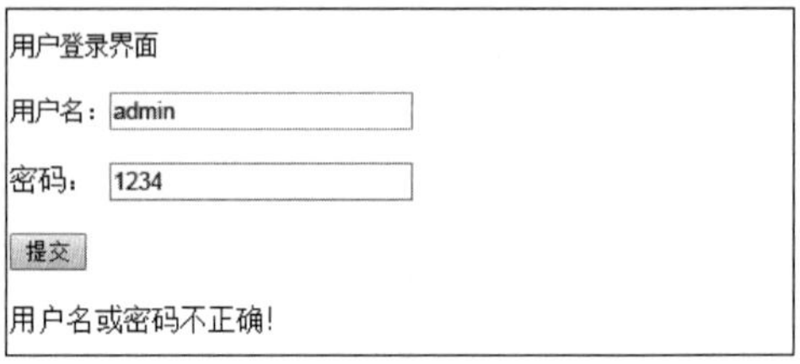　　　　图 1.33　用户名或密码不正确时的运行界面

1.5.2　创建 Web 项目两种方式的比较

在 Visual Studio 2013 中可以使用创建 Web 应用程序和创建 Web 网站的方式来构建 Web 项目。

1. 两种方式的区别

（1）二者的直观区别在于,对于每一个 aspx 页面文件,Web 应用程序在有对应的 cs 文件的同时还拥有 designer. cs 文件;而 Web 网站只有对应的 cs 文件。

（2）在调试或者运行 Web 应用程序页面时,采用增量编译模式编译整个 Web 项目,比较快;在调试或运行 Web 网站页面时,动态编译当前页面,马上可以看到效果,不用编译整个站点。

（3）Web 应用程序项目会生成解决方案,移植比较方便;Web 网站项目不会生成解决方案,在项目移植时比较麻烦。

（4）Web 应用程序项目需要手动添加较多的引用,而 Web 网站项目不需要。

（5）Web 应用程序必须关闭浏览器再打开,或者重新生成后刷新才可以看到修改后的效果,有命名空间;而 Web 网站更改后可以立刻刷新看到效果,没有命名空间。

（6）Web 应用程序可以作为类库被引用;Web 网站不可以作为类库被引用。

2. 两种方式的适用场合

Web 网站适合简单、小型的网站项目,而 Web 应用程序适用于大型的网站项目。它们在使用上不同,但在技术上是一样的,小规模的开发可以使用 Web 网站,大规模的开发推荐使用 Web 应用程序。

在本书中因为大多数案例都不太复杂,为了简单、方便、快捷,所以除非特别说明,一般情况下创建 Web 项目时都采用新建 ASP. NET 空网站的方式。

习题 1

1．填空题

（1）.NET 是由_____公司推出的开发平台框架。

（2）.NET 框架主要由 3 部分组成，分别是_____、_____和_____。

（3）.NET 为每种语言提供了一个编译器，当网页第一次被访问时就会编译生成一种通用的_____。

（4）.NET 框架中的类分别放在了不同的_____中。

（5）页面开头形如<% @…%>这样的代码称为_____，是对本页面的某种声明。

（6）ASP.NET 的两种开发模式是_____和_____。

（7）Visual Studio 2013 提供了编辑设计、拆分和_____3 种视图。

（8）用户可以在 Visual Studio 2013 的_____窗口中设置控件的属性。

（9）Visual Studio 2013 主窗口中包括多个窗口，最左侧的是_____，用于服务器控件的存放。

（10）ASP.NET 的命名空间全部位于_____下。

2．单项选择题

（1）默认的 ASP.NET 页面文件的扩展名是_____。

  A．.asp   B．.aspnet   C．.net   D．.aspx

（2）打开 Visual Studio 2013 的工具箱应使用系统的_____菜单。

  A．窗口   B．视图   C．工具   D．网站

（3）ASP.NET 采用 C♯、Visual Basic 等语言为脚本，执行时一次编译，可以_____执行。

  A．一次   B．多次   C．两次   D．三次

（4）_____是.NET 的标准语言。

  A．C++   B．C♯   C．Visual Basic D．Java

（5）ASP.NET 程序代码在编译的时候 NET 框架先将源代码编译为_____。

  A．汇编语言 B．IL   C．CS 代码 D．机器语言

（6）以下不是动态网站的特性的是_____。

  A．交互性   B．通过数据库进行架构

  C．内容稳定   D．在服务器端运行

（7）对于页面中的 HTML 标记，可以直接嵌入数据或绑定表达式来设置要显示的数据，常用的绑定表达式采用_____形式。

  A．<%@XXX%> B．<%? XXX%> C．<%&XXX%> D．<%♯XXX%>

（8）ASP.NET 页面的执行采用的是_____架构。

  A．C/S   B．B/S   C．B/S/S   D．C/S/S

（9）下面_____是静态网页的扩展名。

  A．.asp   B．.php   C．.htm   D．.jsp

（10）小明在家里通过拨号上网访问新浪网站，此时服务器端和客户端的情况是_____。

      A. 小明的机器是服务器端，新浪网站是客户端

      B. 新浪网站是服务器端，小明的机器是客户端

      C. 小明的机器既是服务器端又是客户端

      D. 以上说法都不对

3. 上机操作题

（1）根据实际需要配置 Visual Studio 2013 的开发环境。

（2）创建一个 ASP.NET 空网站，在其中新建一个网页，显示单击"提交"按钮的次数，页面效果如图 1.34 所示。

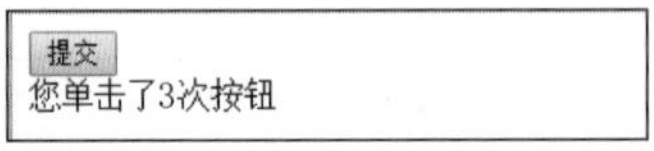

图 1.34 单击 3 次按钮后的运行效果

第2章

ASP.NET服务器控件

本章学习目标
- 了解 ASP.NET 控件的类型、公共属性和事件;
- 掌握 ASP.NET 标准控件的使用方法;
- 掌握 ASP.NET 验证控件的使用方法。

本章介绍 ASP.NET 控件的类型、公共属性和事件,然后分类介绍文本控件、控制权转移控件、选择控件及其他常用的标准控件,最后介绍 ASP.NET 验证控件。

2.1 ASP.NET 控件概述

控件是对数据和方法的封装,是用户可与之交互以输入或操作数据的抽象对象。控件可以有自己的属性和方法。ASP.NET 能将页面上的所有内容都用控件表示。

服务器控件就是页面上能够被服务器端代码访问和操作的任何控件。每个服务器控件都包含一些成员对象,以便开发人员调用,如属性、事件、方法等。服务器控件位于 System.Web.UI.WebControls 命名空间中,所有的服务器控件都从 WebControls 基类派生。服务器控件在服务器端解析,在 ASP.NET 中,服务器控件就是有 runat="server"标记的控件,这些控件经过处理后会生成客户端呈现代码发送到客户端。

2.1.1 ASP.NET 控件的类型

在 Visual Studio 2013 的工具箱中,控件主要分为标准控件、数据控件、验证控件、导航控件、登录控件、WebParts 控件、AJAX 控件、HTML 控件等几种类型。

其中,HTML 控件是客户端控件,其他的都是服务器控件。HTML 控件可以转换成服务器控件,在转换时只需要做两步操作即可:第一步,在普通 HTML 控件特性中添加 runat="server"属性;第二步,设置其 ID 属性,当普通的 HTML 控件转化为 HTML 服务器控件后即可通过编程来控制它们。

例如,普通 HTML 控件:

```
< input name = "Text1" type = "text"/>
```

转换为 HTML 服务器控件:

```
< input id = "Text1" type = "text" runat = "server"/>
```

在不一定需要使用服务器控件时最好用 HTML 控件,因为每次页面运行时服务器控件都会向服务器请求数据,这样会占用一定的资源时间。如果某些控件不需要服务器端的事件或状态管理功能,可以选择 HTML 控件,这样可以提高应用程序的性能。

本章重点介绍工具箱中常用的标准控件和验证控件,其他类型(例如导航控件和 AJAX 控件)将在后面章节中介绍。

2.1.2　ASP.NET 服务器控件的公共属性

在 ASP.NET 中可以通过 3 种方式来设置服务器控件的属性。

- 在"属性"窗口中直接设置控件的属性。
- 在控件的 HTML 代码中设置控件的属性。
- 通过页面的后台代码以编程方式指定控件的属性。

ASP.NET 服务器控件的公共属性有以下几种。

1. 外观属性

ASP.NET 服务器控件的外观属性主要包括前景色、背景色、边框和字体等。这些属性一般在设计时设置,如有必要,也可以在运行时动态设置。

(1) BackColor 属性:用于设置对象的背景色,其属性的设定值为颜色的名称或♯RRGGBB 的格式。

(2) ForeColor 属性:用于设置对象的前景色,其属性的设置与 BackColor 一样。

(3) Border 属性:包括 BorderWidth、BorderColor 和 BorderStyle 等几个属性。其中,BorderWidth 属性可用于设置 Web 控件的边框的宽度,单位是像素;BorderColor 属性用于设置边框的颜色,它的设置与 BackColor 和 ForeColor 一样;BorderStyle 属性用于设置对象的边框的样式,共有以下几种设置。

- Notset:默认值。
- None:没有边框。
- Dotted:边框为虚线,点较小。
- Dashed:边框为虚线,点较大。
- Solid:边框为实线。
- Double:边框为实线,但厚度是 Solid 的两倍。
- Groove:在对象四周出现 3D 凹陷式的边框。
- Ridge:在对象四周出现 3D 凸起式的边框。
- Inset:控件呈陷入状。
- Outset:控件呈凸起状。

(4) Font 属性:它有以下几个子属性,分别表现不同的字体特性。

- Font-Bold:如果为 true,则显示粗体。
- Font-Italic:如果为 true,则显示斜体。
- Font-Names:设置字体的名称。
- Font-Size:设置字体的大小。
- Font-Strikeout:设置是否显示删除线。

- Font-Underline：设置是否显示底线。

2．行为属性

服务器控件的行为属性主要包括是否可见、是否可用以及控件的提示信息。除了提示信息之外，其余的行为属性多在运行时动态设置。

- Enable 属性：是否可用。
- ToolTip 属性：用于设置控件对象的提示文本。
- Visible 属性：是否可见。

3．布局属性

- Width 属性：设置控件的宽度。
- Hcight 属性：设置控件的高度。
- Top：设置控件顶部到窗体顶部的距离。
- Bottom：设置控件下边界到窗体下边界的距离。
- Left：设置控件左边界到窗体左边界的距离。
- Right：设置控件右边界到窗体右边界的距离。

4．其他常用属性

- ID 属性：继承自 System. Web. UI. Control 类，所有 Web 服务器控件都可以通过该属性来唯一标识和引用。
- Text 属性：所有接收用户输入、显示数据和提示数据的 Web 服务器控件都可以通过 Text 属性来表示用于在控件上显示的文本。
- AutoPostBack 属性：所有发送窗体或单击按钮时将其数据回传到服务器的 Web 控件都具有 AutoPostBack 属性，该属性是布尔类型，表示当用户修改控件中的文本并使焦点离开该控件时是否向服务器自动回送，true 表示每当用户更改文本框中的文本并使焦点离开该控件时都会向服务器自动回送，否则为 false，默认为 false。

2.1.3　ASP.NET 服务器控件的事件

ASP. NET 使用事件驱动模型，某一对象的程序代码只在特定事件发生时执行。服务器控件大多具有事件处理能力，其事件在客户端浏览器产生。

在 Visual Studio 的设计窗口中右击控件对象，在弹出的快捷菜单中选择"属性"选项，即可打开控件对象的属性窗口，通过单击属性窗口中的"闪电"按钮 ⚡ 可切换至事件选项，然后双击相应的事件在后台代码中产生相应的事件代码。

在 Visual Studio 的设计窗口中双击某个服务器控件对象（如命令按钮等），则会在后台代码窗口中打开该控件的事件过程。例如，双击命令按钮 Button1 后，在前台界面的控件代码中会增加一个属性，如下面代码中的粗体部分所示。

```
< asp:Button ID = "Button1" runat = "server" OnClick = "Button1_Click" Text = "Button"/>
```

同时在后台代码中定义了如下事件过程的框架。

```
protected void Button1_Click(object sender, EventArgs e)
{
```

```
        //此处由用户书写按钮单击事件处理代码
    }
```

2.2 文本控件

2.2.1 Label 控件

Label 控件是 System. Web. UI. WebControls. WebControl 类的子类，其通常用于显示各种提示信息。

Label 控件是一个使用非常简单的控件，其自身的常用属性只有一个 Text 属性，用于表示 Label 控件的文本内容。

2.2.2 TextBox 控件

TextBox 控件也是 System. Web. UI. WebControls. WebControl 类的子类，它是使用户可以输入文本的输入控件。TextBox 控件的常用属性如下。

（1）AutoPostBack 属性：指定当用户修改 TextBox 控件中的文本并使焦点离开该控件时是否都向服务器自动回送。

（2）Text 属性：指定 TextBox 控件中显示的文本。

（3）TextMode 属性：用 TextMode 属性指定 TextBox 控件将显示为单行、多行还是密码文本框，默认为 SingleLine，其值应为下列值之一。

- MultiLine：表示多行输入模式。
- Password：表示密码输入模式。
- SingleLine：表示单行输入模式。

（4）Columns 属性：文本框的显示宽度（以字符为单位）。默认值为 0，表示未设置该属性。

（5）Rows 属性：表示多行文本框中的行数。默认值为 0，表示显示单行文本框。

（6）MaxLength 属性：文本框中最多允许的字符数。默认值为 0，表示未设置该属性。

2.2.3 Literal 控件

在通常情况下，Literal 控件无须添加任何 HTML 元素即可将静态文本呈现在网页上。Label 控件在生成 HTML 代码时会呈现＜span＞元素，而 Literal 控件不会向文本中添加任何 HTML 代码。如果用户希望文本和控件直接呈现在页面中而不使用任何附加标记，推荐使用 Literal 控件。

与 Label 不同的是，Literal 控件有一个 Mode 属性，用来控制 Literal 控件中文本的呈现形式，用户可以通过 Mode 属性来选择输出的是 HTML 样式还是 HTML 代码。Literal 控件的 Mode 属性具有以下 3 种模式。

- Transform：添加到控件中的任何标记都将进行转换，以适应请求浏览器的协议。
- PassThrough：添加到控件中的任何标记都将按照原样输出到浏览器中。

- Encode：添加到控件中的任何标记都将使用 HtmlEncode()方法进行编码，该方法
  将把 HTML 编码转换为其文本表示形式。

2.3　控制权转移控件

控制权转移控件都可以实现将页面提交给服务器，主要包括以下 4 类。

- Button：标准按钮控件。
- LinkButton：显示超链接样式的按钮控件。
- ImageButton：图像按钮控件。
- HyperLink：超链接控件。

2.3.1　Button 控件

1．Button 控件概述

Button 控件是传统的文本按钮外观，当用户单击按钮后会引发一次回发，将页面发回
至服务器，其语法格式如下。

```
< asp:Button ID = "Button1" runat = "server" Text = "Button"/>
```

1）Button 控件的常用属性

（1）Text：按钮上的提示文本。

（2）CommandArgument：指定传给 Command 事件的命令参数。

（3）CommandName：指定传给 Command 事件的命令参数。

（4）Enable：是否可用。

（5）OnClientClick：指定单击该按钮时执行的客户端脚本。

（6）PostBackUrl：设置将表单传给某个页面。

2）Button 控件的常用事件

Button 控件的常用事件有 Click 单击事件和 Command 命令事件。

Click 单击事件通常用于编写用户单击按钮时所要执行的事件，不能传递参数，所以处
理的事件相对简单；而 Command 命令事件可以传递参数，负责传递参数的是按钮控件的
CommandArgument 和 CommandName 属性。

相比 Click 单击事件，Command 命令事件具有更高的可控性，可以对按钮控件的
CommandArgument 和 CommandName 属性分别设置，通过判断 CommandArgument 和
CommandName 属性来执行相应的方法。这样一个按钮控件就能够实现不同的方法，使得
多个按钮与一个处理代码关联，或者一个按钮根据不同的值进行不同的处理和响应。

2．应用举例

【案例 2.1】　简易四则运算器。

1）页面设计

```
< % @ Page Language = "C♯" AutoEventWireup = "true" CodeFile = "Default.aspx.cs" Inherits =
"_Default" % >
< html >
```

```
< head runat = "server">
    < title>简易四则运算器</title >
</head >
< body >
    < form id = "form1" runat = "server">
    < div >
        < asp:TextBox ID = "TextBox1" runat = "server"></asp:TextBox >
        < asp:Label ID = "Label1" runat = "server" Text = "Label"></asp:Label >
        < asp:TextBox ID = "TextBox2" runat = "server"></asp:TextBox >
         = < asp:Label ID = "Label2" runat = "server" Text = "Label"></asp:Label >< br/>
        < asp:Button ID = "Button1" runat = "server" CommandName = "Add"
            OnCommand = "Button1_Command" Text = " + "/>      
        < asp:Button ID = "Button2" runat = "server" CommandName = "Subtract"
            OnCommand = "Button1_Command"/>      
        < asp:Button ID = "Button3" runat = "server" CommandName = "Multiply"
            OnCommand = "Button1_Command" Text = " × "/>      
        < asp:Button ID = "Button4" runat = "server" CommandName = "Divide"
            OnCommand = "Button1_Command" Text = " ÷ "/>
    </div ></form ></body ></html >
```

说明：加、减、乘、除 4 个按钮使用同一个 Command 事件处理过程，但它们的 CommandName 属性各不相同。

2）后台代码设计

```
protected void Button1_Command(object sender, CommandEventArgs e)
{
    double n1 = double.Parse(TextBox1.Text);
    double n2 = double.Parse(TextBox2.Text);
    double result = 0;
    switch(e.CommandName) //获取按钮的 CommandName 值
    {
        case "Add": result = n1 + n2; Label1.Text = " + "; break;
        case "Subtract": result = n1 − n2; Label1.Text = " − "; break;
        case "Multiply": result = n1 * n2; Label1.Text = " × "; break;
        case "Divide": result = n1/n2; Label1.Text = " ÷ "; break;
    }
    Label2.Text = result.ToString();
}
```

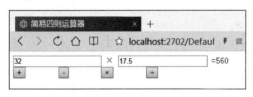

图 2.1　简易四则运算器

3）运行调试

按 Ctrl＋F5 组合键运行，4 个按钮用一个 Command 事件处理过程，由于它们的 CommandName 属性不同，因而可以在 Command 事件处理过程中区分这些按钮。其运行效果如图 2.1 所示。

2.3.2　LinkButton 控件

LinkButton 控件与 Button 控件类似，只不过它的外观显示为超链接而不是按钮。在单击 LinkButton 控件时将引发 Click 事件，而不是超链接的页面跳转。其语法格式如下。

```
< asp:LinkButton ID = "LinkButton1" runat = "server" OnClick = "LinkButton1_Click">提交</asp:
LinkButton >
```

LinkButton 控件的属性和事件与 Button 控件的属性和事件完全相同,使用方法也一样,在此不再赘述。

2.3.3　ImageButton 控件

1. ImageButton 控件概述

ImageButton 控件也与 Button 控件类似,但它的外观既不是按钮,也不是超链接,而是一张图片。ImageButton 控件使用 ImageUrl 属性指定所使用的图片。

ImageButton 控件与 Button 控件或 LinkButton 控件不同的地方在于 ImageButton 控件的事件处理过程,其事件处理过程的第二个参数为 ImageClickEventArgs,而不是 EventArgs,该参数可以提供鼠标单击处的坐标 e. X 和 e. Y,从而可以确定用户在图片的什么位置单击了鼠标。

2. 应用举例

【案例 2.2】　简易文本编辑器。

1) 页面设计

```
<%@ Page Language = "C#" AutoEventWireup = "true" CodeFile = "Default.aspx.cs" Inherits =
"_Default" %>
<html>
<head runat = "server">
    <title>简易文本编辑器</title>
</head>
<body>
    <form id = "form1" runat = "server"><div>
      <asp:ImageButton ID = "ImageButton1" runat = "server" ImageUrl = "~/images/bold.jpg"
OnClick = "ImageButton1_Click"/>  
      <asp:ImageButton ID = "ImageButton2" runat = "server" ImageUrl = "~/images/italic.jpg"
OnClick = "ImageButton2_Click"/>  
      <asp:ImageButton ID = "ImageButton3" runat = "server" ImageUrl = "~/images/underline.jpg"
OnClick = "ImageButton3_Click"/>  
      <asp:ImageButton ID = "ImageButton4" runat = "server" ImageUrl = "~/images/left.jpg"
OnClick = "ImageButton4_Click"/>  
      <asp:ImageButton ID = "ImageButton5" runat = "server" ImageUrl = "~/images/center.jpg"
OnClick = "ImageButton5_Click"/>  
      <asp:ImageButton ID = "ImageButton6" runat = "server" ImageUrl = "~/images/right.jpg"
OnClick = "ImageButton6_Click" style = "height: 20px"/><br />
      <asp:TextBox ID = "TextBox1" runat = "server" Height = "150px" TextMode = "MultiLine"
Width = "240px"></asp:TextBox><br />
      <asp:Literal ID = "Literal1" runat = "server" Mode = "PassThrough"></asp:Literal>
    </div>
</form></body></html>
```

说明:Literal 控件可以在网页上显示 HTML 代码的真实效果,其属性 Mode 选择 PassThrough 表示添加到控件中的任何标记都将按原样呈现在浏览器中。

2) 后台代码设计

```
protected void ImageButton1_Click(object sender, ImageClickEventArgs e)
{
    Literal1.Text = "<B>" + TextBox1.Text + "</B>";
```

```
        }
        protected void ImageButton2_Click(object sender, ImageClickEventArgs e)
        {
            Literal1.Text = "< I >" + TextBox1.Text + "</I >";
        }
        protected void ImageButton3_Click(object sender, ImageClickEventArgs e)
        {
            Literal1.Text = "< U >" + TextBox1.Text + "</U >";
        }
        protected void ImageButton4_Click(object sender, ImageClickEventArgs e)
        {
            Literal1.Text = "< p align = left >" + TextBox1.Text + "</p>";
        }
        protected void ImageButton5_Click(object sender, ImageClickEventArgs e)
        {
            Literal1.Text = "< p align = center >" + TextBox1.Text + "</p>";
        }
        protected void ImageButton6_Click(object sender, ImageClickEventArgs e)
        {
            Literal1.Text = "< p align = right >" + TextBox1.Text + "</p>";
        }
```

图 2.2　简易文本编辑器

3）运行调试

按 Ctrl＋F5 组合键运行,运行效果如图 2.2 所示。

2.3.4　HyperLink 控件

HyperLink 控件用于为页面添加超链接,相当于实现了 HTML 代码中的"< a href＝""></a >效果",其常用的语法格式如下(详见前言二维码)。

HyperLink 控件的常用属性如下。

（1）NavigateUrl：单击 HyperLink 控件时链接到的 URL。

（2）ImageUrl：指定 HyperLink 控件显示的图像。

（3）Target：跳转时加载目标网页的窗口或框架,通常取下列值之一。

- _blank：将内容呈现在一个没有框架的新窗口中。
- _parent：将内容呈现在上一个框架集父级中。
- _self：将内容呈现在含焦点的框架中。
- _top：将内容呈现在没有框架的全窗口中。

使用 HyperLink 控件可以创建到其他 Web 页面的链接。HyperLink 控件通常显示为 Text 属性指定的文本,它也可以显示为 ImageUrl 属性指定的图像。如果同时设置了 Text 和 ImageUrl 属性,则 ImageUrl 属性优先。如果图像不可用,则显示 Text 属性中的文本。

HyperLink 控件的优点在于能够实现动态跳转,它可以通过编程的形式在后台代码中改变 NavigateUrl 属性来访问不同的页面,从而按照用户的意愿跳转到想跳转的页面。

HyperLink 控件主要用于定位到其他网页,没有公开的常用事件。

2.4 选择控件

选择控件可以使用户从选项列表中选择一个或多个选项,主要包括以下4类选择控件。

- RadioButtonList 控件:用于从多个选项列表中选择一个。
- CheckBoxList 控件:用于从多个选项列表中选择一个或多个。
- DropDownList 控件:允许用户从预定义列表中选择一项。
- ListBox 控件:允许用户从预定义列表中选择一项或多项。

选择控件的公有属性如下。

- AutoPostBack 属性:用于设定当选择内容发生改变时是否自动回发到服务器。
- Items 属性:表示列表中各个选项的集合,例如 Items(i)表示第 i 个选项,i 从 0 开始。每个选项都有3个子属性,其中 Text 属性表示每个选项的文本;Value 属性表示每个选项的选项值;Selected 属性表示该选项是否被选中。
- DataSource 属性:用于指定填充列表控件的数据源。
- DataTextField 属性:用于指定 DataSource 中的一个字段,该字段的值对应于列表项的 Text 属性。
- DataValueField 属性:用于指定 DataSource 中的一个字段,该字段的值对应于列表项的 Value 属性。

选择控件最常用的事件是 SelectedIndexChanged,当选择的项目发生改变时就会触发该事件。

2.4.1 RadioButtonList 控件

1. RadioButtonList 控件概述

RadioButtonList 控件用于生成一组单选按钮,实现在多个项目中做出单一选择的功能,相当于多个 RadioButton 控件。使用 RadioButtonList 控件要比使用多个 RadioButton 控件方便很多,其语法格式如下。

```
< asp:RadioButtonList ID = "RadioButtonList1" runat = "server">
    < asp:ListItem > Choose1 </asp:ListItem >
    < asp:ListItem > Choose2 </asp:ListItem >
    < asp:ListItem > Choose3 </asp:ListItem >
</asp:RadioButtonList >
```

除了具有选择控件的公有属性以外,RadioButtonList 控件的其他常用属性如下。

- RepeatColumns 属性:用于指定在 RadioButtonList 控件中显示选项占用几列。
- RepeatDirection 属性:用于指定 RadioButtonList 控件的显示方向。当为 Vertical 时,列表项以列优先排列的形式显示;当为 Horizontal 时,列表项以行优先排列的形式显示。
- RepeatLayout 属性:用于设置选项的排列方式。当为 Table(默认)时,以表结构显示;当为 Flow 时,不以表结构显示。

2. 应用举例

【案例 2.3】 "单选题"页面设计。

1) 页面设计

```
<%@ Page Language = "C#" AutoEventWireup = "true" CodeFile = "Default.aspx.cs" Inherits =
"_Default" %>
<html>
<head runat = "server">
    <title>单选题</title>
</head>
<body>
<form id = "form1" runat = "server"><div>
    <table style = "width:100%;">
        <tr><td style = "text-align: center; background-color: #C0C0C0">单选题</td>
        </tr>
        <tr><td class = "auto-style1">1.若要使 TextBox 控件显示为多行文本框,应使其
TextMode 属性取值为:</td></tr>
        <tr><td><asp:RadioButtonList ID = "RadioButtonList1" runat = "server" CellSpacing =
"6" RepeatDirection = "Horizontal">
            <asp:ListItem>Single</asp:ListItem>
            <asp:ListItem>MultiLine</asp:ListItem>
            <asp:ListItem>Password</asp:ListItem>
            <asp:ListItem>Wrap</asp:ListItem>
            </asp:RadioButtonList>
        </td></tr>
        <tr><td style = "text-align: center; background-color: #C0C0C0">
            <asp:Button ID = "Button1" runat = "server" OnClick = "Button1_Click" Text = "答题"/>
            <asp:Button ID = "Button2" runat = "server" Text = "下一题"/>
        </td></tr>
    </table>
    <asp:Label ID = "Label1" runat = "server" Text = "Label"></asp:Label>
</div></form></body></html>
```

说明:插入一个 4 行 1 列的表格,在第 3 行放置一个 RadioButtonList 控件,将 RepeatDirection 属性设为 Horizontal。

2) 后台代码设计

```
protected void Button1_Click(object sender, EventArgs e)
{
    if (RadioButtonList1.SelectedIndex == 1) Label1.Text = "正确";
    else Label1.Text = "错误";
}
```

3) 运行调试

按 Ctrl+F5 组合键运行,运行效果如图 2.3 所示。

图 2.3　单选题

2.4.2 CheckBoxList 控件

1. CheckBoxList 控件概述

CheckBoxList 控件用于生成一组复选按钮,实现在多个项目中选择一项或多项的功能,相当于多个 CheckBox 控件。使用 CheckBoxList 控件要比使用多个 CheckBox 控件方便很多,其语法格式如下。

```
< asp:CheckBoxList ID = "CheckBoxList1" runat = "server">
      < asp:ListItem > Choose1 </asp:ListItem >
      < asp:ListItem > Choose2 </asp:ListItem >
      < asp:ListItem > Choose3 </asp:ListItem >
</asp:CheckBoxList >
```

除了具有选择控件的公有属性以外,CheckBoxList 控件的其他常用属性与 RadioButtonList 控件的相同,在此不再赘述。

2. 应用举例

【案例 2.4】 "多选题"页面设计。

1) 页面设计

```
< % @ Page Language = "C#" AutoEventWireup = "true" CodeFile = "Default.aspx.cs" Inherits =
"_Default" % >
< html >
< head runat = "server">
    < title>多选题</title >
</head >
< body >
  < form id = "form1" runat = "server">< div >
    < table style = "width:100 % ;">
      < tr >< td style = "text - align: center; background - color: #C0C0C0">多选题</td > </tr >
      < tr >< td class = "auto - style1"> 1. 下列是 TextBox 控件的 TextMode 属性的值的有哪
些?</td > </tr >
      < tr >< td >< asp:CheckBoxList ID = "CheckBoxList1" runat = "server" CellSpacing = "6"
RepeatDirection = "Horizontal">
                  < asp:ListItem > Single </asp:ListItem >
                  < asp:ListItem > MultiLine </asp:ListItem >
                  < asp:ListItem > Password </asp:ListItem >
                  < asp:ListItem > Wrap </asp:ListItem >
            </asp: CheckBoxList >
        </td ></tr >
        < tr >< td style = "text - align: center; background - color: #C0C0C0">
            < asp:Button ID = "Button1" runat = "server" OnClick = "Button1_Click" Text = "答题"/>
            < asp:Button ID = "Button2" runat = "server" Text = "下一题"/>
        </td ></tr ></table >
      < asp:Label ID = "Label1" runat = "server" Text = "Label"></asp:Label >
</div ></form ></body ></html >
```

说明:插入一个 4 行 1 列的表格,在第 3 行放置一个 CheckBoxList 控件,将 RepeatDirection 属性设为 Horizontal,CellSpacing 属性用来设置选项之间的距离。

2) 后台代码设计

```
protected void Button1_Click(object sender, EventArgs e)
{
```

```
        string str = "";
        for(int i = 0;i < CheckBoxList1.Items.Count;i++)
        {
            if (CheckBoxList1.Items[i].Selected == true)
                str += " " + CheckBoxList1.Items[i].Value;
        }
        if((CheckBoxList1.Items[0].Selected)&&(CheckBoxList1.Items[1].Selected)
            &&(CheckBoxList1.Items[3].Selected)&&(!CheckBoxList1.Items[2].Selected))
            Label1.Text = "正确" + " 答案为:" + str;
        else
            Label1.Text = "错误";
}
```

说明：CheckBoxList1.Items[i].Selected 用来判断第 i 项是否被选中。

3）运行调试

按 Ctrl＋F5 组合键运行,运行效果如图 2.4 所示。

图 2.4　多选题

2.4.3　DropDownList 控件

1. DropDownList 控件概述

DropDownList 控件用于创建一个包含多个选项的下拉列表,用户可以从中选择一个选项。DropDownList 控件是一种很节省空间的数据显示方式,在正常状态下只能看到一个选项,单击下拉按钮后可以显示一定数量的选项,如果超出这个数量会自动出现滚动条,用户可以通过拖动滚动条来查看选项。DropDownList 控件的语法格式如下。

```
< asp: DropDownList ID = " DropDownList1" runat = "server">
    < asp:ListItem > Choose1 </asp:ListItem >
    < asp:ListItem > Choose2 </asp:ListItem >
    < asp:ListItem > Choose3 </asp:ListItem >
</asp: DropDownList >
```

DropDownList 控件的常用属性就是前面介绍的选择控件的公有属性,在此不再赘述。

2. 应用举例

【案例 2.5】 "选课"页面设计。

1）页面设计

```
<% @ Page Language = "C # " AutoEventWireup = "true" CodeFile = "Default. aspx. cs" Inherits =
"_Default" %>
< html >
< head runat = "server">
    < title >选课</title >
</head >
```

```
< body >
< form id = "form1" runat = "server">
< div >课程:
    < asp:DropDownList ID = "DropDownList1" runat = "server" AutoPostBack = "true"
OnSelectedIndexChanged = "DropDownList1_SelectedIndexChanged">
        < asp:ListItem Value = "0"> VC++</asp:ListItem>
        < asp:ListItem Value = "1"> C#</asp:ListItem>
        < asp:ListItem Value = "2"> Java</asp:ListItem>
    </asp:DropDownList >  
    学分:< asp:Label ID = "Label1" runat = "server" Text = "Label"></asp:Label>< br />
        < asp:Label ID = "Label2" runat = "server" Text = "Label"></asp:Label>
</div ></form ></body ></html >
```

说明:设置 DropDownList 控件的 AutoPostBack 属性为 true,设定 3 个选项的 Value
值分别为 0、1、2,以便在后台代码中通过 SelectedValue 获取所选项。

2)后台代码设计

```
protected void DropDownList1_SelectedIndexChanged(object sender, EventArgs e)
{
    int[] grade = {4,3,2 };
    int i = int.Parse(DropDownList1.SelectedValue);
    Label1.Text = grade[i].ToString();
    Label2.Text = "你选择了" + DropDownList1.SelectedItem.Text + "课程,学分是" + Label1.Text;
}
```

3)运行调试

按 Ctrl+F5 组合键运行,运行效果如图 2.5
所示。

图 2.5 选课

2.4.4 ListBox 控件

1. ListBox 控件概述

ListBox 控件用于创建一个包含多个选项的列表,用户可以从中选择一个或多个选项。
ListBox 控件的语法格式如下。

```
< asp: ListBox ID = " ListBox1" runat = "server">
    < asp:ListItem > Choose1 </asp:ListItem>
    < asp:ListItem > Choose2 </asp:ListItem>
    < asp:ListItem > Choose3 </asp:ListItem>
</asp: ListBox>
```

除了具有选择控件的公有属性以外,ListBox 控件的其他常用属性如下。

* SelectionMode 属性:指定是否允许多项选择,它有两个取值,其中 Single 为默认
  值,表示只允许用户从列表框中选择一个项目;Multiple 表示用户可以按住 Ctrl 或
  Shift 键从列表框中选择多个项目。
* SelectedIndex 属性:表示所选项的索引(该索引从 0 开始),若没有选项被选中,则
  SelectedIndex 的值为 -1。

2. 应用举例

【案例 2.6】 装机清单。

1)页面设计

```
<%@ Page Language = "C#" AutoEventWireup = "true" CodeFile = "Default.aspx.cs" Inherits = "_
```

```
Default" % >
< html >
< head runat = "server">
    < title>装机清单</title>
</head >
< body >
< form id = "form1" runat = "server">
    < div style = "border: 2px solid #000000; padding: 6px; width: 400px; background - color:
#C0C0C0; height: 80px;">
        < div style = "width: 40% ; float: left">
            < asp:ListBox ID = "ListBox1" runat = "server">
                < asp:ListItem > IntelCPU </asp:ListItem >
                < asp:ListItem > AMD CPU </asp:ListItem >
                < asp:ListItem >华硕主板</asp:ListItem >
                < asp:ListItem >技嘉主板</asp:ListItem >
                < asp:ListItem >希捷硬盘</asp:ListItem >
                < asp:ListItem >西部数据</asp:ListItem >
            </asp:ListBox ></div >
        < div style = "float: left; width: 20% ; text - align:left">
            < asp:Button ID = "Button1" runat = "server" OnClick = "Button1_Click" Text = "&gt;
&gt;"/> < br />
            < asp:Button ID = "Button2" runat = "server" OnClick = "Button2_Click" Text = "&lt;
&lt;"/>< br />
        </div >
        < div style = "float: left; width: 40% ">
            < asp:ListBox ID = "ListBox2" runat = "server" Width = "100px"></asp:ListBox >
        </div >
    </div >
</form ></body ></html >
```

说明：该页面采用 DIV+CSS 布局，在一个 DIV 里放置 3 个并列的 DIV，宽度分别占
40%、20%、40%。

2) 后台代码设计

```
protected void Button1_Click(object sender, EventArgs e) //从左边移动列表项至右边
{
    if(ListBox1.SelectedIndex!=- 1)
    {
        ListBox2.Items.Add(ListBox1.SelectedItem);
        ListBox1.Items.Remove(ListBox1.SelectedItem);
        ListBox2.ClearSelection();
    }
}
protected void Button2_Click(object sender, EventArgs e) //从右边移动列表项至左边
{
    if(ListBox2.SelectedIndex!=- 1)
    {
        ListBox1.Items.Add(ListBox2.SelectedItem);
        ListBox2.Items.Remove(ListBox2.SelectedItem);
        ListBox1.ClearSelection();
    }
}
```

说明：单击“>>”按钮，通过 ListBox1 的 Add()方法把所选列表项添加到 ListBox2 中，

同时通过 ListBox1 的 Remove()方法把所选列表项从 ListBox1 中移除;单击"<<"按钮实现反向的添加和移除。

3) 运行调试

按 Ctrl+F5 组合键运行,运行效果如图 2.6 所示。

图 2.6 装机清单

2.5 其他常用标准控件

2.5.1 Image 控件

Image 控件用来在 Web 窗体中显示图像,其语法格式如下。

< asp:Image ID = "Image1" runat = "server" ImageUrl = "~ /images/aa.jpg/>

Image 控件的常用属性如下。

- ImageUrl 属性:要显示图像的 URL。
- ImageAlign 属性:图像的对齐方式。
- AlternateText 属性:在图像无法显示时备用的提示文本。

当图片无法显示时,图片将被替换成 AlternateText 属性中的文字。与 HTML 中的图像控件< img src="" alt="">相比,Image 控件具有可控性的优点,用户可以通过编程来控制 Image 控件,但是 Image 控件不支持任何事件。

2.5.2 BulletedList 控件

BulletedList 控件用来呈现项目符号或编号,相当于 HTML 中的< ol >和< ul >标记。其语法格式如下。

```
< asp:BulletedList ID = "BulletedList1" runat = "server" BulletStyle = "Circle">
        < asp:ListItem > option1 </asp:ListItem >
        < asp:ListItem > option2 </asp:ListItem >
        < asp:ListItem > option3 </asp:ListItem >
</asp:BulletedList >
```

BulletedList 控件可以通过设置 BulletStyle 属性来编辑列表前的符号样式,常用的 BulletStyle 项目符号或编号样式如下。

- Circle:表示项目符号编号样式设置为空心圆圈○。
- CustomImage:表示项目符号编号样式设置为自定义图片。
- Disc:表示项目符号编号样式设置为实心圆圈●。
- LowerAlpha:表示项目符号编号样式设置为小写英文字母格式。
- LowerRoman:表示项目符号编号样式设置为小写罗马数字格式。
- NotSet:表示不设置项目符号编号样式。此时将以 Disc 样式为默认样式显示。
- Numbered:表示设置项目符号编号样式为阿拉伯数字格式。
- Square:表示设置项目符号编号样式为实心方块■。

- UpperAlpha：表示设置项目符号编号样式为大写英文字母格式。
- UpperRoman：表示设置项目符号编号样式为大写罗马数字格式。

BulletedList 控件可以使用 FirstBulletNumber 属性指定有序列表的起始编号。BulletedList 控件当其列表项被单击时会触发 BulletedList1_Click 事件，示例代码如下。

```
protected void BulletedList1_Click(object sender, BulletedListEventArgs e)
{
    Label1.Text = "你选择了第" + BulletedList1.Items[e.Index].ToString() + "项";
}
```

2.5.3　FileUpload 控件

1. FileUpload 控件概述

在网站开发中可以通过上传文件加强用户与应用程序之间的交互，在 ASP.NET 中开发环境提供了文件上传控件来简化文件上传的开发。文件上传控件显示为一个文本框和一个"浏览"按钮，用户可以在文本框中输入或通过"浏览"按钮浏览和选择希望上传的文件。FileUpload 控件的语法格式如下。

```
< asp:FileUpload ID = "FileUpload1" runat = "server"/>
```

使用以下属性可以获取用户上传文件的信息。

- HasFile 属性：检查是否有文件上传，若有，返回 true；若没有，返回 false。
- PostedFile 属性：获取一个与上传文件相关的 HttpPostedFile 对象，使用该对象可以获取上传文件的相关属性。
- FileName 属性：获取上传文件在客户端的文件名称。
- PostedFile.ContentLength：获得上传文件的大小，单位是字节（Byte）。
- PostedFile.ContentType：获得上传文件的类型。

FileUpload 控件能进行可视化设置的属性较少，大部分属性都要通过代码控制完成。当用户选择了一个文件并提交页面后，该文件作为请求的一部分上传，文件将被完整地缓存在服务器内存中。当文件完成上传后页面才开始运行，在代码运行的过程中可以检查文件的特征，然后保存该文件。同时，上传控件在选择文件后并不会立即执行操作，需要其他的控件来完成上传操作，例如按钮控件 Button。

在 .NET 中，FileUpload 控件默认上传文件最大为 4MB，不能上传超过该限制的任何内容。如果想更改此限制，可以通过修改 Web.config 文件来实现，但是推荐不要更改此限制，否则可能造成潜在的安全威胁。

2. 应用举例

【案例 2.7】　上传文件。

1）页面设计

```
< % @ Page Language = "C♯" AutoEventWireup = "true" CodeFile = "Default.aspx.cs" Inherits =
"_Default" %>
< html >
< head runat = "server">
    <title>上传文件</title>
</head>
```

```
< body >
< form id = "form1" runat = "server">
    < div style = "padding: 10px; margin: 10px; border: 1px solid #000000; width: 410px">
      < div style = "background - color: #C0C0C0">
        < asp:Label ID = "Label1" runat = "server" Text = "Label" BorderColor = "Silver"></asp:
Label ></div>
        < hr /><br />
        文件上传路径: < asp:FileUpload ID = "FileUpload1" runat = "server"/>< br /> < hr />
      < div style = "padding: 10px">
        < asp:Button ID = "Button1" runat = "server" OnClick = "Button1_Click" Text = "上传"/>
      </div >
    </div >
</form ></body ></html >
```

说明:添加 个DIV,在里面放置一个Label控件,用来在后台代码中接收上传文件名、上传文件类型以及上传文件大小。再添加一个DIV,在里面放置一个Button控件,在其Click事件中实现文件上传的操作。

2) 后台代码设计

```
protected void Button1_Click(object sender, EventArgs e)
{
    string filename, fileExtension, filepath;
    //判断 FileUpload 控件是否包含文件
    if (!FileUpload1.HasFile)                       //HasFile 属性检查是否选定了某个文件
    {
        Label1.Text = "请先选择要上传的文件!";
            return;
    }
    filename = FileUpload1.FileName;                //获取上传文件名称
    fileExtension = System.IO.Path.GetExtension(FileUpload1.FileName);    //判断文件类型
    if (fileExtension != ".jpg")
    {
        Label1.Text = "文件上传类型不正确,请上传.jpg 格式!";
        return;
    }
    filepath = Server.MapPath("~/uploads/");        //获取服务器保存路径
    FileUpload1.PostedFile.SaveAs(filepath + filename);    //上传文件
    Label1.Text = "上传文件名: " + filename + "< br/>" + "上传文件类型: " +
    FileUpload1.PostedFile.ContentType + "< br/>" + "上传文件大小: " +
        FileUpload1.PostedFile.ContentLength.ToString() + "字节";
}
```

说明:依次判断FileUpload控件是否包含文件、文件类型是否正确,再上传文件到指定的文件夹中,并在Label控件中显示上传文件的名称、类型及大小。

3) 运行调试

按Ctrl+F5组合键运行,运行效果如图2.7所示。

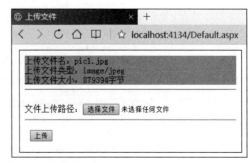

图 2.7 上传文件

2.5.4　Panel 控件

1. Panel 控件概述

Panel 控件是一个容器控件，可以用来同时控制 Panel 控件中的多个子控件的可见性和可用性，而不需要烦琐地把每个控件的 Visible 属性或 Enabled 属性设为 false。Panel 控件常用来显示或隐藏一组控件。Panel 控件的语法格式如下。

```
< asp:Panel ID = "Panel1" runat = "server"></asp:Panel >
```

Panel 控件的常用属性如下。

- Visible 属性：表示是否可见。
- Enabled 属性：表示是否可用。

2. 应用举例

【案例 2.8】　Panel 控件的应用。

1）页面设计

```
< % @ Page Language = "C♯" AutoEventWireup = "true" CodeFile = "Default.aspx.cs" Inherits =
"_Default" % >
< html >
< head runat = "server">
    < title > Panel 控件的应用</title >
</head >
< body >
< form id = "form1" runat = "server">
    < div style = "text - align: center; width: 300px">
        < asp:LinkButton ID = "LinkButton1" runat = "server" OnClick = "LinkButton1_Click">会
员请登录</asp:LinkButton >    
        < asp:LinkButton ID = "LinkButton2" runat = "server" OnClick = "LinkButton2_Click">新
用户注册</asp:LinkButton > </div >
        < asp:Panel ID = "Panel1" runat = "server" Width = "300px">
            < table style = "width:100 % ;">
                < tr > < td colspan = "2" style = "background - color: ♯C0C0C0; text - align:
center">登录</td ></tr >
                < tr >< td style = "text - align: right">用户名: </td >< td style = "text -
align: left">
                    < asp:TextBox ID = "TextBox1" runat = "server"></asp:TextBox ></td ></tr >
                < tr >< td style = "text - align: right">密码: </td >< td style = "text - align:left">
                    < asp:TextBox ID = "TextBox2" runat = "server"></asp:TextBox ></td ></tr >
                < tr >< td colspan = "2" style = "text - align: center">
                    < asp:Button ID = "Button1" runat = "server" Text = "登录"/> </td ></tr >
            </table ></asp:Panel >
        < asp:Panel ID = "Panel2" runat = "server" Width = "300px">
            < table style = "width:100 % ;">
                < tr >< td colspan = "2" style = "background - color: ♯00FFFF; text - align:
center">新用户注册
                    </td ></tr >
            < tr >< td style = "text - align: right">用户名: </td >< td style = "text - align:left">
                < asp:TextBox ID = "TextBox3" runat = "server"></asp:TextBox ></td ></tr >
            < tr >< td style = "text - align: right">密码: </td >< td style = "text - align: left">
                < asp:TextBox ID = "TextBox4" runat = "server"></asp:TextBox ></td ></tr >
            < tr >< td colspan = "2" style = "text - align: center">
                < asp:Button ID = "Button2" runat = "server" Text = "注册"/> </td ></tr >
```

```
        </table>
    </asp:Panel>
</form></body></html>
```

说明：两个 LinkButton 控件，用作登录和注册的超链接按钮；把登录界面放在 Panel1 中，把注册界面放在 Panel2 中。

2）后台代码设计

```
protected void LinkButton1_Click(object sender, EventArgs e)
{
    Panel1.Visible = true;
    Panel2.Visible = false;
}
protected void LinkButton2_Click(object sender, EventArgs e)
{
    Panel1.Visible = false;
    Panel2.Visible = true;
}
```

3）运行调试

按 Ctrl + F5 组合键运行，未单击任何 LinkButton 控件时的运行效果如图 2.8 所示。

单击"会员请登录"时登录界面显示、注册界面隐藏，如图 2.9 所示。

单击"新用户注册"时登录界面隐藏，新用户注册界面显示，如图 2.10 所示。

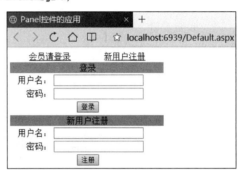

图 2.8 Panel 控件的应用

图 2.9 登录界面   图 2.10 新用户注册界面

2.5.5 AdRotator 控件

1. AdRotator 控件概述

AdRotator 控件用于显示横幅广告集合中的随机选择内容，该集合在基于 XML 的广告文件中指定制作横幅广告。当用户浏览网页时横幅广告能随机显示已经定义的广告。用 AdRotator 控件创建横幅广告需要创建 XML 文件，该文件包含广告图片源、单击广告时的链接、广告类别、广告显示的频率等信息，创建的这个 XML 文件应放置在 App_Data 文件夹下，可以通过 AdRotator 控件的 AdvertisementFile 属性获取这个 XML 文件的路径。

2. 应用举例

【案例 2.9】 AdRotator 控件的应用。

1）XML 文件设计

```
<?xml version = "1.0" encoding = "utf - 8" ?>
< Advertisements >
```

```
< Ad >
  < ImageUrl >～/images/01.jpg</ImageUrl >
  < NavigateUrl ></NavigateUrl >
  < AlternateText >范例宝典</AlternateText >
  < Impressions > 40 </Impressions >
  < Keyword >图书</Keyword >
</Ad >
< Ad >
  < ImageUrl >～/images/02.jpg</ImageUrl >
  < NavigateUrl ></NavigateUrl >
  < AlternateText >经验技巧</AlternateText >
  < Impressions > 60 </Impressions >
  < Keyword >图书</Keyword >
</Ad >
</Advertisements >
```

2）页面设计

在页面上放置一个 AdRotator 控件，设置其 AdvertisementFile 属性即可。

```
< asp:AdRotator ID = "AdRotator1" runat = "server" AdvertisementFile = "～/App_Data/AD.xml"/>
```

3）运行调试

按 Ctrl＋F5 组合键运行，运行效果如图 2.11 所示。

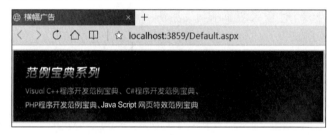

图 2.11　横幅广告

2.5.6　Calendar 控件

1. Calendar 控件概述

Calendar 控件可以使用户方便、准确地选择日期或查看与日期相关的数据。当创建 Calendar 控件中的每个日期单元格时均会引发 DayRender 事件，通过在 DayRender 事件的事件处理程序中提供代码可以在创建日期单元格时控制其内容和格式设置。

2. 应用举例

【案例 2.10】　在日历中设置节日。

1）页面设计

在页面上放置一个 Calendar 控件，单击其右侧的智能任务按钮，在"自动套用格式"对话框中选择"传统型"。单击其属性窗口内的闪电按钮⚡可切换至事件选项，然后双击其中的 Calendar1_DayRender 事件在前台界面代码中增加相应的属性，同时在后台代码中产生相应的代码框架。

2）后台代码设计

```
String[ ][ ] holidays = new String[13][ ];
```

```
protected void Calendar1_DayRender(object sender, DayRenderEventArgs e)
{
    CalendarDay d = e.Day;
    TableCell c = e.Cell;
    if (d.IsOtherMonth)
    {
        c.Controls.Clear();
    }
    else
    {
        string Hol = holidays[d.Date.Month][d.Date.Day];
        if (Hol != string.Empty)
            c.Controls.Add(new LiteralControl("< br >< font color = blue size = 2 >" + Hol +
"</font>"));
    }
}
```

说明：这里定义了一个 string 类型的二维数组 holidays[12][31]，用来表示一年中的所有节日。在创建每个日期单元格时均会引发 Calendar1_DayRender 事件，事件处理程序接收包含事件数据的 DayRenderEventArgs 对象。DayRenderEventArgs 对象包含两个属性，用户可以使用这两个属性以编程方式控制日期单元格的格式。Cell 属性表示正呈现的单元格，Day 属性表示要在单元格中呈现的日期，IsOtherMonth 属性用于获取日期是否属于日历所显示的月份。当进入某一月时程序动态查询当月的节日，并显示在该日期上。

图 2.12 在日历中设置节日

3）运行调试

按 Ctrl＋F5 组合键运行，运行效果如图 2.12 所示。

2.6 ASP.NET 验证控件

当程序要求用户输入数据时通常要执行一些数据验证的工作。数据验证是一种限制用户输入的机制，可以判断用户输入的数据是否符合要求。ASP.NET 提供了一系列容易使用且功能强大的验证控件，可以按预定义的标准检查用户的输入是否合法。

验证控件可以像其他服务器控件一样添加到 Web 窗体中，不同的验证控件有不同的验证功能，并且可以同时将多个验证控件附加到一个输入控件。在提交窗体时，Web 窗体将用户的输入传递给关联的验证控件，待当前页面的所有验证控件的验证工作执行完毕后将设置该页面的 IsValid 属性，只有当所有验证都通过时 IsValid 属性值才为 true，否则为 false，这时说明用户输入的数据不符合验证控件所设定的验证条件。

验证控件直接在客户端执行，用户提交后执行相应的验证无须使用服务器端进行验证操作，从而减少了服务器与客户端之间的往返过程。

ASP.NET 内置的验证控件有以下 6 种。

- RequiredFieldValidator：必须字段验证，用于检查是否有输入值。
- RangeValidator：范围验证，用于检查输入是否在指定范围。
- RegularExpressionValidator：表达式格式验证，用于检查表达式格式是否符合要求。
- CompareValidator：比较验证，用于按设定比较两个输入。
- CustomValidator：自定义验证，用于自定义验证控件。
- ValidationSummary：验证总结，用于总结验证结果。

2.6.1 RequiredFieldValidator 控件

RequiredFieldValidator 控件的功能是确保用户必须在输入控件中输入数据。当验证执行时如果输入控件中的值为空，则不能通过验证。RequiredFieldValidator 控件的常用属性如下。

- ControlToValidate 属性：被验证控件的 ID。
- ErrorMessage 属性：未通过验证时所显示的信息。
- Display 属性：错误信息的显示方式，其中 Static 表示控件的错误信息在页面中占有确定位置；Dynatic 表示控件错误信息出现时才在页面中占有位置；None 表示错误出现时不显示，但是可以在 ValidationSummary 中显示。

RequiredFieldValidator 控件的使用示例如下。

```
< asp:TextBox ID = "txtName" runat = "server"/>
< asp:RequiredFieldValidator ID = "Validator1" runat = "server" ControlToValidate = "txtName"
ErrorMessage = "姓名必须输入" Display = "Static"> * 必须输入姓名</asp:RequiredFieldValidator >
```

在以上示例中检查 txtName 控件是否有输入，如果没有，则显示错误信息"必须输入姓名"。

2.6.2 RangeValidator 控件

RangeValidator 控件可以用来判断用户输入的值是否在某一特定范围内，常用的属性如下。

- ControlToValidate 属性：被验证控件的 ID。
- ErrorMessage 属性：未通过验证时所显示的信息。
- MaximumValue 属性：用来设定检查范围的最大值。
- MinimumValue 属性：用来设定检查范围的最小值。
- Type 属性：被验证控件输入值的类型。

RangeValidator 控件的语法格式如下。

```
< asp:RangeValidator ID = "Vaidator_ID" runat = "server" ControlToValidate = "要验证的控件 ID"
Type = "String|Integer|Double|DateTime|Currency" MinimumValue = "最小值" MaximumValue = "最大值"
ErrorMessage = "错误信息" Display = "Static|Dynatic|None">占位符 </asp:RangeValidator >
```

在以上代码中用 MinimumValue 和 MaximumValue 来界定控件输入值的范围，用 Type 来定义控件输入值的类型。

2.6.3 RegularExpressionValidator 控件

RegularExpressionValidator 控件可以判断用户输入的表达式是否正确,如电话号码、邮编、电子邮件地址等。RegularExpressionValidator 控件使用正则表达式来确定用户的输入是否符合指定模式,其常用属性如下。

- ControlToValidate 属性:被验证控件的 ID。
- ErrorMessage 属性:未通过验证时所显示的信息。
- ValidationExpression 属性:编写需要验证的表达式的格式即正则表达式。

RegularExpressionValidator 控件的语法格式如下。

```
< asp:RegularExprcssionValidator ID - "Validator_ID" runat = "server" ControlToValidate = "要
验证控件名" ValidationExpression = "正则表达式" ErrorMessage = "错误信息" Display = "Static|
Dynatic|None">占位符</asp:RegularExpressionValidator >
```

在以上代码中 ValidationExpression 是重点。在 ValidationExpression 中,不同的字符表示不同的含义。

- 星号 *:和其他表达式一起,表示任意组合。
- 方括号[ ]:用于定义可接受的字符。例如,[abc123]表示控件只能接受 a、b、c、1、2、3 这 6 个字符,[A-Z]表示任意大写字母。
- 反集合符号^:用于定义不可以接受的字符。例如,[^a-h]表示控件除了 a 到 h 这 8 个字符外,其他字符都可以接受。
- 花括号{ }:定义必须输入的字符个数。例如,{6}表示只能输入 6 个字符;{6,}表示必须输入 6 个以上,无上限;{2,6}表示必须输入 2～6 个字符。花括号必须放在方括号的后面,例如[a-z]{4}表示必须输入 4 位 a～z 之间的任意字符。
- 小圆点.:用于代表任意字符。例如,{3,6}表示接受 3～6 个任意字符。
- 竖线|:用于表示"或"的逻辑符号。例如,[1-9]{3,6}|[A-Za-z]{3}表示可以接受 3～6 个数字或者 3 个字母。
- 圆括号():用于分块,与数学运算中的圆括号的作用类似。

举例:验证身份证号(15 位或 18 位数字)的正则表达式:[0-9]{15}[0-9]{18}。

2.6.4 CompareValidator 控件

CompareValidator 控件用来将用户输入的数据与常数值或另一个服务器控件的值进行比较,其常用属性如下。

- ControlToCompare 属性:用于比较的输入控件的 ID。
- ControlToValidate 属性:要进行验证的控件 ID。
- ErrorMessage 属性:未通过验证时所显示的信息。
- ValueToCompare 属性:用来比较的数据。
- Type 属性:表示要比较的控件的数据类型。
- Operator 属性:表示比较操作,其属性的取值有 6 种情况,其中,Equal 表示等于;NoEqual 表示不等于;GreaterThan 表示大于;GreaterThanEqual 表示大于或等于；LessThan 表示小于；LessThanEqual 表示小于或等于。

CompareValidator 控件的标准代码如下。

```
< asp:CompareValidator ID = "Validator_ID" runat = "server" ControlToValidate = "要验证的控件
ID"
ControlToCompare = "要比较的控件 ID" ErrorMessage = "错误信息"
Type = "String|Integer|Double|DateTime|Currency"
Operator = " Equal | NotEqual | GreaterThan | GreaterTanEqual | LessThan | LessThanEqual |
DataTypeCheck"
Display = "Static|Dynatic|None">占位符</asp:CompareValidator >
```

2.6.5　CustomValidator 控件

1. CustomValidator 控件概述

在有些情况下，前面提到的这些验证控件还不能满足数据验证的要求，此时可以使用自己编写的验证逻辑来检查用户输入的数据，通常使用 CustomValidator 控件。该控件用于执行用户自定义的验证，既可以在服务器端，也可以在客户端。如果要创建服务器端的验证函数，则要处理 CustomValidator 控件的 ServerValidate 事件；如果要在客户端实现验证，则需要使用 ClientValitationFunction 属性指定与 CustomValidator 控件相关的客户端验证脚本的函数名称进行控件中值的验证。CustomValidator 控件的语法格式如下。

```
< asp:CustomValidator ID = "Validator_ID" runat = "server" ControlToValidate = "要验证的控件"
OnServerValidate = "服务器端验证函数" ClientValitationFunction = "客户端验证函数"
ErrorMessage = "错误信息" Display = "Static|Dynatic|None"></asp:CustomValidator >占位符
</asp:CustomValidator >
```

2. 应用举例

【案例 2.11】　自定义验证控件的使用。

1）页面设计

```
<% @ Page Language = "C#" AutoEventWireup = "true" CodeFile = "Default.aspx.cs" Inherits =
"_Default" %>
< html >< head runat = "server">< title >自定义验证控件的使用</title></head >
< body >
< form id = "form1" runat = "server">
    < div >请输入一个偶数：
        < asp:TextBox ID = "TextBox1" runat = "server"></asp:TextBox >
        < asp:CustomValidator ID = "CustomValidator1" runat = "server" ControlToValidate =
"TextBox1" ErrorMessage = "请输入偶数!" Font-Size = "Smaller" ForeColor = "Red" OnServerValidate =
"CustomValidator1_ServerValidate">
        </asp:CustomValidator >< br />
        < asp:Button ID = "Button1" runat = "server" OnClick = "Button1_Click" Text = "提交"/> < br/>
        < asp:Label ID = "Label1" runat = "server" Text = "Label"></asp:Label >
    </div >
</form ></body ></html >
```

2）后台代码设计

```
protected void CustomValidator1_ServerValidate(object source, ServerValidateEventArgs args)
{
```

```
        if (Int32.Parse(args.Value) % 2 == 0) args.IsValid = true;
        else args.IsValid = false;
    }
    protected void Button1_Click(object sender, EventArgs e)
    {
        if (IsValid) Label1.Text = "输入的偶数是: " + TextBox1.Text;
    }
```

说明：如果输入的是偶数，那么在 CustomValidator1_ServerValidate 事件中通过验证，IsValid 值为 true，则单击"提交"按钮后会把输入的偶数显示在 Label 控件上；如果输入的不是偶数，那么在 CustomValidator1_ServerValidate 事件中没有通过验证，会出现错误提示信息。

另外，在 Visual Studio 2013 中很多控件默认 Unobtrusive ValidationMode 属性不可用，未对其进行赋值，这将会导致运行时出现错误。Unobtrusive Validation 是一种隐式的验证方式，和 jQuery 的引用相关。最简单的解决方法是在程序允许的情况下在配置文件 Web.config 中降低 Framework 的版本。

```
<!-- 修改前 -->
< system.web > < compilation debug = "true" targetFramework = "4.5"/>
    < httpRuntime targetFramework = "4.5"/></system.web><!-- 将其删除 -->
<!-- 修改后 -->
< system.web > < compilation debug = "true" targetFramework = "4.0"/></system.web>
```

3）运行调试

按 Ctrl+F5 组合键运行，运行效果如图 2.13 所示。

图 2.13　自定义验证控件的使用

2.6.6　ValidationSummary 控件

1. ValidationSummary 控件概述

ValidationSummary 控件不对 Web 窗体中输入的数据进行验证，而是收集本页的所有验证错误信息，并可以将它们组织以后显示出来。这个控件会将页面中所有的校验错误输出为一个列表，其常用属性如下。

- HeaderText 属性：标题文字。
- DisplayMode 属性：表示错误信息的显示方式，有 3 种取值，其中 List 表示将错误信息分行显示；BulletList 表示将错误信息分项显示；SingleParagraph 表示将错误信息显示在同一行。
- ShowMessageBox 属性：是否在消息框中显示摘要。
- ShowSummary 属性：是否显示 ValidationSummary 控件。

ValidationSummary 控件的语法格式如下。

```
< asp:ValidationSummary ID = "Validator_ID" runat = "server" HeaderText = "标题信息"
ShowSummary = "true|false" DiaplayMode = "List|BulletList|SingleParagraph"/>
```

2. 应用举例

【案例 2.12】 验证控件综合案例。

1）页面设计

页面的设计效果如图 2.14 所示。

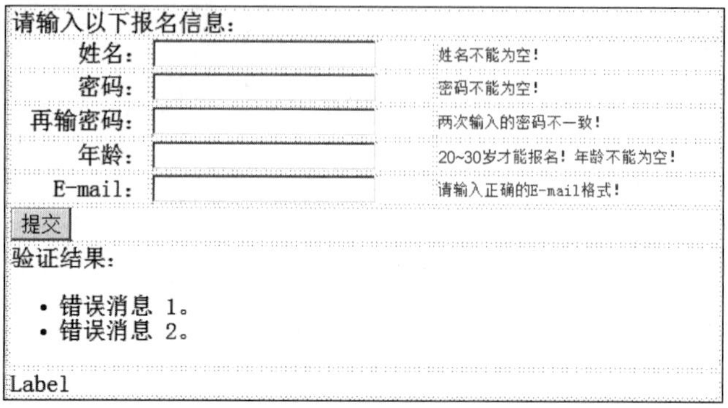

图 2.14 页面的设计效果图

说明：页面采用 9 行 3 列的表格布局，注意比较验证控件 CompareValidator1 和范围验证控件 RangeValidator1 的相关属性设置，代码如下。

```
< asp:CompareValidator ID = "CompareValidator1" runat = "server" ControlToCompare = "TextBox2"
ControlToValidate = "TextBox3" ErrorMessage = "两次输入的密码不一致!" Font - Size = "Smaller"
ForeColor = "Red"></asp:CompareValidator >
    < asp:RangeValidator ID = "RangeValidator1" runat = "server" ControlToValidate =
"TextBox4" ErrorMessage = "20~30 岁才能报名!" Font - Size = "Smaller" ForeColor = "Red"
MaximumValue = "30" MinimumValue = "20" Type = "Integer"></asp:RangeValidator >
```

2）后台代码设计

```
protected void Button1_Click(object sender, EventArgs e)
{
    if (IsValid) Label1.Text = "报名信息如下: < br/>" + "姓名: " + TextBox1.Text + "< br/>年
龄:" + TextBox4.Text + "< br/> E - mail: " + TextBox5.Text;
}
```

说明：如果所有控件都通过验证，那么 IsValid 的值为 true，则单击"提交"按钮后会把输入的报名信息显示在 Label 控件上；如果有控件没有通过验证，那么 IsValid 的值为false，在 ValidationSummary 控件中就会显示所有错误信息。

另外，如果出现因为默认 Unobtrusive ValidationMode 属性不可用而导致的运行错误，则采取和案例 2.11 同样的处理方法，在配置文件 Web. config 中降低 Framework 的版本。

3）运行调试

按 Ctrl＋F5 组合键运行，输入信息没有通过验证的运行效果如图 2.15 所示。

如果用户输入的信息符合要求，则运行效果如图 2.16 所示。

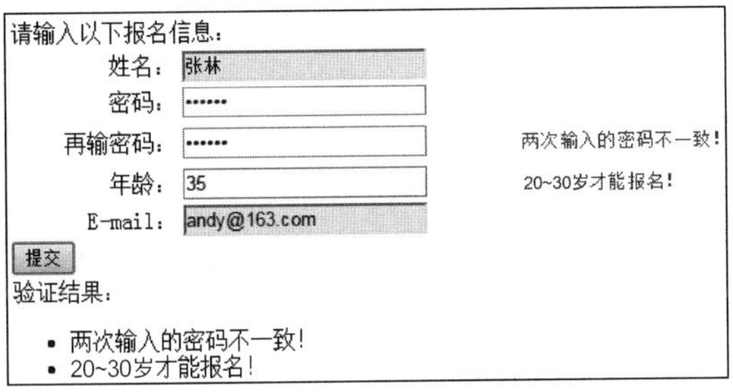

图2.15　输入信息没有通过验证

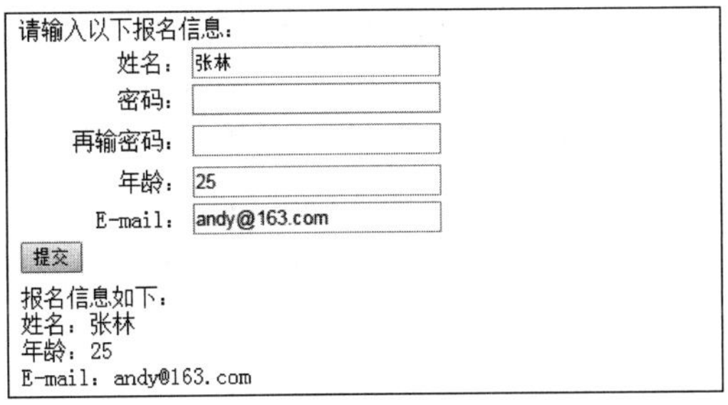

图2.16　验证控件综合案例运行界面

习题2

1. 填空题

（1）在后台代码里，通过 DropDownList 的_____方法可添加列表项。

（2）每个 Web 服务器控件都有前缀_____，以表明它们来自同一个命名空间。

（3）当需要将 TextBox 控件作为密码输入框时，应该将控件的_____属性设置为 Password。

（4）单选按钮控件通常用_____属性来判断某个选项是否被选中。

（5）_____验证控件用于验证某输入控件中的值，使其不能为空。

（6）验证控件的_____属性用于指定验证控件将验证的输入控件的 ID。

（7）在 RegularExpressionValidator 控件中，_____属性用于确定需要验证的表达式的格式。

（8）请将数据 nn(Double nn＝45.6;)在 TextBox 控件中显示出来。

TextBox1.Text＝_____。

（9）控件 HyperLink 指定链接到的目标页面所使用的属性是_____。

（10）使用 DropDownList 的 SelectedIndexChanged 事件必须定义其_____属性为 true。

2. 单项选择题

（1）提供日历服务的控件是_____。

　　A. Table　　　　　　B. Pannel　　　　　C. PlaceHolder　　　D. Calendar

（2）如果希望控件内容变换后立即回传表单，需要在空间中添加属性_____。

　　A. AutoPostBack＝"true"　　　　　　　B. IsPostBack＝"true"

　　C. IsPostBack＝"false"　　　　　　　　D. AutoPostBack＝"false"

（3）要使文本框最多输入6个字符，需要将该控件的_____属性值设置为6。

　　A. MaxLength　　　B. Columns　　　　C. Rows　　　　　　D. TabIndex

（4）当用户单击窗体上的命令按钮时会引发命令按钮控件的_____事件。

　　A. Click　　　　　B. Leave　　　　　C. Move　　　　　　D. Enter

（5）将文本框的 TextMode 属性设置为_____可以使其显示多行。

　　A. PasswordChar　B. ReadOnly　　　C. MultiLine　　　　D. MaxLength

（6）如果要获取 ListBox 控件当前选中项的文本，通过_____属性得到。

    A．SelectedIndex   B．SelectedItem   C．Items   D．Text

（7）如果需要确保用户输入小于 96 的值，应该使用_____验证控件。

    A．CompareValidator   B．RangeValidator

    C．RequiredFieldValidator   D．RegularExpressionValidator

（8）以下程序段执行后 Label1 的显示结果为_____。

```
int i,sum;
sum = 0;
for(i = 2;i <= 10;i = i + 1)
{
    if(i % 2!= 0 && i % 3 == 0)
    sum = sum + i;
}
Label1.Text = sum.ToString();
```

    A．12   B．30   C．24   D．18

（9）DropDownList1.Items[0].Text 值是控件的_____。

    A．文本   B．选择的文本   C．添加的文本   D．首项的文本

（10）要使 Button 控件不可用，需要将控件的_____属性设置为 false。

    A．Enabled   B．EnableViewState

    C．Visible   D．CausesValidation

3．上机操作题

（1）设计一个 ASP.NET 网页，该网页用一个 TextBox 控件输入内容，当内容输入完毕之后立即将输入的内容在标签控件上显示出来，并将该内容添加到下拉列表控件中。

（2）请开发一个简单的计算器，输入两个数后可以求两个数的和、差、积、商。

（3）综合使用本章介绍的控件设计一个个人注册页面，要求输入用户名、密码、性别、出生日期、电话、E-mail 等个人信息，并进行必要的验证。

第3章 ASP.NET内置对象

本章学习目标
- 掌握 ASP.NET 对象的概念及访问方法；
- 掌握 ASP.NET 常用内置对象的属性和方法；
- 掌握 ASP.NET 常用内置对象的应用。

本章介绍 ASP.NET 对象的概念、访问方法以及 ASP.NET 各内置对象的属性、方法和应用，并对 Application 对象、Session 对象和 Cookie 对象进行比较。

3.1 ASP.NET 对象概述

3.1.1 ASP.NET 对象简介

在 ASP.NET 页面中除了要大量使用本书第 2 章中介绍的各种服务器控件以外，还需要使用各种 ASP.NET 对象，这些对象提供了基本的请求、响应、会话等处理功能。ASP.NET 定义了许多内置对象，它们可以直接使用而不必事先创建。ASP.NET 提供的七大内置对象如下。

- Page：用于设置与网页有关的属性、方法和事件。
- Response：服务器端将数据作为请求的结果发送到浏览器端(输出)。
- Request：浏览器端对当前页请求的访问发送到服务器端(输入)。
- Server：定义一个与 Web 服务器相关的类提供对服务器上方法和属性的访问。
- Session：即会话，是指一个用户在一段时间内对某个站点的一次访问。Session 对象用来保存与当前用户会话相关的信息。
- Cookie：保存客户端浏览器请求的服务器页面，存放非敏感用户信息。
- Application：存储所有客户端的共享信息。

除了内置对象以外，ASP.NET 还包含了其他对象，例如文件类和数据库对象，这些对象要先创建才能使用。本书第 5 章将重点介绍数据库对象。

3.1.2 ASP.NET 对象的访问

每个对象有各自的属性、方法和事件。属性用来描述对象的性质，它表示对象的静态特性；方法反映了对象的行为，它表示对象的动态特性；事件指对象在一定条件下产生的信息。

1．访问对象属性

访问对象属性的语法格式：对象名.属性名

例如，访问 Page 对象的 IsPostBack 属性的语法格式：Page. IsPostBack.

2．访问对象方法

访问对象方法的语法格式：对象名.方法名(参数表)

例如，访问 Response 对象的 Write 方法的语法格式：Response. Write("你好!")。

3．对象事件处理的定义

对象事件处理的定义语法格式：对象名_事件名(参数表)或事件名(参数表)

例如：

```
protected void Page_Load(object sender, EventArgs e){ }
```

上述代码定义 Page 对象的 Load 处理事件。其中，object sender 是事件处理过程的第一个参数，表示发生该事件的源对象；EventArgs e 是事件处理过程的第二个参数，表示传递过来的该事件的相关信息。

3.2　Page 对象

在 ASP. NET 中每个页面都派生自 Page 类，并继承这个类公开的所有方法和属性。Page 类与扩展名为.aspx 的文件相关联，这些文件在运行时被编译为 Page 对象，并被缓存在服务器内存中。

3.2.1　Page 对象的常用属性

1. IsPostBack 属性

Page 对象的 IsPostBack 属性用于获取一个逻辑值，该值指示当前页面是为响应客户端回发而加载还是正在被首次加载和访问。true 表示页面是为响应客户端回发而加载，false 表示页面是首次加载。

2．Title 属性

该属性获取或设置页面的标题，可以根据需要动态更换页面标题。

3．IsValid 属性

该属性获取布尔值，用来判断网页上的验证控件是否全部验证成功，返回 true 则表示全部验证成功，返回 false 则表示至少有一个验证控件验证失败。

4．IsCrossPagePostBack 属性

该属性判断页面是否使用跨页提交，它是一个布尔值的属性。

3.2.2　Page 对象的常用方法

1．DataBind( )方法

该方法将数据源绑定到被调用的服务器控件及其所有子控件。

2．FindControl（ID）方法

该方法在页面中搜索带指定标识符的服务器控件。

3．ParseControl(content)方法

该方法将 content 指定的字符串解释成控件，例如以下示例。

```
Control c = ParseControl("< asp:button text = 'Click here!' runat = 'server' />");
```

4．MapPath(virtualPath)方法

该方法将 virtualPath 指定的虚拟路径转换成物理路径。下面的示例使用 MapPath()方法获得子文件夹的物理路径，然后用此信息来设置 TextBox Web 服务器控件的 Text 属性。

```
string fileNameString = this.MapPath(subFolder.Text);
fileNameString += "\\" + fileNameTextBox.Text;
```

3.2.3　Page 对象的常用事件

1．Page 对象的几种常用事件

1）Page_Init 事件

当网页初始化时会触发此事件，在 ASP.NET 页面被请求时 Init 是页面第一个被触发的事件。

2）Page_Load 事件

当页面被载入时会触发此事件，即当服务器控件加载到 Page 对象中时发生。

3）Page_Unload 事件

当页面完成处理且信息被写入客户端后会触发此事件。

2．应用举例

【案例 3.1】　Init 和 Load 事件的比较。

本案例对 Page_Init 事件和 Page_Load 事件进行比较。

1）页面设计

在页面中添加两个列表框和一个按钮，代码如下。

```
< html >
< head >< title > Init 和 Load 事件的比较</title ></head >
< body >
  < form id = "form1" runat = "server">
    < div >
        Init 事件的运行效果     Load 事件的运行效果< br />
        < asp:ListBox ID = "ListBox1" runat = "server" width = "176px"></asp:ListBox >
                
        < asp:ListBox ID = "ListBox2" runat = "server" width = "176px"></asp:ListBox >< br />
        < asp:Button ID = "Button1" runat = "server" Text = "引起回发"/>
    </div >
  </form >
</body ></html >
```

2）后台代码设计

```
protected void Page_Load(object sender, EventArgs e)
```

```
{
    ListBox2.Items.Add("页面被加载一次");
}
protected void Page_Init(object sender, EventArgs e)
{
    ListBox1.Items.Add("页面被加载一次");
}
```

说明：Button 按钮只是为了引起服务器的回发，不用写其 Click 事件代码。

3）运行调试

按 Ctrl＋F5 组合键运行，页面首次加载后的运行效果如图 3.1 所示。

单击"引起回发"按钮后，由 Page_Init 事件添加的 ListBox1 控件中的内容不发生变化，而由 Page_Load 事件添加的 ListBox2 控件中的内容发生变化，运行效果如图 3.2 所示。

图 3.1　页面首次加载后的状态

图 3.2　页面回发后的状态

从本案例中可以看出 Page 对象的 Init 和 Load 事件的异同。

- Page 对象的 Init 和 Load 事件均在页面加载过程中发生。
- 在 Page 对象的生命周期中，Init 事件只在页面初始化时触发一次，Load 事件在初次加载及每次回发时都会触发。
- 若希望事件代码只在页面首次加载时被执行，可以将其放入 Init 事件，或放入 Load 事件并利用 Page.IsPostBack 属性判断是否为首次加载。

3.3　Response 对象

Response 对象用于响应客户端的请求，将信息发送到客户端浏览器。用户可以使用 Response 对象实现向页面中输出文本或创建 Cookie 信息等，并且可以使用 Response 对象实现页面的跳转。

3.3.1　Response 对象的常用属性

1. BufferOutput 属性

BufferOutput 的默认属性为 true。当页面被加载时，要输出到客户端的数据都暂时存储在服务器的缓冲期内，并等待页面的所有事件程序以及所有的页面对象全部被浏览器解释完毕后才将所有在缓冲区中的数据发送到客户端浏览器。

2. Charset 属性

Charset 属性设置页面显示中所使用的字符集。此属性设置后客户端浏览器代码中的 HTML 头信息的 meta 属性增加一个属性值对——Charset＝字符集名。

3. ContentType 属性

ContentType 属性设置客户端 HTTP 文件格式,其格式为类型/子类型。常用的类型/子类型主要有 text/html(默认值)、image/jpeg、application/msword、application/msexcel、application/mspowerpoint 等。

4. IsClientConnected 属性

IsClientConnected 属性为只读属性,表示客户端与服务器端是否连接。若此属性的返回值为 true,则表示客户端与服务器端处于连接状态,否则表示客户端与服务器端已经断开。

5. Cookies 属性

Cookie 是存放在客户端用来记录用户访问网站的一些数据的对象。利用 Response 对象的 Cookies 属性可以在客户端创建一个 Cookie,创建 Cookie 的语法格式如下。

```
Response.Cookies[名称].Value = 值;
Response.Cookies[名称].Expirs = 有效期;
```

例如,创建一个名为 Name、值为"张三"、有效期为一天的 Cookie 信息,代码如下。

```
Response.Cookies["Name"].Value = 张三";
Response.Cookies["Name"].Expirs = DateTime.Now.AddDays(1);
```

3.3.2　Response 对象的常用方法

1. Write()方法

功能:在服务器端将指定数据发送给客户端浏览器。

语法:Response.Write(变量或字符串);。

说明:在输出字符串常量时要使用一对双撇号括起来;当字符串内含有引号时外层使用双引号,内层使用单引号;HTML 标记可以作为特别的字符串进行输出;客户端脚本也可以作为特别的字符串输出。

举例:Response.Write("< script > alert('Hello!');</script >");

2. WriteFile()方法

功能:将指定的文件内容写入 HTML 输出流。

语法:Response.WriteFile(filename);。

说明:若有大量数据要发送到浏览器,如果使用 Write()方法,那么其中的参数串会很长,会影响程序的可读性。Response.WriteFile()方法用于直接将文件内容输出到客户端,若要输出的文件和执行的网页在同一个目录中,只需直接传入文件名即可;若不在同一目录,则要指定详细的目录名称。

3. Redirect()方法

功能:使浏览器立即重定向到程序指定的 URL,即实现页面的跳转。

语法:Response.Redirect("网址或网页");。

举例:Response.Redirect("http://www.baidu.com");

　　　Response.Redirect("Default.aspx");

　　　或

　　　string ThisURL = "http://www.baidu.com"; Response.Redirect(ThisURL);

4．End()方法

功能：用来输出当前缓冲区的内容，并中止当前页面的处理。

语法：Response.End();。

举例：Response.Write("欢迎光临"); Response.End();Response.Write("我的网站!");

该程序段只输出"欢迎光临"，而不会输出"我的网站!"。

5．Flush()方法

功能：将页面缓冲区中的数据立即显示。

语法：Response.Flush();。

说明：在编写程序的过程中，某一个请求可能会处理多个任务，可以在处理每个任务之后写一个 Response.Write("这里写一些操作提示信息!")，在后面加上 Response.Flush()，这样就会在每个任务完成之后将提示信息返回到页面。如果没有添加 Response.Flush()，那么所有的提示信息将会在方法执行完毕后才响应到页面。

6．Clear()方法

功能：清除页面缓冲区中的数据。

语法：Response.Clear();。

说明：在使用该方法时缓冲区必须打开，即 Response 方法的 BufferOutput 属性必须为 true。使用该方法只能清除 HTML 文件的 Body 部分。

7．TransmitFile()方法

功能：将指定文件下载到客户端。

语法：Response.TransmitFile(filename);。

说明：filename 是要下载的文件，若要下载的文件和执行的网页在同一个目录中，直接传入文件名即可；若不在同一目录，则要指定详细的目录名称。

3.3.3　Response 对象的应用

1．向浏览器发送信息

【案例 3.2】　Response.Write()方法使用示例。

本案例使用 Response.Write()方法输出字符串、HTML 标记及 Script 脚本。

1) 页面设计

前台只需给页面设个标题。

```
<title>Response.Write方法使用示例</title>
```

2) 后台代码设计

```
protected void Page_Load(object sender, EventArgs e)
{
    Response.Write("<font size = '6' color = 'red' face = '黑体'>欢迎来到我的主页</font><br/><br/>");
    Response.Write("<hr width = '75 % ' color = 'blue' align = 'left'/><br/><br/>");
    Response.Write("现在的时间是: " + DateTime.Now.ToLongTimeString() + "<br/><br/>");
    Response.Write("浏览新闻可以到<a href = 'http://www.sohu.com'>搜狐网</a><br/><br/>");
```

```
    Response.Write("< script language = 'javascript'> alert('使用 Write()方法输出信息');
</script>");
}
```

3）运行调试

按 Ctrl+F5 组合键运行，运行效果如图 3.3 所示。

图 3.3　Response.Write()方法使用示例

2. 页面跳转

【案例 3.3】　使用 Redirect()方法实现页面跳转。

本案例使用 Response 对象的 Redirect()方法转向指定的页面。

1）页面设计

前台只需给页面设个标题。

```
<title>使用 Redirect 方法实现页面跳转</title>
```

2）后台代码设计

```
protected void Page_Load(object sender, EventArgs e)
{
    int day = int.Parse(DateTime.Now.Day.ToString());
    string url;
    if (day % 2 == 0) url = "http://www.baidu.com";
    else url = "http://www.sohu.com";
    Response.Redirect(url);
}
```

3）运行调试

按 Ctrl+F5 组合键运行，程序先判断当前日期是偶数还是奇数，如果是偶数，则跳转至百度网站，否则跳转至搜狐网站。

3. 输出文件内容到客户端

【案例 3.4】　使用 WriteFile()方法输出文本文件。

本案例使用 Response 对象的 WriteFile()方法输出指定的文件。

1）页面设计

前台只需给页面设个标题。

```
<title>使用 WriteFile 方法输出文本文件</title>
```

2）后台代码设计

```
protected void Page_Load(object sender, EventArgs e)
{
```

```
        Response.WriteFile("OutFile.txt");
    }
```

说明：OutFile. txt 是准备输出的文本文件，存放在网站根文件夹下。

3）运行调试

按 Ctrl＋F5 组合键运行，运行效果如图 3.4 所示。

图 3.4　使用 WriteFile()方法输出文本文件

如果页面出现乱码，则在 Web. config 的< system. web >与</ system. web >之间增加以下代码。

```
< globalization requestEncoding = "gbk" responseEncoding = "gbk" culture = "zh - CN" fileEncoding =
"gbk"/>
```

4. 下载文件

【案例 3.5】　使用 TransmitFile()方法下载文件。

本案例使用 Response 对象的 TransmitFile()方法下载 Excel 文件。

1）页面设计

```
< html >
    < head runat = "server">< title >使用 TransmitFile 方法下载文件</title ></head >
    < body >
      < form id = "form1" runat = "server">
        < div >
            < asp:LinkButton ID = "LinkButton1" runat = "server" OnClick = "LinkButton1_Click">
下载成绩册
            </asp:LinkButton >
        </div >
      </form >
    </body >
</html >
```

2）后台代码设计

```
protected void LinkButton1_Click(object sender, EventArgs e)
{
    Response.ContentType = "application/msexcel";
    Response.AddHeader("Content - Disposition", "attachment;filename = 成绩册.xls");
    string filename = Server.MapPath("成绩册.xls");
    Response.HeaderEncoding = System.Text.Encoding.GetEncoding("gb2312");
    Response.TransmitFile(filename);
}
```

说明：Response. AddHeader()方法指定文件下载时的默认名，Response. HeaderEncoding()方法设置当前标头输出流的编码。

3）运行调试

按 Ctrl＋F5 组合键运行，运行效果如图 3.5 所示。

图 3.5 使用 TransmitFile()方法下载文件

单击"下载成绩册"按钮，打开"新建下载任务"对话框，选择保存路径后单击"下载"按钮即可实现文件的下载。

3.4 Request 对象

当用户发出一个打开 Web 页面的请求时，Web 服务器会收到一个 HTTP 请求，此请求信息包括客户端的基本信息、请求方法、参数名、参数值等，这些信息将被完整地封装，并通过 Request 对象获取它们。Request 对象的主要功能是获取许多与网页密切相关的数据，包括客户端浏览器信息、用户输入表单中的数据、Cookies 中的数据、服务器端的环境变量等。

3.4.1 Request 对象的常用属性

1. QueryString 属性

Request 对象的 QueryString 属性用于获取客户端附在 URL 地址后的查询字符串中的信息。通过 QueryString 属性能够获取页面传递的参数。在超链接中往往需要从一个页面跳转到另外一个页面，跳转的页面需要获取 HTTP 的值进行相应的操作。例如，若在地址栏中输入 news. aspx?id＝1，则可以使用 Request. QueryString["id"]获取传递过来的 id 的值。在使用 QueryString 属性时表单的提交方式要设置为 Get。

2. Path 属性

Request 对象的 Path 属性用来获取当前请求的虚拟路径。当在应用程序开发中使用

Request. Path. ToString()时能够获取当前正在被请求的文件的虚拟路径的值,当需要对相应的文件进行操作时可以使用 Request. Path 的信息进行判断。

3. UserHostAddress 属性

通过使用 UserHostAddress 属性可以获取远程客户端 IP 主机的地址。在客户端主机 IP 的统计和判断中可以使用 Request. UserHostAddress 进行 IP 的统计和判断。在有些系统中需要对来访的 IP 进行筛选,使用 Request. UserHostAddress 能够轻松地判断用户 IP 并进行筛选操作。

4. Browser 属性

通过使用 Browser 属性可以判断正在浏览网站的客户端的浏览器的版本,以及浏览器的一些信息,其语法格式为 Request. Browser. Type. ToString()。

5. ServerVariables 属性

使用 Request 对象的 ServerVariables 属性可以读取 Web 服务器端的环境变量,其语法格式为 Request. ServerVariables["环境变量名"]。

6. Form 属性

Form 属性用于获取客户端在 Form 表单中所输入的信息,表单的 method 属性值需要为 Post,其语法格式为 Request. From["元素名"]。

7. Cookies 属性

Cookie 是存放在客户端用来记录用户访问网站的一些数据的对象。利用 Response 对象的 Cookies 属性可以在客户端创建一个 Cookie。使用 Request 对象的 Cookies 属性可以读取 Cookie 对象的数据,其语法格式如下。

```
Request.Cookies[名称]
```

例如读取一个名为 Name 的 Cookie 对象的值,示例代码如下。

```
string name = Request.Cookies["Name"].Value;
```

3.4.2 Request 对象的常用方法

1. MapPath()方法

功能:利用 Request 对象的 MapPath()方法获取文件在服务器上的物理路径。

语法:Request.MapPath(filename);。

说明:filename 指文件名,若文件和执行的网页在同一个目录中,直接传入文件名即可;若不在同一目录,则要指定详细的路径名称。

2. SaveAs()方法

功能:用于将 HTTP 请求的信息存储到磁盘中。

语法:Request.SaveAs(string filename,bool includeHeaders);。

说明:filename 指文件及其保存的路径,includeHeaders 是一个布尔值,表示是否将 HTTP 头保存到硬盘。

3.4.3 Request 对象的应用

1. 获取页面间传送的值

Request. Form 用于表单提交方式为 Post 的情况，而 Request. QueryString 用于表单提交方式为 Get 的情况，如果用错，则获取不到数据。用户可以利用 Request["元素名"]来简化操作。

【案例 3.6】 获取页面间传送的值。

本案例使用 Request 对象的 Form 属性在两个页面间传递登录的用户名。

设计两个页面，在第一个页面 Default. aspx 里登录，在第二个页面 Default2. aspx 里利用 Request["元素名"]来获取用户的登录名。

1) 页面设计

第一个页面 Default. aspx：

```
< html >
  < head runat = "server"><title>登录界面</title></head>
  < body >< form id = "form1" runat = "server">< div >
    < table style = "width: 40 % ;">
      < tr >< td style = "text - align: right">用户名: </td>
        < td >< asp:TextBox ID = "username" runat = "server"></asp:TextBox></td></tr>
      < tr >< td style = "text - align: right">密码: </td>
        < td >< asp:TextBox ID = "password" runat = "server"
              TextMode = "Password"></asp:TextBox></td></tr>
        < tr >< td colspan = "2" style = "text - align: center">< asp:Button ID = "Button1" runat =
"server"PostBackUrl = "～/Default2.aspx" Text = "登录"/></td></tr>
    </table>
  </div></form></body>
</html>
```

说明：使用 Button1 的 PostBackUrl 属性设置当单击 Button1 时转向 Default2. aspx。

第二个页面 Default2. aspx：

```
< html >
  < head runat = "server"><title>欢迎界面</title>
    < style type = "text/css"> .kk { font - family: 隶书; color: ♯FF0000; }</style>
  </head>
  < body >
    < form id = "form1" runat = "server">< div >
      < asp:Label ID = "Label1" runat = "server" Text = "Label" CssClass = "kk"></asp:Label >
      < asp:Label ID = "Label2" runat = "server" Text = "Label" CssClass = "kk"></asp:Label >
< br />
      < asp:Label ID = "Label3" runat = "server" Text = "欢迎您登录我的网站!" CssClass = "kk">
</asp:Label >
    </div></form>
  </body>
</html>
```

2) 后台代码设计

第一个页面没有后台代码，第二个页面的后台代码如下。

```
protected void Page_Load(object sender, EventArgs e)
```

```
{
    Label1.Text = Request["UserName"];              //获取用户登录名
    int Time = DateTime.Now.Hour.CompareTo(13);     //将系统时间与数据13进行比较来获取问候语
    string str;
    if (Time > 0) { str = "下午好!";}                //系统时间大于13 显示"下午好!"
    else if (Time < 0) { str = "上午好!";}           //系统时间小于13 显示"上午好!"
        else{ str = "中午好!";}
    Label2.Text = str;
}
```

3）运行调试

按 Ctrl＋F5 组合键运行,登录界面效果如图 3.6 所示。

输入用户名、密码,单击"登录"按钮后转到欢迎界面,如图 3.7 所示。

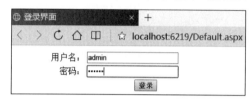

图 3.6　登录界面

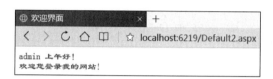

图 3.7　欢迎界面

2. 获取客户端浏览器信息

不同的浏览器或者相同浏览器的不同版本支持的功能不同。在应用程序中用户可能需要知道当前正在使用的是哪种类型的浏览器,并且可能需要知道该浏览器是否支持某些特定的功能。

【案例 3.7】　获取客户端浏览器信息。

本案例主要使用 Request 对象的 Browser 属性获取客户端浏览器信息。

1）页面设计

在前台页面添加一个页面标题,并给< body >定义了一个样式。

```
< html >
  < head runat = "server">< title>获取客户端浏览器信息</title ></head >
  < body style = "font - weight: bold; color: red; font - family: 隶书; text - align: left;
background - color: #FFFFCC;">
    < form id = "form1" runat = "server">< div ></div >
    </form >
  </body >
</html >
```

2）后台代码设计

```
protected void Page_Load(object sender, EventArgs e)
{
    Response.Write("当前使用的浏览器信息: "); Response.Write("< hr >");
    Response.Write("浏览器的名称及版本: " + Request.Browser.Type + "< br/>");
    Response.Write("浏览器的类型: " + Request.Browser.Browser + "< br/>");
    Response.Write("浏览器的版本号: " + Request.Browser.Version + "< br/>");
    Response.Write("客户端使用的操作系统: " + Request.Browser.Platform + "< br/>");
    Response.Write("是否支持 HTML 框架: " + Request.Browser.Frames + "< br/>");
    Response.Write("是否支持 JavaScript: " + Request.Browser.JavaScript.ToString() + "< br/>");
    Response.Write("是否支持 Cookies: " + Request.Browser.Cookies + "< br/>");
```

```
    Response.Write("是否支持 ActiveX 控件: " + Request.Browser.ActiveXControls + "< br/>");
    Response.Write("< hr>");
}
```

3）运行调试

按 Ctrl+F5 组合键运行,运行效果如图 3.8 所示。

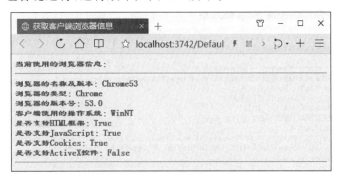

图 3.8 获取客户端浏览器信息

3. 获取服务器端环境变量

用户一般习惯通过域名来访问服务器,但服务器之间是靠 IP 地址识别的,域名和 IP 地址是一一对应的,由此可见确定对方的 IP 地址很重要,而且在实际应用中还可以通过 IP 地址搜索到其所在地。

【案例 3.8】 获取服务器端环境变量。

本案例主要使用 Request 对象的 ServerVariables 属性获取服务器端环境变量。

1）页面设计

前台页面只是加了一个页面标题,并给< body >定义了一个样式。

```
< html >
    < head runat = "server">< title >获取服务器端环境变量</title ></head>
    < body style = "font - weight: bold; color: blue; font - family: 隶书; text - align: left;
background - color: #FFFFCC;">
        < form id = "form1" runat = "server"><div ></div>
        </form >
    </body >
</html >
```

2）后台代码设计

```
protected void Page_Load(object sender, EventArgs e)
{
    Response.Write("获取的服务器端信息: "); Response.Write("< hr>");
    Response.Write("当前网页虚拟路径: " + Request.ServerVariables["URL"] + "< br/>");
    Response.Write("当前网页实际路径: " + Request.ServerVariables["PATH_TRANSLATED"] +
"< br/>");
    Response.Write("服务器名: " + Request.ServerVariables["SERVER_NAME"] + "< br/>");
    Response.Write("软件: " + Request.ServerVariables["SERVER_SOFTWARE"] + "< br/>");
    Response.Write("服务器连接端口: " + Request.ServerVariables["SERVER_PORT"] + "< br/>");
    Response.Write("HTTP 版本: " + Request.ServerVariables["SERVER_PROTOCOL"] + "< br/>");
    Response.Write("客户主机名: " + Request.ServerVariables["REMOTE_HOST"] + "< br/>");
    Response.Write("浏览器: " + Request.ServerVariables["HTTP_USER_AGENT"] + "< br/>");
```

```
    Response.Write("<hr>");
}
```

3) 运行调试

按 Ctrl+F5 组合键运行,运行效果如图 3.9 所示。

图 3.9 获取服务器端环境变量

3.5 Server 对象

Server 对象提供了服务器端的基本属性与方法。例如,将程序的虚拟路径转换为实际路径、执行指定的 ASP.NET 页面、HTML 编码与解码等。Server 对象能够帮助程序判断当前服务器的状态。

3.5.1 Server 对象的常用属性

1. MachineName 属性

该属性获取服务器的计算机名称,是一个只读属性。

2. ScriptTimeout

该属性获取和设置请求超时的时间,单位为秒。

3.5.2 Server 对象的常用方法

1. MapPath()方法

功能:返回与 Web 服务器上的执行虚拟路径相对应的物理文件路径。

语法:Server.MapPath("虚拟路径");。

2. Execute()方法

功能:使用另一个页面执行当前请求。

语法:Server.Execute("页面文件");。

3. Transfer()方法

功能:终止当前页面的执行,并为当前请求开始执行新页面。

语法:Server.Transfer("页面文件");。

4．HtmlEncode()方法

功能：对要在浏览器中显示的字符串进行编码。

语法：Server.HtmlEncode("字符串");。

5．HtmlDecode()方法

功能：将 HTML 编码字符串按 HTML 语法进行解释。

语法：Server.HtmlDecode("字符串");。

3.5.3　Server 对象的应用

1．将虚拟路径转换为实际路径

在程序中给出的文件路径使用的通常是虚拟路径，而有些应用中需要访问服务器的文件、文件夹或数据库文件，此时就需要将虚拟文件路径转换为实际文件路径。使用 Server 对象的 MapPath()方法可以实现这种路径转换，示例如下。

显示当前目录的实际路径：Server.MapPath("./");。

显示父目录的实际路径：Server.MapPath("../");。

显示根目录的实际路径：Server.MapPath("/");。

显示网页 Server.aspx 的实际路径：Server.MapPath("Server.aspx");。

2．用 Execute()方法执行指定页面

Execute()方法类似于高级语言中的过程调用，用于将程序流程转移到指定的页面，该页面执行结束后流程将返回原网页的中断点继续执行。

【案例 3.9】　用 Execute()方法执行指定页面。

本案例主要使用 Server 对象的 Execute()方法执行对另一个页面的请求。

1）页面设计

本案例共有两个页面，第一个页面是 Default.aspx。

```
<html>
  <head runat = "server"><title>用 Execute()方法执行指定页面</title></head>
  <body>
    <form id = "form1" runat = "server"><div>
      <asp:Button ID = "Button1" runat = "server" OnClick = "Button1_Click"
Text = "用 Execute()方法执行指定页面"/></div>
    </form>
  </body>
</html>
```

第二个页面是 TestPage.aspx 的前台界面，无须设计。

2）后台代码设计

第一个页面 Default.aspx 的后台代码如下。

```
protected void Button1_Click(object sender, EventArgs e)
{
    Response.Write("<p>调用 Execute()方法之前</p>");
    Server.Execute("TestPage.aspx");
    Response.Write("<p>调用 Execute()方法之后</p>");
}
```

图 3.10   用 Execute()方法执行指定页面

第二个页面 TestPage.aspx 的后台代码如下。

```
protected void Page_Load(object sender, EventArgs e)
{
        Response.Write("<p>这是一个测试页</p>");
}
```

3) 运行调试

按 Ctrl+F5 组合键运行,运行效果如图 3.10 所示。

3. 用 Transfer()方法实现网页重定向

用 Transfer()方法可以终止当前网页,执行新的网页,即实现网页重定向。与 Execute() 方法不同的是,Transfer()方法转向新网页后不再将控制权返回,而是交给了新的网页。在案例 3.9 中,如果把第一个页面 Default.aspx 的后台代码改成如下形式:

```
Response.Write("<p>调用 Execute()方法之前</p>");
Server.Transfer ("TestPage.aspx");
Response.Write("<p>调用 Execute()方法之后</p>");
```

则发现页面转向 TestPage.aspx 后并没有返回到 Default.aspx,因为没有执行第 3 条语句 Response.Write("<p>调用 Execute()方法之后</p>")。

Server 对象的 Transfer()方法与 Response 对象的 Redirect()方法都可以实现网页重定向功能,不同的是,Redirect()方法实现网页重定向后地址栏会变成转移后的网页的地址;而用 Transfer()方法实现地址栏不会发生变化,仍是转向前的地址。另外,用 Transfer()方法比用 Redirect()方法执行网页的速度快,因为所有内置对象的值会保留下来而不用重新创建。

4. HTML 编码和解码

在有些情况下希望在网页中显示 HTML 标记,例如<b></b>,这时不能直接在网页中输出<b></b>,因为<b></b>会被浏览器解读为 HTML 语言,即对文本进行加粗,而不会将<b></b>显示出来。在这种情况下可以使用 Server 对象的 HtmlEncode()方法对要在网页上显示的 HTML 标记进行编码,然后再输出。同样,可以使用 Server 对象的 HtmlDecode 方法对编码后的字符进行解码,将 HTML 编码字符串按 HTML 语法进行解释。

【案例 3.10】   HTML 编码和解码。

本案例主要使用 Server 对象的 HtmlEncode()方法进行编码,使用 Server 对象的 HtmlDecode()方法进行解码。

1) 页面设计

前台页面只添加了一个页面标题。

```
<html>
  <head runat = "server"><title>HTML编码和解码</title></head>
  <body>
    <form id = "form1" runat = "server"><div></div></form>
  </body>
</html>
```

2) 后台代码设计

```
protected void Page_Load(object sender, EventArgs e)
```

```
{
    Response.Write(Server.HtmlEncode("< h3 >三级标题</h3 >"));
    Response.Write("< hr/>");
    Response.Write(Server.HtmlDecode(Server.HtmlEncode("< h3 >三级标题</h3 >")));
}
```

3）运行调试

按 Ctrl＋F5 组合键运行，运行效果如图 3.11 所示。

查看当前网页的源代码，可以看到编码后的字符串。

图 3.11　HTML 编码和解码

<h3>三级标题 </h3>< hr/>< h3 >三级标题</h3 >

从中可以看出，使用 HtmlEncode 方法进行编码实际上就是将 HTML 标记中的一些特殊符号用特定的标记表示。例如本案例中的"<"用"<"表示，">"用">"表示，经过这样的处理后包含 HTML 标记的字符串就可以在浏览器中原样输出。在使用 HtmlDecode 方法进行解码时相应的字符会被转换回来，并呈现在客户端浏览器中。

3.6　Cookie 对象

Cookie 是一小段存储在客户端的文本信息，当用户请求某页面时，它就伴随着用户的请求在 Web 服务器和浏览器之间来回传递。当用户首次访问某网站时，应用程序不仅发送给用户浏览器一个页面，同时还有一个记录用户信息的 Cookie，用户浏览器将它存储在用户硬盘上的某个文件夹中，Windows 7 系统下通常默认保存在"C:\Users\用户名\AppData\Roaming\Microsoft\Windows\Cookies"的 txt 文件中。当用户再次访问此网站时，Web 服务器会首先查找客户端上是否存在上次访问该网站时留下的 Cookie 信息，若有，则会根据具体的信息发送特定的网页给用户。

Cookie 对象将数据保存在客户端，记录了浏览器的信息、何时访问 Web 服务器、访问过哪些页面等信息。使用 Cookie 的主要优点是服务器能依据它快速获得浏览者的信息，而不必将浏览者信息存储在服务器上，可减少服务器端的磁盘占用量。

3.6.1　Cookie 对象的常用属性

1. Name 属性

该属性获取或设置 Cookie 的名称。

2. Value 属性

该属性获取或设置 Cookie 的 Value。

3. Expires 属性

该属性设定 Cookie 变量的有效时间，默认为 1000 分钟，若设为 0，则可以实时删除 Cookie 变量。

3.6.2　Cookie 对象的常用方法

1．Add()方法

功能：增加 Cookie 变量。

语法：`Response.Cookies.Add(Cookie 变量名);`。

2．Clear()方法

功能：清除 Cookie 集合内的变量。

语法：`Request.Cookies.Clear();`。

3．Remove()方法

功能：通过 Cookie 变量名称或索引删除 Cookie 对象。

语法：`Response.Cookies.Remove(Cookie 变量名);`。

3.6.3　Cookie 对象的应用

1．创建和读取 Cookie

创建 Cookie 使用的是 Response 对象的 Cookies 属性，例如：

```
Response.Cookies["Name"].Value = "张三";
Response.Cookies["Name"].Expirs = DateTime.Now.AddDays(1);
```

一个完整的 Cookie 对象包含 3 个参数，即名称、值和有效期。上面语句中创建的 Cookie 对象的名称为"Name"，值为"张三"，有效期为 1 天。即 Cookie 对象的生命周期是由开发者来设定的，如果在创建 Cookie 对象时没有设置其有效期，那么此 Cookie 对象会随着浏览器的关闭而失效；如果希望设置一个永不过期的 Cookie，那么可以设置一个比较长的时间，如 50 年。

读取 Cookie 使用的是 Request 对象的 Cookies 属性，例如：

```
string name = Request.Cookies["Name"].Value;
```

2．修改 Cookie

由于 Cookie 是存储在客户端硬盘上的，由客户端浏览器进行管理，因此无法从服务器端直接进行修改。修改 Cookie 其实相当于创建一个与要修改的 Cookie 同名的新的 Cookie，设置其值为要修改的值，然后发送到客户端覆盖客户端上的旧版本 Cookie。

例如，要将名称为"Name"的 Cookie 的值由"张三"改为"zhangsan"，代码如下。

```
Response.Cookies["Name"].Value = "zhangsan";
```

3．删除 Cookie

和服务器无法修改 Cookie 一样，服务器端也无法对 Cookie 直接进行删除，但是可以利用浏览器自动删除到期 Cookie 的功能来删除 Cookie。具体做法是创建一个与要删除的 Cookie 同名的新的 Cookie，并将该 Cookie 的有效期设置为当前日期的前一天，当浏览器检查 Cookie 的有效期时就会删除这个已过期的 Cookie。例如，若要删除前面创建的 Cookie 对象 Name，执行如下代码即可。

```
Response. Cookies["Name"]. Value = "zhangsan";
Response. Cookies["Name"]. Expirs = DateTime.Now.AddDays( - 1);
```

4. 利用 Cookie 实现密码记忆功能

【案例 3. 11】 利用 Cookie 实现密码记忆功能。

本案例主要使用 Cookie 对象在登录时记住密码。

1) 页面设计

```
< html >
  < head runat = "server">< title >利用 Cookie 实现密码记忆功能</title ></head>
  < body >
    < form id = "form1" runat = "server">< div >
      < asp:Label ID = "Label1" runat = "server" Text = "用户名" width = "60px"></asp:Label >
      < asp:TextBox ID = "TextBox1" runat = "server"></asp:TextBox >< br />
      < asp:Label ID = "Label2" runat = "server" Text = "密码" width = "60px"></asp:Label >
      < asp:TextBox ID = "TextBox2" runat = "server" TextMode = "Password"></asp:TextBox >< br />
      < asp:CheckBox ID = "CheckBox1" runat = "server" Text = "记住密码" TextAlign = "Left"/>< br />
      < asp:Button ID = "Button1" runat = "server" OnClick = "Button1_Click" Text = "登录"/>
      < asp:Button ID = "Button2" runat = "server" Text = "重置"/></div >
    </form >
  </body >
</html >
```

2) 后台代码设计

```
protected void Page_Load(object sender, EventArgs e)
{
    if (Request.Cookies["password"] != null)
    {
        if (DateTime.Now.CompareTo(Request.Cookies["password"].Expires) > 0)
        {
            TextBox2.Text = Request.Cookies["password"].Value;
        }
    }
}
protected void Button1_Click(object sender, EventArgs e)
{
    if (CheckBox1.Checked)
    {
        Response.Cookies["password"].Value = TextBox2.Text;
        Response.Cookies["password"].Expires = DateTime.Now.AddSeconds(10);
    }
}
```

说明：为了让案例效果明显，这里特意把 Cookie 变量的有效期设为 10s。

3) 运行调试

按 Ctrl＋F5 组合键运行，首次访问时两个文本框均为空，输入用户名和密码后选中"记住密码"复选框，单击"登录"按钮，运行效果如图 3.12 所示。关闭浏览器，在 10s 内重新登录该页面，可以看到密码框内已经记住了密码。

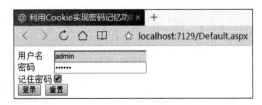

图 3.12 利用 Cookie 实现密码记忆功能

选择记住密码的 CheckBox,就创建了一个 Cookie 用于记录密码的内容,同时设置有效期。当下次加载的时候判断有没有这个密码 Cookie,如果有再判断这个 Cookie 是否过期,若未过期,就将这个 Cookie 里存的值取出来,放到对应的文本框中。

把有效期设置为 10s,这样可以使看到的效果明显一些。在 10s 之前,密码部分还一直有值,过了 10s 就自动清空了,因为 Cookie 到期了。

5. 利用 Cookie 控制投票次数

【案例 3.12】 利用 Cookie 控制一天内投一次票。

本案例主要使用 Cookie 对象控制投票次数。

1) 页面设计

```
<html>
  <head runat = "server"><title>利用 Cookie 控制一天内投一次票</title></head>
  <body>
    <form id = "form1" runat = "server"><div>
      <asp:Button ID = "Button1" runat = "server" OnClick = "Button1_Click" Text = "我要投票"/>
</div>
    </form>
  </body>
</html>
```

2) 后台代码设计

```
protected void Button1_Click(object sender, EventArgs e)
{
    string UserIP = Request.UserHostAddress.ToString();
    HttpCookie oldCookie = Request.Cookies["userIP"];
    if (oldCookie == null)
    {
        Response.Write("<script>alert('投票成功,谢谢您的参与!')</script>");
        HttpCookie newCookie = new HttpCookie("userIP");      //定义新的 Cookie 对象
        newCookie.Expires = DateTime.Now.AddDays(1);
        newCookie.Values.Add("IPaddress", UserIP);
                                           //添加新的 Cookie 变量 IPaddress,值为 UserIP
        Response.AppendCookie(newCookie);              //将变量写入 Cookie 文件中
        return;
    }
    else
    {
        string userIP = oldCookie.Values["IPaddress"];
        if (UserIP.Trim() == userIP.Trim())
        {
            Response.Write("<script>alert('一个 IP 地址一天内只能投一次票,谢谢您的参与!');
history.go(-1);</script>");
            return;
        }
        else
        {
            HttpCookie newCookie = new HttpCookie("userIP");
            newCookie.Values.Add("IPaddress", UserIP);
            newCookie.Expires = DateTime.Now.AddDays(1);
            Response.AppendCookie(newCookie);
```

```
        Response.Write("< script > alert('投票成功,谢谢您的参与!')</script >");
        return;
    }
  }
}
```

3）运行调试

按 Ctrl＋F5 组合键运行,单击"我要投票"按钮后,程序首先判断用户是否在本日已投过票,如果用户是第一次投票,则利用Cookie 对象保存用户的 IP 地址,并弹出对话框提示用户投票成功;如果用户已投过票,则弹出对话框提示用户已投过,如图 3.13 所示。

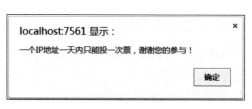

图 3.13　提示重复投票的对话框

3.7　Session 对象

Session 对象一般用于保存用户从登录网页到离开网页这段时间内的相关信息,如用户名、密码、IP 地址、访问时间等。Session 对象把用户的这些私密信息保存在服务器端。

当用户请求一个 ASP.NET 页面时系统会自动创建一个 Session 对象,并为每一次会话分配一个唯一的 SessionID,以此来唯一标识一个用户。Session 对象的生命周期始于用户第一次连接到网页,在以下情况之一发生时结束:

- 关闭浏览器窗口;
- 断开与服务器的连接;
- 浏览者在有效时间内未与服务器联系。

3.7.1　Session 对象的常用属性

1. IsNewSession 属性

如果用户访问页面时是创建新会话,则此属性将返回 true,否则返回 false。

2. TimeOut 属性

该属性传回或设置 Session 对象变量的有效时间,如果在有效时间内没有任何客户端动作,则会自动注销。如果不设置 TimeOut 属性,则系统默认的超时时间为 20min。

3. SessionID 属性

一个用户对应一个 Session,用户首次与 Web 服务器建立连接时,服务器会给用户分发一个 SessionID 作为标识。

SessionID 是一个由 24 个字符组成的随机字符串。用户每次提交页面时浏览器都会把这个 SessionID 包含在 HTTP 头中提交给 Web 服务器,这样 Web 服务器就能区分当前请求页面的是哪一个客户端。在客户端,浏览器会将本次会话的 SessionID 值存入本地的Cookie 中,当再次向服务器提出页面请求后,该 SessionID 值将作为 Cookie 信息传送给服务器,服务器就可以根据该值找到此次会话以前在服务器上存储的信息。

3.7.2　Session 对象的常用方法

1. Add()方法

功能：创建一个 Session 对象。

语法：`Session.Add("对象名称",对象的值);`。

2. Abandon()方法

功能：该方法用来结束当前会话并清除对话中的所有信息，如果用户重新访问页面，则可以创建新会话。

语法：`Session.Abandon();`。

3. Clear()方法

功能：此方法将清除全部的 Session 对象变量，但不结束会话。

语法：`Session.Clear();`。

4. Remove()方法

功能：清除某一个 Session 变量。

语法：`Session.Remove("Session 变量名");`。

3.7.3　Session 对象的事件

对应于 Session 的生命周期，Session 对象也拥有自己的事件，即 Session_Start 与 Session_End，它们存放在 Global.asax 文件中。

1. Session_Start 事件

该事件当某个用户第一次访问网站的某个网页时发生。

当客户端浏览器第一次请求 Web 应用程序的某个页面时触发 Session_Start 事件。此事件是设置会话期间变量的最佳时机，所有的内建对象（Response、Request、Server、Application、Session)都可以在此事件中使用。

2. Session_End 事件

该事件当某个用户 Session 超时或关闭时发生。

当一个会话超时或 Web 服务器被关闭时触发 Session_End 事件。在此事件中只有 Server、Application 及 Session 对象是可用的。

3.7.4　Session 对象的应用

1. 将数据存入 Session 对象

通常有两种方法将数据存入 Session 对象。

(1) Session["对象名称"]=对象的值;。

(2) Session.Add("对象名称",对象的值);。

2. 读取 Session 对象的值

读取 Session 对象的值的语法格式如下。

```
变量 = Session["对象名称"];
```

3. 使用 Session 对象进行页面间传值

【案例 3.13】 使用 Session 对象进行页面间传值。

本案例主要使用 Session 对象在两个页面之间传送密码的值。

1) 页面设计

登录页面 Default.aspx：

```html
< html >
  < head runat = "server" >< title >登录页面</title ></head >
  < body >
    < form id = "form1" runat = "server" >< div >
      < asp:Label ID = "Label1" runat = "server" Text = "用户名" width = "60px"></asp:Label >
      < asp:TextBox ID = "TextBox1" runat = "server"></asp:TextBox >< br />
      < asp:Label ID = "Label2" runat = "server" Text = "密码" width = "60px"></asp:Label >
      < asp:TextBox ID = "TextBox2" runat = "server" TextMode = "Password"></asp:TextBox >< br />
      < asp:Button ID = "Button1" runat = "server" OnClick = "Button1_Click" Text = "登录"/>
      < asp:Button ID = "Button2" runat = "server" Text = "重置"/></div >
    </form >
  </body >
</html >
```

欢迎页面 Welcome.aspx 只设置了一个页面标题：

```html
< title >欢迎页面</title >
```

2) 后台代码设计

登录页面 Default.aspx 的后台代码：

```csharp
protected void Button1_Click(object sender, EventArgs e)
{
    if (TextBox1.Text != "" && TextBox2.Text != "")
    {
        Session["username"] = TextBox1.Text; Session["password"] = TextBox2.Text;
        Response.Redirect("Welcome.aspx");} else
        Response.Write("< script language = 'javascript'> alert('用户名或密码不能为空!');
</script >");
    }
}
```

欢迎页面 Welcome.aspx 的后台代码：

```csharp
protected void Page_Load(object sender, EventArgs e)
{
    if(Session["username"]!= null && Session["password"]!= null)
    {
        string name = Session["username"].ToString();
        string pwd = Session["password"].ToString();
        Response.Write("欢迎" + name + "光临本站,请记住你的密码: " + pwd);
    }
}
```

3) 运行调试

按 Ctrl＋F5 组合键运行,单击"登录"按钮后程序首先判断用户名和密码是否为空,只要有一个为空,就会弹出一个提示对话框,提示用户"用户名或密码不能为空!";如果都不为空,如图 3.14 所示,则把用户名和密码框里的值分别存到两个 Session 变量里,然后转向欢迎页面 Welcome.aspx。

在 Welcome.aspx 中获取并显示在前一个页面用 Session 变量保存的用户名和密码,如图 3.15 所示。

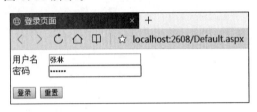

图 3.14　登录页面

图 3.15　欢迎页面

3.8　Application 对象

Application 对象的用途是在服务器端记录整个网站的信息,它可以使在同一个应用内的多个用户共享信息,并在服务器运行期间持久地保存数据。Application 对象可以记录不同浏览器端共享的变量,无论有几个浏览者访问网页,都只会产生一个 Application 对象,即只要是正在使用这个网页的浏览器端都可以存取这个变量。Application 对象变量的生命周期始于 Web 服务器开始执行时,止于 Web 服务器关机或重新启动时。

3.8.1　Application 对象的常用方法

1. Add()方法

功能:新增一个 Application 对象变量。

语法:`Application.Add("对象名称",对象的值);`。

2. Clear()方法

功能:清除全部的 Application 对象变量。

语法:`Application.Clear();`。

3. Remove()方法

功能:使用变量名移除一个 Application 对象变量。

语法:`Application.Remove("Application 变量名");`。

4. Set()方法

功能:使用变量名更新一个 Application 对象变量的内容。

语法:`Application.Set("对象名称",对象的值);`。

5. Lock()方法

功能:锁定全部的 Application 变量,防止其他客户端更改 Application 变量的值。

语法:`Application.Lock();`。

6. UnLock()方法

功能：解除锁定 Application 变量，允许其他客户端更改 Application 对象的值。

语法：`Application.UnLock();`。

3.8.2 Application 对象的事件

1. Application_Start 事件

该事件在应用程序启动时被触发。它在应用程序的整个生命周期中仅发生一次，此后除非 Web 服务器重新启动才会再次触发该事件。

2. Application_End 事件

该事件在应用程序结束时被触发，即 Web 服务器关闭时被触发。在该事件中常放置用于释放应用程序所占资源的代码段。

3.8.3 Application 对象的应用

1. 统计网站在线人数

【案例 3.14】 统计网站在线人数。

本案例通过 Application 对象和 Session 对象统计当前在线用户数量。

1）页面设计

在 Default.aspx 页面中添加一个 Label 控件，用来显示当前在线人数，ID 采用默认名称。

2）新建全局应用程序类文件 Global.asax

右击网站根文件夹，新建全局应用程序类文件 Global.asax，当应用程序启动时初始化计数器，代码如下。

```
void Application_Start(object sender, EventArgs e)
{
    Application["counter"] = 0;
}
```

当新会话启动时计数器加 1，代码如下。

```
void Session_Start(object sender, EventArgs e)
{
    Application.Lock();Application["counter"] = (int)Application["counter"] + 1;
    Application.UnLock();
}
```

当会话结束时计数器减 1，代码如下。

```
void Session_End(object sender, EventArgs e)
{
    Application.Lock();Application["counter"] = (int)Application["counter"] - 1;
    Application.UnLock();
}
```

3）后台代码设计

```
protected void Page_Load(object sender, EventArgs e)
{
```

```
    if (!IsPostBack) Label1.Text = "当前在线人数: " + Application["counter"].ToString();
}
```

当前在线人数: 1

图 3.16　统计网站在线人数

4) 运行调试

按 Ctrl＋F5 组合键运行,运行效果如图 3.16 所示。

2. 统计网站总访问量

【案例 3.15】 统计网站总访问量。

本案例通过 Application 对象和对文件的读/写操作来统计网站的总访问量。

1) 关键技术

在实现统计网站的总访问量功能时用到了两个关键技术。

(1) 对文件的读/写操作。

StreamReader 对象以一种特定的编码从字节流中读取字符,其方法 ReadLine()从当前流中读取一行字符并将数据作为字符串返回。StreamWriter 对象以一种特定的编码向流中写入字符,其方法 WriteLine()写入重载参数指定的某些数据,后跟行结束符。

(2) 应用 Application 对象。

创建一个文本文件 counter.txt,将网站总访问量保留到其中。当应用程序启动时将从文件 counter.txt 中读取的数据保存在 Application 对象中,新会话启动时需要获取 Application 对象中的数据。

2) 页面设计

```html
< html >
  < head runat = "server">< title>统计网站总访问量</title></head>
  < body >
  < form id = "form1" runat = "server">< div >
    < table style = "width:100 % ;">
        < tr >< td style = "text - align: center">统计网站总访问量</td></tr>
        < tr >< td style = "text - align: center">您是第< % = Application["counter"] % >位访问
者</td></tr>
      </table></div>
    </form>
  </body>
</html>
```

3) 新建全局应用程序类文件 Global.asax

右击网站根文件夹,新建全局应用程序类文件 Global.asax,当应用程序启动时读取文件中的数据,将其值赋给 Application 对象,代码如下。

```csharp
void Application_Start(object sender, EventArgs e)
{
    int count = 0; StreamReader srd;
    string file_path = Server.MapPath("counter.txt");      //取得文件的实际路径
    srd = File.OpenText(file_path);                         //打开文件进行读取
    while (srd.Peek() !=- 1)
     {
        string str = srd.ReadLine();count = int.Parse(str);
    }
    srd.Close();object obj = count;
```

```
    Application["counter"] = obj;  //将从文件中读取的网站访问量存放到 Application 对象中
}
```

当新会话启动时需要获取 Application 对象中的数据信息并使总访问量加 1,代码
如下。

```
void Application_End(object sender, EventArgs e)
{
    int Stat = 0; Stat = (int)Application["counter"];
    string file_path = Server.MapPath("counter.txt");
    StreamWriter srw = new StreamWriter(file_path, false);
    srw.WriteLine(Stat); srw.Close();
}
```

当应用程序结束时将已更改的总访问量存放到文件中,代码如下。

```
void Session_Start(object sender, EventArgs e)
{
    Application.Lock();int Stat = 0;
    Stat = (int)Application["counter"]; Stat += 1;
    object obj = Stat; Application["counter"] = obj;
    string file_path = Server.MapPath("counter.txt");
    StreamWriter srw = new StreamWriter(file_path, false);
    srw.WriteLine(Stat); srw.Close();Application.UnLock();
}
```

4) 运行调试

按 Ctrl + F5 组合键运行,Default.asp 页面加载时通过代码块<% = Application
["counter"]%>将总访问量显示在页面上,运行效果如图 3.17 所示。

图 3.17 统计网站总访问量

3. 利用 Application 对象实现聊天功能

【案例 3.16】 一个简单的在线聊天室。

1) 页面设计

设计两个页面,分别是登录页面 Login.aspx 和在线聊天页面 Default.aspx。

登录页面 Login.aspx 的前台代码:

```
< html >
  < head runat = "server" >< title >用户登录</title ></head >
  < body >
    < form id = "form1" runat = "server" >< div >
      < asp:Label ID = "Label1" runat = "server" Text = "用户名" width = "60px" ></asp:Label >
      < asp:TextBox ID = "TextBox1" runat = "server" ></asp:TextBox >< br />
      < asp:Label ID = "Label2" runat = "server" Text = "密码" width = "60px" ></asp:Label >
      < asp:TextBox ID = "TextBox2" runat = "server" TextMode = "Password" ></asp:TextBox >< br />
      < asp:Button ID = "Button1" runat = "server" OnClick = "Button1_Click" Text = "登录" />
      < asp:Button ID = "Button2" runat = "server" Text = "重置" /></div >
```

```
    </form>
  </body>
</html>
```

在线聊天页面 Default.aspx 的前台代码：

```html
<html>
<head runat = "server"><title>用户登录</title></head>
<body>
  <form id = "form1" runat = "server">
    <div style = "font-family: 仿宋; font-size: xx-large; color: #FF0000; background-
color: #C0C0C0;
        text-align: center; height: 60px; line-height: 60px; font-weight: bolder;">在线聊
天室</div>
    <div style = "background-color: #FFCCCC; line-height: 40px; height: 40px">
      <asp:Label ID = "Label1" runat = "server" Text = "Label"></asp:Label></div>
    <div><asp:TextBox ID = "TextBox1" runat = "server" BackColor = "#FFCCFF" ForeColor =
"#0033CC"
        height = "300px" TextMode = "MultiLine" width = "100%"></asp:TextBox></div>
    <div style = "background-color: #C0C0C0; line-height: 40px; width: 80%; height: 40px;
float: left;">
        <asp:Label ID = "Label2" runat = "server" Text = "Label"></asp:Label> 
  
        <asp:TextBox ID = "TextBox2" runat = "server" width = "570px"></asp:TextBox></div>
    <div style = "line-height: 40px; height: 40px; width: 20%; float: left; clear: right;
background-color: #808080; text-align: center;">
        <asp:Button ID = "Button1" runat = "server" Text = "提交" OnClick = "Button1_Click"/>
</div>
    </form>
  </body>
</html>
```

2) 新建全局应用程序类文件 Global.asax

右击网站根文件夹，新建全局应用程序类文件 Global.asax，当应用程序启动时初始化
计数器，代码如下。

```csharp
void Application_Start(object sender, EventArgs e)
{
    Application["online"] = 0;        //在线人数初始值为 0
    Application["chat"] = "";         //聊天内容初始值为空
}
```

当新会话启动时在线人数加 1，代码如下。

```csharp
void Session_Start(object sender, EventArgs e)
{
    Application.Lock();Application["online"] = (int)Application["online"] + 1;
    Application.UnLock();
}
```

当会话结束时在线人数减 1，代码如下。

```csharp
void Session_End(object sender, EventArgs e)
{   Application.Lock();Application["online"] = (int)Application["online"] - 1;
    Application.UnLock();}
```

3）后台代码设计

（1）登录页面 Login.aspx 的后台代码：

```
protected void Button1_Click(object sender, EventArgs e)
{
    if (TextBox1.Text != "" || TextBox2.Text != "")
    {
        Session["name"] = TextBox1.Text; Response.Redirect("Default.aspx");
    }
    else
        Response.Write("< script language = 'javascript'> alert('用户名或密码不能为空!');
</script>");
}
```

在上述代码中首先判断两个文本框是否为空，如果用户名或密码没填，就弹出提示框，提示用户"用户名或密码不能为空！"；如果都不为空，则把用户名赋给一个 Session 对象，通过 Session 对象将用户名传递到在线聊天页面，然后通过 Response 对象的 Redirect() 方法跳转到在线聊天页面 Default.aspx。

（2）在线聊天页面 Default.aspx 的后台代码：

```
protected void Page_Load(object sender, EventArgs e)
{
    if (Session["name"] != null)
    {
        Label1.Text = "当前在线人数为: " + Application["online"].ToString();
        TextBox1.Text = Application["chat"].ToString();
        Label2.Text = Session["name"].ToString();Response.AddHeader("refresh", "30");
    }
    else
        Response.Redirect("Login.aspx");
}
```

在上述代码中首先判断 Session["name"]是否为空，如果不为空，说明用户在登录页面登录成功后跳转至当前页面，则在标签控件 Label1 中显示当前在线人数，在多行文本框中显示所有的聊天内容，在标签控件 Label2 中显示用户的名字，并且设置页面自动刷新时间为 30s。如果 Session["name"]为空，说明用户没有登录，则要求用户返回登录页面重新登录。

```
protected void Button1_Click(object sender, EventArgs e)
{
    string newmessage = Session["name"] + ": " + DateTime.Now.ToString()
        + "\r" + TextBox2.Text + "\r" + Application["chat"];
    if (newmessage.Length > 500)
        newmessage = newmessage.Substring(0,499);
    Application.Lock();
    Application["chat"] = newmessage;
    Application.UnLock();
    Label2.Text = "";
    TextBox1.Text = Application["chat"].ToString();
}
```

上述代码主要实现将用户发表的聊天内容添加到聊天室中，而且设置聊天室的聊天内容只能保存最新的 500 个字符。

4）按 Ctrl＋F5 组合键运行，进入登录页面

输入用户名和密码，登录成功后页面跳转至在线聊天页面，页面载入时会显示当前在线人数和当前的聊天内容，如图 3.18 所示。

图 3.18　在线聊天界面

3.8.4　Application、Session、Cookie 对象的区别

Application 对象和 Session 对象都是用来记录浏览器端的变量，都将信息保存在服务器端。两者不同的是，Application 对象记录的是所有浏览器端共享的变量，而 Session 对象变量只记录单个浏览器端专用的变量，即每个连接的用户有各自的 Session 对象变量，但共享同一个 Application 对象。

Cookie 对象与 Application 对象和 Session 对象类似，也是用于保存数据的。Cookie 对象与它们最大的不同是，Cookie 对象将数据保存在客户端，而 Application 对象和 Session 对象将数据保存在服务器端。

Application 对象的生命周期始于 Web 服务器开始执行时，止于 Web 服务器关机或重新启动时。Session 对象的生命周期是间隔的，这里以默认的 20 分钟为例，从创建开始计时，如果在 20min 内没有访问 Session，那么 Session 的生命周期被销毁；但是，如果在 20min 内的任一时间访问过 Session，那么将重新计算 Session 的生命周期。Cookie 对象的生命周期是累计的，从创建开始计时，到达设定的时间后 Cookie 对象的生命周期就结束。

Application 对象、Session 对象和 Cookie 对象的区别如表 3.1 所示。

表 3.1　Application 对象、Session 对象和 Cookie 对象的区别

对　　象	信息量	保存时间	应用范围	保存位置
Application	任意大小	整个应用程序的生命周期	所有用户	服务器端
Session	小量，简单的数据	默认 20min，可以修改	单个用户	服务器端
Cookie	小量，简单的数据	可以根据需要设定	单个用户	客户端

习题 3

1. 填空题

(1) Request 对象的主要功能是从_____接收信息。

(2) 下面是设置和取出 Session 对象的代码。

设置 Session 的代码：Session["greeting"]＝"hello world！"；

取出该 Session 对象的代码：string Mystr＝_____；

(3) 下面是网页中的指令,目的是在网页中显示"新网页的 Url"字符串：

Response. _____ ("新网页的 Url")；

(4) 可以用 Session 对象的_____属性区分不同的用户会话。

(5) 设置 Session 对象有效时间的属性是_____。

(6) _____对象可以用来存储 ASP. NET 应用程序中的全局共享信息。

(7) 下面是使用 Application 对象时防止竞争的代码。

```
Application. _____ ;                //锁定 Application 对象
Application["counter"] = (int) Application["counter"] + 1;
Application. _____ ;                //解除对 Application 对象的锁定
```

(8) 如果要将虚拟文件路径转换为实际文件路径,可以使用 Server 对象的_____方法。

(9) Request 对象的_____属性可以获取标识在 URL 后面的变量及其值。

(10) Session 对象启动时会触发_____事件。

2. 单项选择题

(1) 通过 Request 对象的_____属性可以取得客户端的浏览器版本。

    A. Browser   B. ServerVariables C. QueryString   D. Form

(2) 下面代码可以在客户端浏览器输出信息的是_____。

    A. Request. QueryString ["user_name"] B. Response. Write ("春秋")

    C. Response. Redirect ("index. aspx")   D. Request. Form ["user_name"]

(3) Cookies 是保存在客户硬盘上的_____文件。

    A. 图片   B. 视频   C. 文本   D. 以上都不是

(4) Session 对象的默认有效期为_____分钟。

    A. 10   B. 15

    C. 20   D. 应用程序从启动到结束

(5) Global. asax 文件中的 Session_Start 事件_____。

    A. 在每个请求开始时激发   B. 尝试对使用进行身份验证时激发

    C. 启动新会话时激发   D. 在应用程序启动时激发

(6) Session 与 Cookie 之间最大的区别在于_____。

    A. 存储的位置不同   B. 类型不同

    C. 生命周期不同   D. 容量不同

（7）下面的程序段执行完毕后页面上显示的内容是_____。

```
Response.Write ("春秋");
Response.End();
Response.Write ("战国");
```

  A. 春秋　　　　　　　　　　　　B. 战国

  C. 春秋战国　　　　　　　　　　D. 春秋（换行）战国

（8）假定当前工作路径是"D：/aspnet/ch03"，使用 Server. MapPath("../ex/kk. mdb")
获取的数据库物理路径是_____。

  A. D:\aspnet\ex\kk. mdb　　　　B. D:\ch03\ex\kk. mdb

  C. D:\ex\kk. mdb　　　　　　　D. D:\aspnet\ch03\ex\kk. mdb

（9）设置 Cookie 有效期使用的属性是_____。

  A. Timeout　　　　B. Expires　　　　C. Value　　　　D. Count

（10）下列关于 ASP. NET 内置对象的说法中不正确的是_____。

  A. Application 和 Session 信息都保存在服务器端

  B. Cookie 信息保存在客户端

  C. Session 对象具有 TimeOut 属性

  D. Cookie、Application 和 Session 信息都保存在客户端

3. 上机操作题

（1）请设计一个页面，显示来访者的 IP 地址，如果 IP 地址以 219. 139 开头，显示欢迎
信息；否则显示为非法用户，并终止程序。

（2）请设计一个页面，当客户第一次访问时需要在线注册姓名、性别等信息，然后把信
息保存到 Cookies 中。如果下一次该客户再访问，则显示"某某，您好！您是第几次访问本
站"的欢迎信息。

（3）请设计两个页面，在第一个页面中用户输入姓名，然后保存到 Session 中；在第二
个页面中读取该 Session 信息，并显示欢迎信息。如果用户没有在第一页登录就直接访问
第二页，则将用户重定向到第一页。

第 4 章

界面外观设计与布局

本章学习目标

- 掌握主题的建立与使用；
- 掌握母版的建立与使用；
- 掌握使用网站地图文件实现网站导航的方法；
- 掌握页面布局的方法。

本章首先介绍主题和母版技术，用于在 ASP. NET 中设计并维护具有相同风格的网页；然后介绍网站地图的创建及导航控件的使用方法；最后介绍 3 种页面布局方式。

4.1 主题

4.1.1 主题的相关概念

主题是指网页和控件外观属性设置的集合，通过使用主题能够定义页面和控件的样式，然后在 Web 应用程序中应用页面和页面上的控件，可以简化样式控制。主题包括一系列元素，这些元素主要有外观文件、样式表文件。主题文件的扩展名为. skin，创建主题后，主题文件通常保存在 Web 应用程序的特殊目录 App_Themes 下。一个 Web 应用程序可以有多个主题，每个子文件夹就是一个主题。

1. 外观文件

外观文件用于定义页面中服务器控件的外观，是主题的核心内容，其扩展名为. skin。它包含了需要设置的各个控件的属性设置，但是在外观定义中不能出现 ID 属性的设置。同一类型控件的外观分为默认外观和命名外观两种。

（1）默认外观：如果控件外观中没有设置 SkinID 属性，则称为默认外观。在页面中应用主题时默认外观将自动应用于同一类型的所有控件。在同一个主题中对于同一类型的控件只能设置一个默认外观。

（2）命名外观：设置了 SkinID 属性的控件外观称为命名外观。SkinID 属性命名唯一，不能重复。在创建控件外观时可为同一类型的控件设置多个命名外观。命名外观不会自动按类型应用于控件，要通过设置控件的 SkinID 属性来显式地声明。

例如，在下列代码中对于 Label 控件没有指定 SkinID 属性就使用默认外观，如果要使用其他外观,可以通过指定对应的 SkinID 属性来实现,示例代码如下。

```
<asp:Label runat="server" Text="Label" Font-Names="楷体" ForeColor=" Blue "></asp:Label>
<asp:Label SkinID="RedLabel" runat="server" Text="Label" Font-Names="黑体" ForeColor="Red">
</asp:Label>
```

2．样式表文件

样式表文件即 CSS 文件,在主题中可以包含一个或多个样式表文件。主题中的 CSS 文件和非主题的 CSS 文件没有本质的区别。将 CSS 文件存放在主题文件夹中,当主题被页面引用时将自动被引用,不需要使用<link>标记进行专门的引用。

4.1.2　创建主题

1．添加主题文件夹

在解决方案资源管理器中右击网站名称,在弹出的快捷菜单中选择“添加|添加 ASP.NET 文件夹|主题”选项,系统会在站点根目录下创建一个名为 App_Themes 的文件夹,并且默认包含一个名为“主题1”的文件夹,将该文件夹重命名,如命名为 Theme1。重复上述操作,可以在 App_Themes 文件夹中创建多个主题。

2．添加外观文件

在解决方案资源管理器中右击主题名称 Theme1,在弹出的快捷菜单中选择“添加|添加新项”选项,打开“添加新项”对话框,在中间的模板列表中选择“外观文件”选项,在“名称”文本框中输入外观文件的名称,如图 4.1 所示。

图 4.1　添加外观文件

接下来就可以在外观文件中添加对标准控件的定义。在定义中必须包含 runat ＝ "server"，但是不能包含 ID 属性，并且所有的外观定义都要位于<％…和…％>之外。

3. 添加样式表文件

在解决方案资源管理器中右击主题名称 Theme1，在弹出的快捷菜单中选择"添加｜添加新项"选项，打开"添加新项"对话框，在中间的模板列表中选择"样式表"选项，在"名称"文本框中输入样式表文件的名称，如图 4.2 所示。单击"添加"按钮后 CSS 文件会被打开，在其中可以对样式进行设置。

图 4.2　添加样式表文件

4.1.3　使用主题

1. 对单个网页使用主题

• 在页面的@Page 指令中添加 Theme 属性：

<％ @ Page Language ＝ "C＃" … Theme ＝ "主题名称" … ％>

• 在页面的@Page 指令中添加 StyleSheetTheme 属性：

<％ @ Page Language ＝ "C＃" … StyleSheetTheme ＝ "主题名称" … ％>

以上两个属性都可以用来引用主题，但是如果页面中的某控件已经有了一些预定义的外观设置，并且和主题中的设置发生冲突，那么在使用 Theme 属性引用主题时预设的外观设置将被主题中的外观文件所覆盖；而使用 StyleSheetTheme 属性引用主题，预设的外观设置将被覆盖所引用主题中的外观文件的设置，可见 Theme 属性的优先级高一些。

【案例 4.1】　主题的使用。

设计一个名为 Theme1 的主题,使用该主题的页面中除 Label1 以外的所有文字均为黑色、宋体;Label1 中的文字为红色、楷体、加粗;文本框的边框颜色为红色;Button 按钮上的文字为黑体、蓝色。

(1) 启动 Visual Studio,创建一个空网站。

(2) 右击网站名称,在弹出的快捷菜单中选择"添加|添加 ASP. NET 文件夹|主题"选项,系统会在站点根目录下创建 App_Themes 文件夹,把默认包含的名为"主题 1"的文件夹重命名为 Theme1。

(3) 右击主题名称 Theme1,在弹出的快捷菜单中选择"添加|添加新项"选项,打开"添加新项"对话框,在中间的模板列表中选择"外观文件"选项,创建名为 SkinFile. skin 的外观文件。

(4) 在外观文件的<%…和…%>之外添加如下代码。

```
< asp:Button runat = "server" ForeColor = "Blue" Font - Names = "黑体"/>
< asp:Label runat = "server" Font - Bold = "true" Font - Names = "楷体" ForeColor = "Red" SkinID =
"Label - red">
</asp:Label >
< asp:TextBox runat = "server" BorderColor = "Red"></asp:TextBox>
```

(5) 右击主题名称 Theme1,在弹出的快捷菜单中选择"添加|添加新项"选项,打开"添加新项"对话框,在中间的模板列表中选择"样式表"选项,创建名为 StyleSheet. css 的样式表文件,并输入以下代码。

```
body {
    text - align:center;
    font - family:宋体;
    color:black;
    background - color:gray; }
table{
    width:420px;
    heiqht:150px; }
td{
    border:solid 1px; }
```

(6) 新建一个名称为 Default. aspx 的 Web 窗体,在其中放置一个 4 行 3 列的表格用于页面布局。在表格中放置两个文本框控件、两个标签控件、两个按钮控件,设置 Label1 控件的 SkinID 属性为 Label-red,设计视图如图 4.3 所示。

(7) 切换到 Default. aspx 的源视图,在@ Page 指令中添加对主题的引用,代码如下。

```
<% @ Page Language = "C♯" … Theme = "Theme1" %>
```

(8) 按 Ctrl+F5 组合键运行,运行效果如图 4.4 所示。

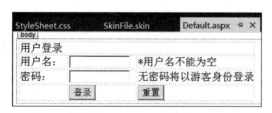

图 4.3　Default. aspx 设计视图

图 4.4　应用主题后的页面运行效果

2. 对网站使用主题

如果要对网站中的所有页面使用主题，可以在 Web. config 文件的＜pages＞标记中设置 Theme 属性或 StyleSheetTheme 属性，代码如下。

```
＜configuration＞
    ＜system.web＞
        ＜pages Theme 或 StyleSheetTheme＝"主题名称"＞＜/pages＞
    ＜/system.web＞
＜/configuration＞
```

使用这种方式能快速修改网站中所有页面的外观。

3. 动态加载主题

除了在页面声明和配置文件中指定主题之外，还可以通过编程方式在运行时动态加载主题，实现自定义页面主题的功能。动态加载主题的方法是在页面的 Page_PreInit 事件中设置页面的 Theme 属性为指定的主题的名称。ASP. NET 运行库在 PreInit 事件激发后立即加载指定的主题。

【案例 4.2】 动态加载主题。

设计默认主题、红色主题、蓝色主题，在页面中放置一个日历控件，实现在下拉列表中选择什么主题就以什么主题来设置日历控件的外观。

（1）启动 Visual Studio，创建一个空网站。

（2）右击网站名称，在弹出的快捷菜单中选择"添加|添加 ASP. NET 文件夹|主题"选项，系统会在站点根目录下创建 App_Themes 文件夹，把默认包含的名为"主题 1"的文件夹重命名为 Common。

（3）右击主题名称 Common，在弹出的快捷菜单中选择"添加|添加新项"选项，打开"添加新项"对话框，在中间的模板列表中选择"外观文件"选项，创建名为 SkinFile. skin 的外观文件。

（4）在外观文件 SkinFile. skin 的＜%…和…%＞之外添加如下代码。

```
＜asp:Calendar runat＝"server" ForeColor＝"Black" BorderColor＝"Black"＞＜/asp:Calendar＞
```

（5）重复（2）～（4）步，创建主题 Theme1，在其中添加外观文件 SkinFile1. skin，该外观文件的代码如下。

```
＜asp:Calendar runat＝"server" ForeColor＝"Red" BorderColor＝"Red"＞＜/asp:Calendar＞
```

（6）重复（2）～（4）步，创建主题 Theme2，在其中添加外观文件 SkinFile2. skin，该外观文件的代码如下。

```
＜asp:Calendar runat＝"server" ForeColor＝"Blue" BorderColor＝"Blue"＞＜/asp:Calendar＞
```

（7）新建一个名称为 Default. aspx 的 Web 窗体，添加一个 DropDownList 控件，其 4 个列表项的 Text 属性分别为请选择主题、默认主题、红色主题、蓝色主题，同时设置其 AutoPostBack 属性值为 true。

（8）切换到 Default. aspx 的源视图，在@ Page 指令中添加对主题的引用，代码如下。

```
＜% @ Page Language＝"C＃" … StyleSheetTheme＝" Common " %＞
```

(9) 切换到 Default.aspx.cs 页面,在其中输入以下代码。

```
protected void Page_PreInit(object sender, EventArgs e)
{
    this.Theme = Request.QueryString["theme"];
}
protected void DropDownList1_SelectedIndexChanged(object sender, EventArgs e)
{
    string themestyle = DropDownList1.SelectedItem.Text;
    switch(themestyle)
    {
        case "默认主题": Response.Redirect("Default.aspx?theme = Common"); break;
        case "红色主题": Response.Redirect("Default.aspx?theme = Theme1"); break;
        case "蓝色主题": Response.Redirect("Default.aspx?theme = Theme2"); break;
    }
}
```

(10) 按 Ctrl+F5 组合键运行,在下拉列表中选择"红色主题",日历控件的外观则呈现为红色,运行效果如图 4.5 所示。

图 4.5 动态加载主题

4.1.4 禁用主题

在默认情况下,主题中对页面和控件外观的设置会覆盖页面和控件的本地设置,如果某些控件或页面已经有预定义的外观而不希望主题的设置将它覆盖,可以禁用主题。如果要禁用控件或页面的主题,需要将该控件或者该页面的 EnableTheming 属性设置为 false。

禁用页面主题的代码如下。

```
<%@ Page EnableTheming = "false" %>
```

禁用控件主题的代码如下(以 Label 控件为例)。

```
<asp:Label ID = "Label1" runat = "server" Text = "Label" EnableTheming = "false"></asp:Label>
```

如果想对某页面中的多个控件禁用主题,则可以将这些控件放到一个 Panel 控件内,然后对该 Panel 控件禁用主题,代码如下。

```
<asp:Panel ID = "Panel1" runat = "server" EnableTheming = "false"></asp:Panel>
```

4.2 母版页

4.2.1 母版页概述

用户在设计网站时经常会遇到多个网页部分内容相同的情况,如外观和内容都相同的标题栏、页脚栏、导航栏等。如果每个网页都设计一次,不仅重复劳动而且非常烦琐,此时使用母版页可以很好地解决这个问题。

母版页是指可以在同一站点的多个页面间共享使用的特殊网页。用户可以使用母版页建立一个通用的布局,或者使用母版页在多个页面中显示公共的内容。

母版页的使用与普通的 aspx 页面类似,可以在其中放置任何的 HTML 控件、Web 服务器控件或图形等,不同之处如下。

(1) 母版页将普通页面的@Page 指令替换成了@Master 指令。

(2) 母版页的扩展名为.master,因此不能被浏览器直接查看。

(3) 母版页中包含若干个 ContentPlaceHolder 控件,是预留出来的显示内容页面的区域。

(4) 母版页必须在被内容页引用后才能进行显示。

引用母版页的 Web 窗体页面称为内容页。在内容页中,母版页中的 ContentPlaceHolder控件预留的可编辑区会自动替换为 Content 控件,在 Content 控件中开发人员可以自由设计,而在母版页中定义的公共内容将自动显示在内容页中,不可以被修改。当用户运行一个引用母版页的内容页时,服务器按照如下步骤将页面发送给用户。

(1) 用户通过输入内容页的 URL 来请求某页面。

(2) 服务器读取该页面中的@Page 指令,如果该指令引用了一个母版页,则读取该母版页。如果是第一次请求这两个页,则两个页都要进行编译。

(3) 服务器将各 Content 控件的内容合并到母版页相应的 ContentPlaceHolder 控件中。

(4) 在浏览器中呈现合并后的完整页面。

4.2.2 创建母版页

右击网站名称,在弹出的快捷菜单中选择"添加|添加新项"选项,打开"添加新项"对话框,在中间的模板列表中选择"母版页"选项,在"名称"文本框中输入母版页文件的名称,如图 4.6 所示。

添加完毕后,系统将自动切换到母版页的源视图,如图 4.7 所示。

从图 4.7 中可知,系统自动创建了两个 ContentPlaceHolder 控件,ID 分别为 head 和ContentPlaceHolder1。开发人员可以在源视图或设计视图中添加母版页的内容,但是添加的内容不能出现在 ContentPlaceHolder 控件中,因为该区域是为内容页预留的区域。

图 4.6　添加母版页

```
MasterPage.master  ⊕ ×
    <%@ Master Language="C#" AutoEventWireup="true" CodeFile="MasterPage.master.cs" Inherits="MasterPage" %>
    <!DOCTYPE html>
    <html xmlns="http://www.w3.org/1999/xhtml">
    <head runat="server">
    <meta http-equiv="Content-Type" content="text/html; charset=utf-8"/>
        <title></title>
        <asp:ContentPlaceHolder id="head" runat="server">
        </asp:ContentPlaceHolder>
    </head>
    <body>
        <form id="form1" runat="server">
        <div>
            <asp:ContentPlaceHolder id="ContentPlaceHolder1" runat="server">
            </asp:ContentPlaceHolder>
        </div>
        </form>
    </body>
    </html>
```

图 4.7　母版页的源视图

4.2.3　创建内容页

1. 创建内容页的方法

母版页不能单独在浏览器中预览显示效果，必须通过引用了该母版的内容页进行查看。在内容页中，母版页中的 ContentPlaceHolder 控件预留的可编辑区会自动替换为 Content 控件，内容页的所有内容必须包含在 Content 控件内，创建内容页就是在母版页的可编辑区中填充内容。

创建内容页的方法有两种。

1）方法一

在 Visual Studio 的解决方案资源管理器中右击网站名称，在弹出的快捷菜单中选择
"添加|添加新项"选项，打开"添加新项"对话框，在中间的模板列表中选择"Web 窗体"选
项，并选中对话框右下角的"选择母版页"复选框，如图 4.8 所示。

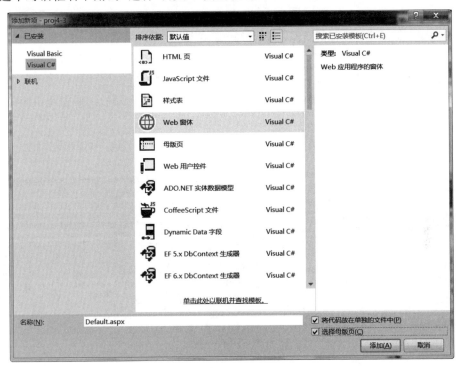

图 4.8　添加内容页

2）方法二

在 Visual Studio 的解决方案资源管理器中右击要引用的母版页的名称，在弹出的快捷
菜单中选择"添加内容页"选项就可以在网站中添加一个引用该母版页的空白的内容页。

2. 内容页与普通 Web 窗体页的区别

在内容页创建好后，系统会自动切换到内容页的源视图。内容页与普通的 Web 窗体页
有所不同，主要体现在以下 3 个方面。

（1）在@ Page 指令中增加了 Title＝""和 MasterPageFile＝"～/MasterPage.master"
两个指令。

（2）在内容页中不包括＜html＞、＜head＞、＜title＞、＜body＞、＜form＞等 Web 元素，这
些元素被放置在母版页中。

（3）在内容页中包含若干个＜asp:Content…＞和＜/asp:Content＞标记，内容页的所有元
素都包含在 Content 控件中。

3. 应用举例

【案例 4.3】　母版页的应用。

设计一个母版页，然后基于这个母版页创建一个内容页。

(1) 启动 Visual Studio,创建一个空网站。在站点根目录下新建一个名为 images 的文件夹,把准备好的背景图片 bj.jpg 放入其中。

(2) 右击网站名称,在弹出的快捷菜单中选择"添加 | 添加新项"选项,打开"添加新项"对话框,在中间的模板列表中选择"母版页"选项,以默认的 MasterPage.master 作为母版页文件的名称。

(3) 切换到 MasterPage.master 的设计视图,在页面中用一个 2 行 2 列的表格布局。

(4) 把第 1 行合并,设置其背景图片为 bj.jpg;在第 1 行中放入一个 Label 控件,设置其 Text 属性为"母版页的使用";在第 2 行的左边放入一个 Calendar 控件,选择一种自动套用格式;把系统自动创建的 ID 为 ContentPlaceHolder1 的占位符控件移到第 2 行的右边。

(5) 在解决方案资源管理器中右击母版页 MasterPage.master,在弹出的快捷菜单中选择"添加内容页"选项,添加一个名为 Default.aspx 的内容页。

(6) 切换到内容页 Default.aspx 的设计视图,在 ContentPlaceHolder 控件中输入一些文字,运行效果如图 4.9 所示。

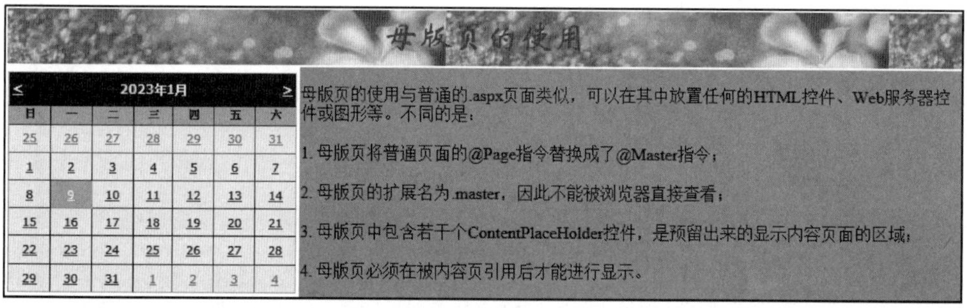

图 4.9　母版页的使用

4.2.4　从内容页访问母版页的控件

1. 从内容页中访问母版页控件的语法格式

在实际应用中经常需要通过后台代码从内容页中访问母版页的控件,这种访问一般使用 FindControl()方法,其语法格式如下。

```
Master.FindControl("被访问的控件的 ID 值");
```

2. 应用举例

【案例 4.4】　使用 FindControl()方法访问母版页。

在母版页中包含一个 Label 控件,页面载入时显示"欢迎您!"。在内容页中包含两个文本框和一个"登录"按钮,文本框用来接收用户登录时输入的用户名和密码。用户在内容页登录成功后,母版页中 Label 控件的内容增加用户在登录时输入的用户名。

1) 创建一个空网站

方法略。

2) 添加母版页

(1) 右击网站名称,在弹出的快捷菜单中选择"添加 | 添加新项"选项,打开"添加新项"对话框,在中间的模板列表中选择"母版页"选项,以默认的 MasterPage.master 作为母版页

文件的名称。

（2）在母版页中进行页面设计，添加一个 Label 控件，ID 采用默认的名称"Label1"。

（3）切换到母版页的后台代码页面，在页面的 Page_Load 事件中输入以下代码。

```
protected void Page_Load(object sender, EventArgs e)
{
    Label1.Text = "欢迎您!";
}
```

3）添加内容页

（1）在解决方案资源管理器中右击母版页 MasterPage.master，在弹出的快捷菜单中选择"添加内容页"选项，添加一个名为 Default.aspx 的内容页。

（2）切换到内容页 Default.aspx 的设计视图，在其 ContentPlaceHolder 控件区域放置一个 4 行 2 列的表格用于页面布局。在表格中添加两个文本框控件，ID 分别为 TextBox1 和 TextBox2；再添加一个按钮控件，ID 为 Button1。内容页的设计视图如图 4.10 所示。

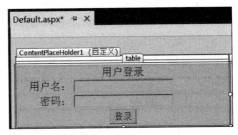

图 4.10　内容页的设计视图

（3）切换到内容页的后台代码页面，在 Button1_Click 事件中输入以下代码。

```
protected void Button1_Click(object sender, EventArgs e)
{
    Label Labelname = (Label)Master.FindControl("Label1");
    Labelname.Text = "欢迎" + TextBox1.Text + "!";
}
```

4）运行内容页

运行内容页 Default.aspx，没有用户登录时的运行效果如图 4.11 所示。

用户"张林"登录后的运行效果如图 4.12 所示。

图 4.11　没有用户登录时的运行效果

图 4.12　用户登录后的运行效果

4.3　网站导航

4.3.1　站点地图

1. XML 文件介绍

XML 是一种功能强大的可扩展的标记语言，可以将显示和数据分开，可以跨平台，可以支持不同软件之间的共享数据等。

    XML 和 HTML 比较相似,但是 HTML 中的标记都是预先定义好的,如< div ></ div >表示块级元素、< form ></ form >表示表单等;而 XML 中的标记都是用户自己定义的,如< name >张三</ name >。XML 不是 HTML 的替代,它们的主要区别如下。

    (1) XML 和 HTML 为不同的目的而设计。XML 被设计用来传输和存储数据,其作用是描述数据的内容;HTML 被设计用来显示数据,其作用是描述数据的外观。

    (2) HTML 标记固定且没有层次,在 HTML 文档中用户无法自行创建标签。XML 标记不固定且有层次,在 XML 文档中用户可以自行创建标签。

    XML 的组成如下。

    (1) 声明:每个 XML 文件的第一行就是声明,即<?xml version = "1. 0" encoding = "utf-8"? >。

    (2) 元素:组成 XML 文件的最小单位,它由一对标记来定义,也包括其中的内容。

    (3) 标记:标记用来定义元素,必须成对出现,中间包含数据。

    (4) 属性:属性是对标记的描述,一个标记可以有多个属性。

    一个 XML 文档示例如下。

```
<?xml version = "1.0" encoding = "utf - 8"?>
< books >
    < book Category = "技术类" PageCount = "435">
      < title > ASP.NET 动态网站开发教程</title>
      < AuthorList >
          < Author >张平</Author >
          < Author >李楠</Author >
      </AuthorList >
   </book >
   < book Category = "文学类" PageCount = "500">
     < title >青春赞歌</title >
     < AuthorList >
       < Author >陈明</Author >
       < Author >王小虎</Author >
     </AuthorList >
   </book >
</books >
```

2. 建立站点地图

    站点地图文件用来描述网站中网页文件的层次结构,是一个名为 Web. sitemap 的 XML 文件。如果要使用 ASP. NET 的导航控件,必须建立站点地图文件。站点地图文件 Web. sitemap 必须位于网站根文件夹下。

    站点地图文件使用一对< siteMap >标记和若干对< siteMapNode >标记,并以. sitemap 作为扩展名。其中,< siteMap >和</ siteMap >称为根元素,它包含若干对由< siteMapNode >和</ siteMapNode >表示的节点,并且节点是嵌套的。

    建立站点地图的方法为右击网站名称,在弹出的快捷菜单中选择"添加|添加新项"选项,打开"添加新项"对话框,在中间的模板列表中选择"站点地图"选项,在"名称"文本框中输入站点地图文件的名称,如图 4.13 所示。

图 4.13　添加站点地图

站点地图文件示例如下。

```
<?xml version = "1.0" encoding = "utf-8" ?>
<siteMap>
    <siteMapNode url = "~/院系介绍.aspx" title = "院系介绍" description = "院系介绍">
      <siteMapNode url = "~/计算机学院.aspx" title = "计算机学院" description = "计算机学院">
        <siteMapNode url = "~/软件工程.aspx" title = "软件工程" description = "软件工程"/>
        <siteMapNode url = "~/网络工程.aspx" title = "网络工程" description = "网络工程"/>
      </siteMapNode>
    </siteMapNode>
</siteMap>
```

在上面这段 XML 代码中,<siteMap>和</siteMap>是根元素,它包含若干对由
<siteMapNode>和</siteMapNode>表示的节点,<siteMapNode>元素的常用属性有以下3个。

- title:表示超链接的显示文本。
- description:描述超链接作用的提示文本。
- url:超链接本网站中的目标页地址。

该站点地图文件描述的站点结构如图 4.14 所示。

图 4.14　站点结构图

4.3.2　导航控件

1. SiteMapDataSource 控件

SiteMapDataSource 控件是网站导航数据的数据源,这些数据存储在为网站配置的网
站地图提供程序中。将本控件拖至窗体中,产生的代码如下。

```
< asp:SiteMapDataSource ID = "SiteMapDataSource1" runat = "server"/>
```

SiteMapDataSource 控件自动读取网站根文件夹下 Web. sitemap 文件中的 XML 数据，本数据源将被 ASP. NET 导航控件调用。

2. SiteMapPath 控件

SiteMapPath 是一个非常方便的控件，它会显示一个导航路径，实现面包屑导航。面包屑导航这个概念来自童话故事"汉赛尔和格莱特"，当汉赛尔和格莱特穿过森林时不小心迷路了，但是他们在沿途走过的地方都撒下了面包屑，这些面包屑帮助他们找到了回家的路，所以面包屑导航的作用是告诉访问者他们目前在网站中的位置以及如何返回。

SiteMapPath 控件可以根据在 Web. sitemap 中定义的数据自动显示网站的路径，此路径为用户显示当前网页的位置，并显示返回到主页的路径链接。

SiteMapPath 控件与一般的数据控件不同，它自动绑定网站地图文件。SiteMapPath 控件在设计窗口中的显示内容与本页面是否在网站地图文件中定义相关。如果页面没有作为某一节点在站点地图文件中定义，那么其所在的层次在 SiteMapPath 控件中就不会显示出来。

【案例 4.5】　面包屑导航。

使用 SiteMapPath 控件实现面包屑导航。

（1）启动 Visual Studio，创建一个空网站。

（2）右击网站名称，在弹出的快捷菜单中选择"添加|添加新项"选项，打开"添加新项"对话框，在中间的模板列表中选择"站点地图"选项，以默认的 Web. sitemap 作为站点地图文件的名称。Web. sitemap 的代码如下：

```
<?xml version = "1.0" encoding = "utf - 8" ?>
< siteMap >
    < siteMapNode url = "~/Default.aspx" title = "首页" description = "">
      < siteMapNode url = "~/Products.aspx" title = "产品分类" description = "">
        < siteMapNode url = "~/Hardware.aspx" title = "硬件产品" description = ""/>
      </siteMapNode >
    </siteMapNode >
</siteMap >
```

（3）新建主页 Default. aspx，在其中放置一个 SiteMapPath 控件，显示站点根目录。

（4）新建二级页面 Products. aspx，在其中放置一个 SiteMapPath 控件。

（5）新建三级页面 Hardware. aspx，在其中放置一个 SiteMapPath 控件。

（6）分别浏览主页 Default. aspx、二级页面 Products. aspx、三级页面 Hardware. aspx。如果用户所在的页面为 Products. aspx，那么显示的效果为首页>产品分类；如果用户所在的页面为 Hardware. aspx，那么显示的效果为首页>产品分类>硬件产品。

3. TreeView 控件

从. NET 2.0 开始，微软在 ASP. NET 中内置了 TreeView 控件，大大简化了开发人员编写导航功能的复杂性。TreeView 控件用于在树结构中显示分层数据，它可以绑定 XML 数据源或者使用 SiteMapDataSource 控件，包含若干节点，每一节点都可以链接到一个新的页面。

【案例 4.6】　使用 TreeView 控件。

使用 TreeView 控件制作树状折叠式菜单。

（1）启动 Visual Studio，创建一个空网站。

（2）右击网站名称，在弹出的快捷菜单中选择"添加|添加新项"选项，打开"添加新项"对话框，在中间的模板列表中选择"站点地图"选项，以默认的 Web. sitemap 作为站点地图文件的名称。Web. sitemap 的代码如下：

```
<?xml version = "1.0" encoding = "utf - 8" ?>
< siteMap >
  < siteMapNode url = "Default.aspx" title = "管理系统" description = "">
   < siteMapNode url = "Manage.aspx" title = "商品管理" description = "商品操作">
    < siteMapNode url = "MerchandiseSale.aspx" title = "出售与退还" description = ""/>
    < siteMapNode url = "IntegralMerchandise.aspx" title = "积分使用" description = ""/>
    < siteMapNode url = "IntegralUseRule.aspx" title = "积分规则" description = ""/>
   </siteMapNode >
   < siteMapNode url = "ManageCard.aspx" title = "卡类管理" description = "会员卡操作">
   < siteMapNode url = "CardAdd.aspx" title = "添加卡类型" description = ""/>
   < siteMapNode url = "CardUpdate.aspx" title = "卡类型修改" description = ""/>
   < siteMapNode url = "CardRoleUpdate.aspx" title = "积分规则修改" description = ""/>
    < siteMapNode url = "CardReset.aspx" title = "积分规则获取" description = ""/>
   </siteMapNode >
   < siteMapNode url = "ManageMember.aspx" title = "会员信息管理" description = "会员详细信息">
   < siteMapNode url = "AddUserMember.aspx" title = "会员信息添加" description = ""/>
   < siteMapNode url = "MemberInfoSelect.aspx" title = "会员信息查询" description = ""/>
   < siteMapNode url = "MemberEdit.aspx" title = "会员信息修改" description = ""/>
   </siteMapNode >
  </siteMapNode >
</siteMap >
```

（3）新建主页 Default. aspx，在其中添加一个 SiteMapDataSource 控件和一个 TreeView 控件，并设置 TreeView 控件的 DataSourceID 属性的值为 SiteMapDataSource1。

（4）运行主页 Default. aspx，运行效果如图 4.15 所示。

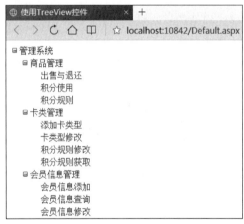

图 4.15 使用 TreeView 控件

4. Menu 控件

使用 Menu 控件，开发人员可以在网页上模拟 Windows 的菜单导航效果。Menu 控件有以下两种显示模式。

- 静态模式：指 Menu 自始至终都是展开状态，都是可见的，用户可以单击其任何部分。
- 动态模式：默认只显示部分内容，当用户将鼠标指针放置在父节点上时才会显示其子节点。

Menu 可以使用控件自带的添加功能对站点导航页面数据进行添加，也可以使用数据源添加，在使用数据源添加的时候一定要将 Menu 控件的 DataSourceID 属性的值设为 SiteMapDataSource 控件的 ID 值。

【案例 4.7】 使用 Menu 控件。

使用 Menu 控件制作水平弹出式菜单。

（1）启动 Visual Studio，创建一个空网站。

（2）右击网站名称，在弹出的快捷菜单中选择"添加|添加新项"选项，打开"添加新项"对话框，在中间的模板列表中选择"站点地图"选项，以默认的 Web.sitemap 作为站点地图文件的名称，其代码与案例 4.6 相同，在此不再赘述。

（3）新建主页 Default.aspx，在其中添加一个 SiteMapDataSource 控件和一个 Menu 控件，并设置 Menu 控件的 DataSourceID 属性的值为 SiteMapDataSource1，设置 Menu 控件的 Orientation 属性的值为 Horizontal，设置 SiteMapDataSource1 的 ShowStartingNode 属性的值为 false。

（4）运行主页 Default.aspx，运行效果如图 4.16 所示。

图 4.16   使用 Menu 控件

4.3.3   配置多个站点地图

在默认情况下，ASP.NET 站点导航使用一个名为 Web.sitemap 的 XML 文件，该文件描述网站的层次结构，但是有时候开发人员可能要使用多个站点地图文件来描述整个网站的导航结构。

假设在一个网站中有默认的站点地图文件 Web.sitemap，还有另外一个站点地图文件 Web2.sitemap。在一个页面中有一个 ID 为 SiteMapDataSource1 的数据源控件，要想把 Web2.sitemap 配置成 SiteMapDataSource1 能识别的站点地图文件，需要进行下列两个步骤。

1. 修改 Web.config 文件

在 Web.config 文件中的< system.web >下添加以下内容。

```
<siteMap>
  <providers>
    <add name = "kk" type = "System.Web.XmlSiteMapProvider" siteMapFile = "~/Web2.sitemap"/>
  </providers>
</siteMap>
```

2. 设置 SiteMapProvider 属性

在 SiteMapDataSource1 属性窗口的 SiteMapProvider 中填写 kk。

4.4   页面布局

网站页面的布局方式直接影响用户使用网站的方便性，合理的页面布局会使用户快速发现网站的核心内容和服务。如果布局不合理，用户不能很好地获取页面的信息，就会选择离开页面,甚至以后很少或不会访问该网站。因此页面布局的重点是体现网站运营的核心内容及服务,将核心服务显示在关键的位置,供用户在最短的时间浏览到。

4.4.1 使用 iframe 布局

1. iframe 简介

iframe 是一种较为特殊的框架,它是在浏览器窗口中嵌套的子窗口,整个页面并不一定是框架页面,但要包含一个框架窗口。<iframe>框架可以完全由设计者定义宽度和高度,并且可以放置在一个网页的任何位置,这极大地扩展了框架页面的应用范围。

语法:

```
< iframe src = "浮动框架的源文件" width = "浮动框架的宽" height = "浮动框架的高"></iframe>
```

说明:src 属性是 iframe 的必需属性,它定义浮动框架页面的源文件地址。在普通框架结构中,由于框架就是整个浏览器的窗口,因此不需要设置其大小。但是在浮动框架中,框架是插入普通 HTML 页面中,所以可以调整框架的大小。浮动框架的宽度和高度都是以像素为单位。width 和 height 都是可选属性。

2. iframe 布局示例

【案例 4.8】 iframe 布局示例。

把两个网页的内容在另一个网页中显示出来。

(1) 启动 Visual Studio,创建一个空网站。

(2) 新建网页 tangshi1.aspx,前台界面代码如下。

```
<% @ Page Language = "C#" AutoEventWireup = "true" CodeFile = "tangshi1.aspx.cs" Inherits =
"tangshi1" %>
< html >
  < head runat = "server">< title>登鹳雀楼</title></head>
  < body style = "background - color: #C0C0C0">
    < form id = "form1" runat = "server">< div >
      < h2 style = "text - align: center">登鹳雀楼</h2>
      < p style = "text - align: center">白日依山尽,黄河入海流.< br/>欲穷千里目,更上一层楼.
</p></div>
    </form>
  </body>
</html>
```

(3) 新建网页 tangshi2.aspx,前台界面代码如下。

```
<% @ Page Language = "C#" AutoEventWireup = "true" CodeFile = "tangshi1.aspx.cs" Inherits =
"tangshi1" %>
< html >
  < head runat = "server">< title>鹿柴</title></head>
  < body style = "background - color: #FFCC99">
    < form id = "form1" runat = "server">< div >
      < h2 style = "text - align: center">鹿柴</h2>
      < p style = "text - align: center">空山不见人,但闻人语响.< br/>返景入深林,复照青苔上.
</p></div>
    </form>
  </body>
</html>
```

（4）新建主页 Default.aspx，前台界面代码如下。

```
<%@ Page Language = "C#" AutoEventWireup = "true" CodeFile = "tangshi1.aspx.cs" Inherits =
"tangshi1" %>
  <html>
    <head runat = "server"><title>使用 iframe 布局</title></head>
      <body>
        <form id = "form1" runat = "server"><div>
        <iframe src = "tangshi1.aspx"></iframe>
      <iframe src = "tangshi2.aspx"></iframe></div>
    </form>
  </body>
</html>
```

（5）运行主页 Default.aspx，运行效果如图 4.17 所示。

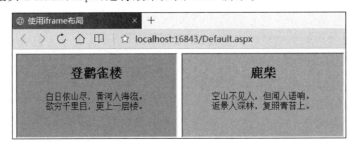

图 4.17　iframe 布局示例

3．iframe 布局的优点

（1）iframe 能够原封不动地把嵌入的网页展现出来。

（2）如果有多个网页引用 iframe，那么开发人员只需要修改 iframe 的内容就可以实现对调用的每一个页面内容进行方便、快捷更改。

（3）如果网页为了统一风格，头部和版本都是一样的，就可以写成一个页面，用 iframe 来嵌套，这样可以增加代码的可重用性。

（4）如果遇到加载缓慢的第三方内容，如图标和广告，这些问题可以由 iframe 来解决。

4．iframe 布局的缺点

（1）会产生很多页面，不容易管理。

（2）iframe 框架结构有时会让人感到迷惑，如果框架的个数多，可能会出现上下、左右滚动条，会分散访问者的注意力，使用户的体验度差。

（3）代码复杂，无法被一些搜索引擎索引到，这一点很关键，现在的搜索引擎爬虫还不能很好地处理 iframe 中的内容，所以使用 iframe 会不利于搜索引擎的优化。

（4）很多移动设备无法完全显示框架，设备兼容性差。

（5）iframe 框架页面会增加服务器的 http 请求，对于大型网站是不可取的。

现在基本上都是用 AJAX 来代替 iframe，iframe 已经逐渐地退出了前端开发。

4.4.2　使用 Table 布局

1．Table 布局简介

Table 布局是在 Web 早期 CSS 没出现的时候兴起的，它利用了 HTML 的表格元素（即

Table)所具有的无边框特性,基本思想是设计一个能满足版式要求的表格结构,将内容装入每个单元格中,有时候会出现表格的多次嵌套。在网页设计中使用 Table 布局比较直观,可以直接选择行与列,对行与列进行合并和拆分,大小、高度、颜色、图片都可以手动设置,制作的速度比较快。

2. Table 布局示例

【**案例 4.9**】 Table 布局示例。

使用 Table 实现如图 4.18 所示的布局效果。

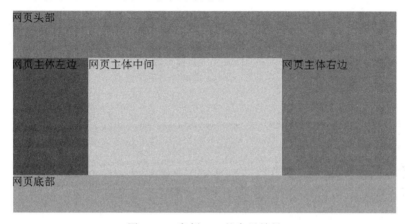

图 4.18 案例 4.9 的布局效果

(1)启动 Visual Studio,创建一个空网站。

(2)新建网页 Default.aspx,设置其网页标题为"Table 布局示例"。

(3)在页面中添加一个 HTML 控件 Table,采用默认的 3 行 3 列来布局。

(4)设置第 1 行的背景为蓝色、高度为 100 像素;选中第 1 行,然后右击,在弹出的快捷菜单中选择"修改|合并单元格"选项,把第 1 行的 3 个单元格合并成一个单元格;在其中输入文字"网页头部"。

(5)设置第 2 行的行高为 250 像素;选中第 2 行的第 1 列,设置其背景为紫色、宽度为 20%,在其中输入文字"网页主体左边";选中第 2 行的第 2 列,设置其背景为黄色、宽度为 50%,在其中输入文字"网页主体中间";选中第 2 行的第 3 列,设置其背景为绿色、宽度为 30%,在其中输入文字"网页主体右边"。

(6)设置第 3 行的背景为灰色、高度为 80 像素;选中第 3 行,然后右击,在弹出的快捷菜单中选择"修改|合并单元格"选项,把第 3 行的 3 个单元格合并成一个单元格;在其中输入文字"网页底部"。

(7)运行网页 Default.aspx,可以看到如图 4.18 所示的效果。

3. Table 布局的优点

(1)容易上手。

(2)可以进行比较复杂的布局,简单、快速。

(3)在不同浏览器中都能得到很好的兼容。

4. Table 布局的缺点

(1) 标签多,代码臃肿。

(2) 不利于搜索引擎抓取信息,直接影响到网站的排名。

(3) 网页打开的速度慢,直接影响用户对网站的第一印象。

4.4.3　使用 DIV+CSS 布局

1. DIV+CSS 布局简介

DIV+CSS 是 Web 设计标准,它是一种网页布局方法。和传统的通过 Table 布局定位的方式不同,它可以实现网页的页面内容与表现相分离。采用 DIV+CSS 技术进行页面布局通常包含以下 4 个步骤。

1) 网页结构分析

根据网页所表现的内容构思和规划网页结构。

2) 添加 DIV

在网页结构确定后使用< div >标记创建需要的各板块区域。

3) 新建 CSS 样式表

创建 CSS 样式表对所有< div >及其他页面元素的表现进行控制。

4) 引入 CSS 样式表

在页面代码的合适位置引入 CSS 样式表。

2. DIV+CSS 布局示例

【案例 4.10】　DIV+CSS 布局示例。

使用 DIV+CSS 布局实现案例 4.9 中图 4.18 所示的布局效果。

图 4.19　添加 DIV

(1) 启动 Visual Studio,创建一个空网站。

(2) 新建网页 Default. aspx,设置其网页标题为“DIV+CSS 布局示例”。

(3) 在页面中添加 6 个 DIV,第二个 DIV 中包含 3 个子 DIV,源代码和设计视图如图 4.19所示。

(4) 设置 CSS 修饰 DIV 效果,新建 6 个样式来控制 6 个 DIV 的显示效果。在 Visual Studio 的菜单栏中选择“视图|管理样式”选项,在设计窗口左侧出现“管理样式”浮动窗口,在该窗口中单击“新建样式”按钮,打开“新建样式”对话框,如图 4.20 所示。

(5) 按上一步的方法依次新建 6 个样式,代码如下。

```
< style type = "text/css">
    .top { background - color: #0000FF; height: 100px; width: 100 % ;}
    .content { height: 250px; width: 100 % ;}
    .left { background - color: #800080; width: 20 % ; height: 250px; float:left; }
    .middle { background - color: #FFFF00; width: 50 % ; height: 250px; float:left; }
    .right { background - color: #008000; width:30 % ; height: 250px; float:right; }
    .bottom { background - color: #808080; width: 100 % ; height: 80px; }
</style>
```

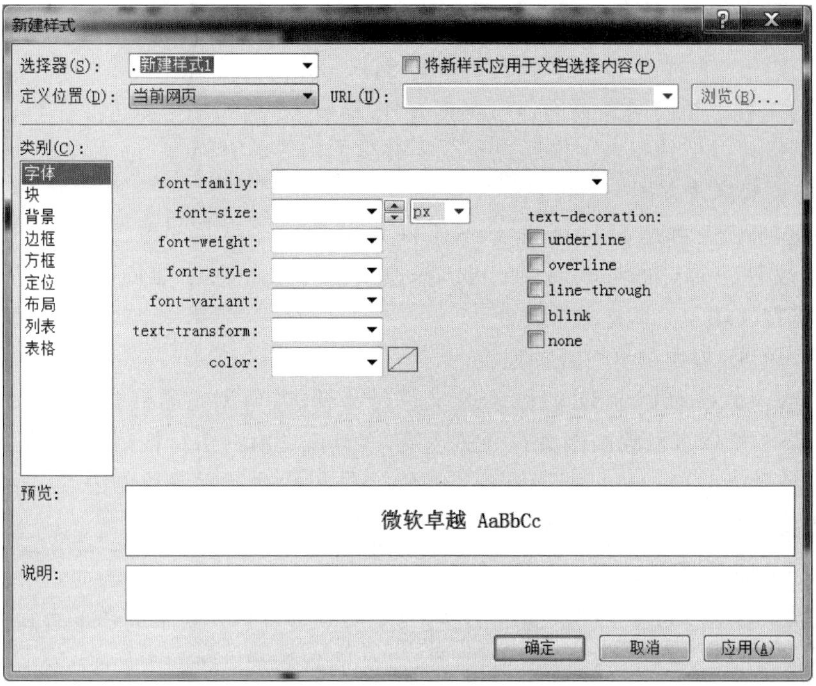

图 4.20 "新建样式"对话框

（6）依次把新建的 6 个样式分别指定给 6 个 DIV，代码如下。

```
< div class = "top">网页头部</div >
< div class = "content">
    < div class = "left">网页主体左边</div >
    < div class = "middle">网页主体中间</div >
    < div class = "right">网页主体右边</div >
</div >
< div class = "bottom">网页底部</div >
```

（7）运行网页 Default.aspx，运行效果如图 4.21 所示。

图 4.21 DIV+CSS 布局效果

3．DIV＋CSS 布局的优点

1）DIV＋CSS 有利于搜索引擎爬虫

一般而言，对于相同网页页面，HTML 文件 Table 布局的字节数大于 DIV＋CSS 布局的字节数，所以可以节约搜索引擎爬虫爬行下载页面内容的时间。

2）重构页面修改方便

一般 DIV＋CSS 都是 HTML 和 CSS 文件分开，即一个网页的内容与表现形式分离，一般修改 CSS 文件中的 CSS 样式属性就可以修改整站的样式版面，如背景颜色、字体颜色、页面宽度等，具有 Table 不具备的方便性。

3）DIV＋CSS 加快网页打开的速度

因为 DIV＋CSS 页面中 DIV 和 CSS 文件是分开的，而浏览器打开该网页是同时下载 HTML 和 CSS，所以可以提高网页打开的速度；Table 还有一个特性，就是浏览器打开的时候必须是浏览器下载以< table >开始、以</table >结束后才显示该块的内容，而 DIV＋CSS 是边加载边将内容呈现到浏览器上，所以能加快网页打开的速度。

4．DIV＋CSS 布局的缺点

（1）开发技术高：DIV＋CSS 布局的技术较高，对浏览器及版本的要求较高。

（2）开发时间长：DIV＋CSS 布局相对于 Table 布局开发时间长。

（3）开发成本相对 Table 布局高：技术性及时间性决定了 DIV＋CSS 布局比 Table 布局成本高。

Table 布局和 DIV＋CSS 布局是目前许多网站建设中页面布局常用的两种方式，随着网站建设技术的不断成熟，用 DIV＋CSS 布局的网站已经越来越多。DIV＋CSS 布局主要应用于大型网站的页面设计中；Table 布局主要应用在功能较为简单、页面不多的网站中。

习题 4

1．填空题

（1）网站的主题必须放在网站专用的_____文件夹里。

（2）占位符控件 ContentPlaceHolder 出现在_____页。

（3）如果对同一 Web 控件定义多种外观，必须使用_____属性。

（4）_____页至少应包含一个 ContentPlaceHolder 控件。

（5）应用了母版页的内容页中的_____控件是自动生成的。

（6）网站地图文件的扩展名是_____。

（7）从内容页中访问母版页的控件，这种访问一般使用_____方法。

（8）在站点地图文件中定义节点所使用的标记都必须包含在_____标记内。

（9）使用 DIV＋CSS 可以实现网页页面_____相分离。

（10）src 属性是 iframe 的必需属性，它定义浮动框架页面的_____地址。

2．单项选择题

（1）母版页文件的扩展名是_____。

    A．.aspx   B．.master   C．.cs   D．.skin

(2) ConentPlaceHolder 控件出现在工具箱的_____选项里。

    A. 标准　　　　　　B. 验证　　　　　　C. 数据　　　　　　D. 导航

(3) 下面关于母版页和内容页使用的说法错误的是_____。

    A. 一个内容页可以引用多个母版页

    B. 内容页通过 Content 控件的 ContentPlaceHolderID 属性来指定要填充到母版页中的哪个内容块

    C. 内容页不可以包含< html >、< body >、< form >标签

    D. 内容页通过@Page 指令的 MasterPageFile 属性指定所引用的母版页

(4) 在站点地图文件中,_____ 属性不属于< siteMapNode >元素。

    A. url　　　　　　B. title　　　　　　C. text　　　　　　D. description

(5) @master 只能出现在_____文件里。

    A. aspx　　　　　　B. master　　　　　　C. ascx　　　　　　D. cs

(6) 在页面中,如果不希望同一类型的所有控件中的某个控件应用默认的外观设置,可以在属性窗口中将该控件的_____属性设置为 false。

    A. EnableTheming　　　　　　　　B. Enabled

    C. EnableViewState　　　　　　　D. Visual

(7) 下面关于站点地图的说法错误的是_____。

    A. 站点地图文件是 XML 格式的文件

    B. 站点地图根节点为< siteMap >元素,每个文件有且仅有一个根节点

    C. < siteMap >的下一级有且仅有一个< siteMapNode >节点

    D. 在站点地图中,同一个 URL 可以出现多次

(8) 站点地图是描述网站逻辑结构的 XML 文件,该文件的扩展名是_____。

    A. .sitepath　　　　B. .site　　　　C. .mappath　　　　D. .sitemap

(9) 下列_____样式定义后,可以使文字居中。

    A. display:inline　　　　　　　　B. text-align:center

    C. overflow:hidden　　　　　　　D. float: center

(10) _____可以显示这样一个边框:顶边框 10 像素、底边框 5 像素、左边框 20 像素、右边框 1 像素。

    A. border-width:10px 1px 5px 20px　　　B. border-width:10px 20px 5px 1px

    C. border-width:5px 20px 10px 1px　　　D. border-width:10px 5px 20px 1px

3. 上机操作题

(1) 新建一个网站,创建一个母版页和一个内容页,分别在它们的 Page_Load 事件中编写一个弹出提示框,由此观察这两个页面的调用顺序。弹出的两个提示框分别如图 4.22 和图 4.23 所示。

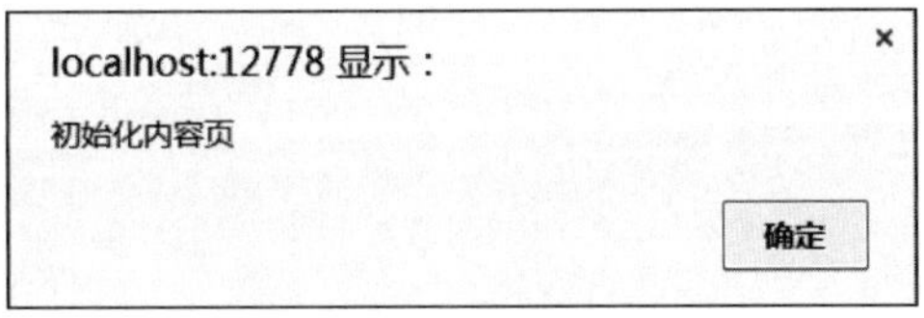

图 4.22 内容页的提示框

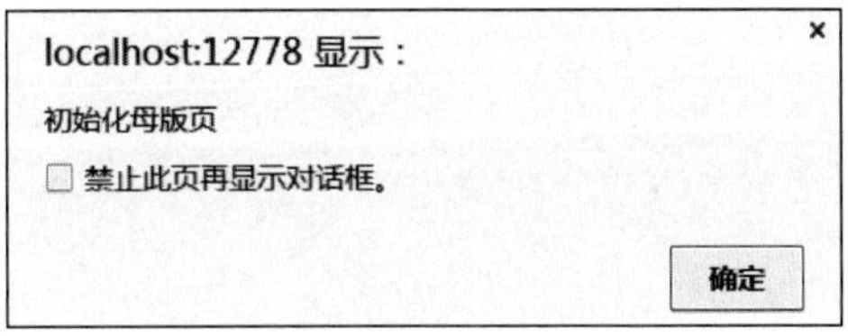

图 4.23 母版页的提示框

（2）新建一个网站，该网站的站点地图如下。

```xml
<?xml version = "1.0" encoding = "utf - 8" ?>
<siteMap>
    <siteMapNode url = "~/Default.aspx" title = "产品" description = "">
      <siteMapNode url = "~/Software.aspx" title = "软件" description = "">
        <siteMapNode url = "~/Hardware.aspx" title = "硬件" description = ""/>
      </siteMapNode>
    </siteMapNode>
</siteMap>
```

使用 TreeView 控件在该网站中进行导航，用户单击树的节点可以进入相关的网页。

（3）新建网站，创建一个页面，使用 DIV＋CSS 实现如图 4.24 所示的布局效果。其中，各部分的宽度、高度及背景颜色自由设置。

图 4.24　第（3）题的布局效果

第 5 章

ADO.NET技术

本章学习目标

- 理解 ADO.NET 的相关概念及其结构；
- 理解 ADO.NET 的五大对象；
- 掌握数据库的两种访问模式及其区别；
- 掌握使用 ADO.NET 技术操作数据的常用方法。

本章介绍 ADO.NET 技术,主要讲解 ADO.NET 的相关概念、ADO.NET 的结构、五大对象、两种数据库访问模式,最后用案例讲解使用 ADO.NET 技术操作数据的常用方法。

5.1 ADO.NET 简介

5.1.1 ADO.NET 的相关概念

1. 什么是 ADO

微软公司的 ADO(ActiveX Data Objects)是一个用于存取数据源的 COM 组件。COM 是微软公司为了使计算机工业的软件生产更加符合人类的行为方式开发的一种新的软件开发技术。在 COM 构架下人们可以开发出各种各样功能专一的组件,然后将它们按照需要组合起来,构成复杂的应用系统。

ADO 提供了编程语言和统一数据访问方式(OLE DB)的一个中间层。OLE 的全称是 Object Link and Embed,即对象连接与嵌入。ADO 允许开发人员编写访问数据的代码而不用关心数据库是如何实现的,只用关心数据库的连接。

ADO 最普遍的用法就是在关系数据库中查询一个表或多个表,然后在应用程序中检索并显示查询结果,还允许用户更改并保存数据。

2. 什么是 ADO.NET

ADO.NET 是微软公司提出的访问数据库的一项新技术。ADO.NET 的名称起源于 ADO,是 ADO 的升级版本,是一个类库,主要用于.NET Framework 平台对数据的操作。它提供了一致的对象模型,可以存取和编辑各种数据源的数据,为这些数据源提供一致的数据处理方式。之所以使用 ADO.NET 这个名称,是因为微软公司希望表明这是在.NET 编程环境中优先使用的数据访问接口。

5.1.2　ADO.NET 的结构

1. ADO.NET 模型

ADO.NET 采用了层次管理模型，各部分之间的逻辑关系如图 5.1 所示。

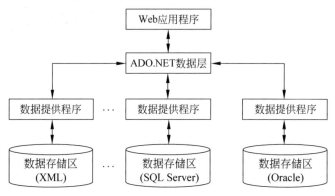

图 5.1　ADO.NET 模型

ADO.NET 模型的最顶层是 Web 应用程序，中间是 ADO.NET 数据层和数据提供程序，在这个层次中数据提供程序相当于 ADO.NET 的通用接口，各种不同的数据源要使用不同的数据提供程序。它相当于一个容器，包括一组类及相关的命令，是数据源 DataSource 与数据集 DataSet 之间的桥梁，负责将数据源中的数据读到数据集中，也可将用户处理完毕的数据集保存到数据源中。

2. ADO.NET 的组件

ADO.NET 提供了两个主要的组件来访问和操作数据，它们分别是.NET Framework 数据提供程序和数据集 DataSet。数据集 DataSet 临时存储应用程序从数据源读取的数据，可以对数据进行各种操作；数据提供程序用于建立数据集和数据源的连接。数据提供程序和数据集之间的关系如图 5.2 所示。

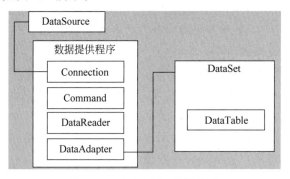

图 5.2　ADO.NET 的结构图

5.2　ADO.NET 的五大对象

ADO.NET 对象是指包含在.NET Framework 数据提供程序和数据集 DataSet 中的对象，其中，DataSet 对象是驻留在内存中的数据库，位于 System.Data 命名空间下。

ADO. NET 从数据库抽取数据后数据就存放在 DataSet 中,故可以把 DataSet 看成一个数据容器。. NET Framework 数据提供程序包括 Connection 对象、Command 对象、DataReader 对象和 DataAdapter 对象。ADO. NET 五大对象之间的关系如图 5.3 所示。

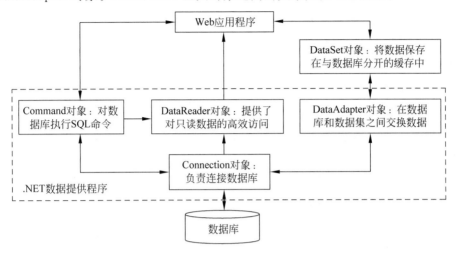

图 5.3　ADO. NET 的五大对象

ADO. NET 的五大对象可以形象地记为连接 Connection、执行 Command、读取 DataReader、分配 DataAdapter、填充 DataSet。这正是 ADO. NET 对数据库操作的一般步骤。

. NET Framework 数据提供程序包括的 4 个对象提供了对数据库的各种不同的访问功能,对于不同的数据库,区别仅是前缀不同。例如,连接 SQL Server 数据库使用的对象名称为 SqlConnection、SqlCommand、SqlDataReader、SqlDataAdapter,连接 Access 数据库使用的对象名称为 OleDbConnection、OleDbCommand、OleDbDataReader、OleDbDataAdapter,连接 Oracle 数据库使用的对象名称是 OracleConnection、OracleCommand、OracleDataReader、OracleDataAdapter。

5.2.1　Connection 对象

1. Connection 对象概述

在开发 Web 应用程序时需要与数据库进行交互,在和数据库进行交互之前必须实现和数据库的连接。使用 Connection 对象可以实现与数据库的连接。

对于 ADO. NET,不同的数据源对应着不同的 Connection 对象。具体的 Connection 对象如表 5.1 所示。对于 Command 对象、DataReader 对象和 DataAdapter 对象也是如此,后面不再赘述。

表 5.1　Connection 对象

名　称	命名空间	描　述
SqlConnection	System. Data. SqlClient	表示与 SQL Server 数据库的连接对象
OleDbConnection	System. Data. OleDb	表示与 OleDb 数据源的连接对象
OdbcConnection	System. Data. Odbc	表示与 ODBC 数据源的连接对象
OracleConnection	System. Data. OracleClient	表示与 Oracle 数据库的连接对象

2. Connection 对象的常用属性

1) ConnectionString 属性

Connection 对象的数据库连接字符串保存在 ConnectionString 属性中,可以使用该属性获取或设置数据库的连接字符串。

2) State 属性

State 属性用来显示当前 Connection 对象的状态,有 Open 和 Closed 两种状态。

3. Connection 对象的常用方法

1) Open()方法

使用 Open()方法打开数据库连接。

2) Close()方法

使用 Close()方法关闭数据库连接。

4. 使用 Connection 对象连接数据库

ADO. NET 使用 SqlConnection 对象与 SQL Server 进行连接。下面介绍如何连接 SQL Server 数据库。

1) 定义数据库连接字符串

定义连接字符串的常用方式有两种。

(1) 使用 Windows 身份验证。

该方式也称为信任连接,这种连接方式有助于在连接到 SQL Server 时提供安全保护,因为它不会在连接字符串中公开用户 ID 和密码,是安全级别要求较高时推荐的数据库连接方法。其连接字符串的语法格式如下。

```
string ConnStr = "Server = 服务器名或 IP; Database = 数据库名;Integrated Security = true; ";
```

Data Source(或 Server)指定了 SQL Server 服务器的名字或 IP 地址,可以用 localhost 或圆点"."表示本机。Integrated Security = true(或 Integrated Security = SSPI,SSPI 是 Security Support Provider Interface 的缩写)表示采用信任连接方式,即用 Windows 账号登录到 SQL Server 数据库服务器。Database(或 Initial Catalog)用于设置登录到哪个数据库中。

(2) 使用 SQL Server 身份验证。

该方式也称为非信任连接,这种连接方式把未登录的用户 ID 和密码写在连接字符串中,因此在安全级别要求较高的场合不要使用。其连接字符串的语法格式如下。

```
string ConnStr = "Server = 服务器名或 IP; Database = 数据库名; uid = 用户名;pwd = 密码";
```

uid 表示 SQL Server 登录用户名,pwd 表示 SQL Server 登录密码。

2) 创建 Connection 对象

这里以创建的数据库连接字符串为参数,调用 SqlConnection 类的构造方法创建 Connection 对象,其语法格式如下。

```
SqlConnection 连接对象名 = new SqlConnection(连接字符串);
```

用户也可以首先使用构造函数创建一个不含参数的 Connection 对象,再通过 Connection 对象的 ConnectionString 属性设置连接字符串,其语法格式如下。

```
SqlConnection 连接对象名 = new SqlConnection();
连接对象名.ConnectionString = 连接字符串;
```

以上两种方法在功能上是等效的,选择哪种方法取决于用户的个人喜好和编码风格,不过属性经过明确设置可以使代码更容易理解和调试。

3)打开数据库连接

```
连接对象名.Open();
```

5.应用举例

【案例 5.1】　使用 Connection 对象连接数据库。

使用 Connection 对象建立与 SQL Server 数据库 test 的连接,并显示当前数据库的连接状态。

1)新建一个空网站

方法略。

2)新建网页 Default.aspx

设置网页标题为"使用 Connection 对象连接数据库"。在页面中添加一个标签控件和两个命令按钮,两个命令按钮的 Text 属性分别为"打开连接"和"关闭连接"。

3)编写程序代码

添加命名空间的引用,代码如下。

```
using System.Data.SqlClient;
```

在所有事件之外定义数据库连接对象,代码如下。

```
static string constr = "Server = .;Database = test;Integrated Security = true";
SqlConnection conn = new SqlConnection(constr);
```

在页面载入时执行的事件代码如下。

```
protected void Page_Load(object sender, EventArgs e)
{
    Label1.Text = "当前连接状态是: " + conn.State.ToString();
}
```

"打开连接"按钮被单击时执行的事件代码如下。

```
protected void Button1_Click(object sender, EventArgs e)
{
    conn.Open();Label1.Text = "当前连接状态是: " + conn.State.ToString();
}
```

"关闭连接"按钮被单击时执行的事件代码如下。

```
protected void Button2_Click(object sender, EventArgs e)
{
    conn.Close();Label1.Text = "当前连接状态是: " + conn.State.ToString();
}
```

4)运行页面

按 Ctrl+F5 组合键运行页面,显示的连接状态是 Closed,打开连接时显示的连接状态是 Open,运行效果如图 5.4 所示。

图 5.4　使用 Connection 对象连接数据库

5.2.2　Command 对象

1. Command 对象概述

ADO. NET 的 Command 对象就是 SQL 命令或者对存储过程的引用。除了检索、更新数据之外，Command 对象可用来对数据源执行一些不返回结果集的查询任务，以及用来执行改变数据源结构的数据定义命令。

在使用 Connection 对象与数据源建立连接后，可以使用 Command 对象对数据源执行查询、添加、删除和修改等各种操作，操作的实现可以使用 SQL 语句，也可以使用存储过程。根据所用的. NET Framework 数据提供程序的不同，Command 对象可以分成 4 种，分别是 SqlCommand、OleDbCommand、OdbcCommand 和 OracleCommand，在实际的编程过程中应该根据访问的数据源不同选择相应的 Command 对象。

2. Command 对象的常用属性

（1）Connection 属性：获取或设置此 Command 对象使用的 Connection 对象的名称。

（2）CommandText 属性：获取或设置对数据源执行的 SQL 语句或存储过程名。

（3）CommandType 属性：获取或设置 Command 对象要执行命令的类型。

3. Command 对象的常用方法

（1）ExecuteNonQuery()方法：执行 CommandText 属性指定的内容，并返回受影响的行数。

（2）ExecuteReader()方法：执行 CommandText 属性指定的内容，并创建 DataReader 对象。

（3）ExecuteScalar()方法：执行查询，并返回查询所返回的结果集中第一行的第一列。

4. 创建 Command 对象

Command 对象的构造函数的参数有两个，　个是需要执行的 SQL 语句，另一个是数据库连接对象。这里以它们为参数，调用 SqlCommand 类的构造方法创建 Command 对象，其语法格式如下。

```
SqlCommand 命令对象名 = new SqlCommand (SQL 语句,连接对象);
```

用户也可以首先使用构造函数创建一个不含参数的 Command 对象，再设置 Command 对象的 Connection 属性和 CommandText 属性，其语法格式如下。

```
SqlCommand 命令对象名 = new SqlCommand ();
命令对象名.Connection = 连接对象;
命令对象名.CommandText = SQL 语句;
```

5.2.3　DataReader 对象

1. DataReader 对象概述

当 Command 对象返回结果集时需要使用 DataReader 对象来检索数据。DataReader 对象返回一个来自 Command 的只读的、只能向前的数据流。DataReader 每次只能在内存中保留一行，所以开销非常小，提高了应用程序的性能。

由于 DataReader 只执行读操作,并且每次只在内存缓冲区里存储结果集中的一条数据,所以使用 DataReader 对象的效率比较高,如果要查询大量数据,同时不需要随机访问和修改数据,DataReader 是优先的选择。

2．DataReader 对象的常用属性

(1) FieldCount 属性:表示由 DataReader 得到的一行数据中的字段数。

(2) HasRows 属性:表示 DataReader 是否包含数据。

(3) IsClosed 属性:表示 DataReader 对象是否关闭。

3．DataReader 对象的常用方法

(1) Read()方法:返回 SqlDataReader 的第一条,并一条一条地向下读取。

(2) GctName()方法:通过输入列索引获得该列的名称。

(3) GetDataTypeName()方法:通过输入列索引获得该列的类型。

(4) GetValue()方法:根据传入的列的索引值返回当前记录行里指定列的值。

(5) Close ()方法:关闭 DataReader 对象。

(6) IsNull()方法:判断指定索引号的列的值是否为空,返回 true 或 false。

4．创建 DataReader 对象

如果要创建一个 DataReader 对象,可以通过 Command 对象的 ExecuteReader()方法,其语法格式如下。

```
SqlDataReader 数据读取器对象 = 命令对象名.ExecuteReader();
```

5.2.4　DataAdapter 对象

1．DataAdapter 对象概述

DataAdapter(即数据适配器)对象是一种用来充当 DataSet 对象与实际数据源之间桥梁的对象。DataSet 对象是一个非连接的对象,它与数据源无关。DataAdapter 正好负责填充它,并把它的数据提交给一个特定的数据源,它与 DataSet 配合使用可以执行新增、查询、修改和删除等多种操作。

DataAdapter 对象是一个双向通道,用来把数据从数据源中读到一个内存表中,以及把内存中的数据写回到一个数据源中。这两种情况下使用的数据源可能相同,也可能不相同。这两种操作分别称为填充(Fill)和更新(Update)。

2．DataAdapter 对象的常用属性

(1) SelectCommand 属性:获取或设置一个语句或存储过程,在数据源中选择记录。

(2) UpdateCommand 属性:获取或设置一个语句或存储过程,更新数据源中的记录。

(3) InsertCommand 属性:获取或设置一个语句或存储过程,在数据源中插入新记录。

(4) DeleteCommand 属性:获取或设置一个语句或存储过程,从数据源中删除记录。

3．DataAdapter 对象的常用方法

(1) Fill()方法:把从数据源读取的数据行填充到 DataSet 对象中。

(2) Update()方法:在 DataSet 对象中的数据有所改动后更新数据源。

4. 创建 DataAdapter 对象

DataAdapter 对象的构造函数的参数有两个，一个是需要执行的 SQL 语句，另一个是数据库连接对象。这里以它们为参数，调用 SqlDataAdapter 类的构造方法创建 DataAdapter 对象，其语法格式如下。

```
SqlDataAdapter 数据适配器对象名 = new SqlDataAdapter (SQL 语句,连接对象);
```

用户也可以首先使用构造函数创建一个不含参数的 DataAdapter 对象，再设置 DataAdapter 对象的 Connection 属性和 CommandText 属性，其语法格式如下。

```
SqlDataAdapter 数据适配器对象名 = new SqlDataAdapter();
数据适配器对象名.Connection = 连接对象;
数据适配器对象名.CommandText = SQL 语句;
```

5.2.5 DataSet 对象

1. DataSet 对象概述

DataSet 对象是 ADO.NET 的核心组件之一。ADO.NET 从数据库抽取数据后将数据存放在 DataSet 中，故可以把 DataSet 看成一个数据容器，或称为"内存中的数据库"。

DataSet 从数据源中获取数据后就断开了与数据源之间的连接。用户可以在 DataSet 中对记录进行插入、删除、修改、查询、统计等，在完成了各项操作后还可以把 DataSet 中的数据送回数据源。

每一个 DataSet 都是一个或多个 DataTable 对象的集合，DataTable 相当于数据库中的表。DataTable 对象的常用属性主要有 Columns 属性、Rows 属性和 DefaultView 属性。

- Columns 属性：用于获取 DataTable 对象中表的列集合。
- Rows 属性：用于获取 DataTable 对象中表的行集合。
- DefaultView 属性：用于获取表的自定义视图。

2. DataSet 对象的常用属性

（1）Tables：获取包含在 DataSet 中的表的集合。用户可以通过索引来引用 Tables 集合中的一个表，例如 Tables[i]表示第 i 个表，其索引值从 0 开始编号。

（2）DataSetName：获取或设置当前 DataSet 的名称。

3. DataSet 对象的常用方法

（1）Clear()方法：删除 DataSet 对象中的所有表。

（2）Copy()方法：复制 DataSet 对象的结构和数据到另外一个 DataSet 对象中。

4. 创建 DataSet 对象

使用程序代码创建 DataSet 对象有两种方法。

第一种方法是先创建一个空的数据集对象，再把建立的数据表放到该数据集中，这种方法的语法格式如下。

```
DataSet 数据集对象名 = new DataSet();
```

第二种方法是先建立数据表，再创建包含数据表的数据集，这种方法的语法格式如下。

```
DataSet 数据集对象名 = new DataSet("表名");
```

5.3 数据库访问模式

通过 ADO.NET 执行数据库操作的过程如下。

（1）导入相应的命名空间。

（2）使用 Connection 对象建立与数据库的连接。

（3）使用 Command 对象或 DataAdapter 对象对数据库执行 SQL 命令，实现对数据库的查询、插入、更新和删除操作。

（4）通过 DataSet 对象或 DataReader 对象访问数据。

（5）使用数据显示控件或输出语句显示数据。

ADO.NET 访问数据库的过程如图 5.5 所示。

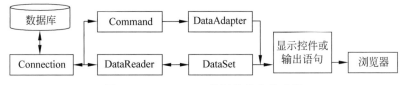

图 5.5 ADO.NET 访问数据库的过程

由图 5.5 可知，在 ADO.NET 中有两种访问数据库的模式，一种是连接模式，在保持数据库连接的方式下通过执行指定的 SQL 语句完成对数据的操作，数据的操作在断开数据库连接之前；另一种是断开模式，先将数据库中的数据读取到服务器的 DataSet 或者 DataTable 中，数据的操作在断开数据库连接之后。

5.3.1 连接模式

1. 使用连接模式访问数据库

（1）创建 Connection 对象与数据库建立连接。

（2）创建 Command 对象对数据库执行 SQL 命令或存储过程，包括增、删、改及查询数据库等命令。

（3）打开与数据库的连接。

（4）执行操作数据库的命令，如果查询数据库的数据，则创建 DataReader 对象读取 Command 命令查询到的结果集，并将查询到的结果集绑定到控件上。

（5）关闭与数据库的连接。

2. 操作数据库的两种方法

Command 对象提供了多种完成数据库操作的方法，下面介绍常用的两种方法。

1）ExecuteReader()方法

ExecuteReader()方法提供了顺序读取数据库的方法，该方法根据提供的 select 语句返回一个 DataReader 对象，开发人员可以使用 DataReader 对象的 Read()方法循环依次读取每条记录中各字段的内容。

【案例 5.2】 使用 ExecuteReader()方法读取数据。

将 test 数据库的 staff 表中的姓名和职称字段显示在 ListBox 控件中。

（1）新建一个空网站。

方法略。

（2）新建网页 Default. aspx。

设置网页标题为"使用 ExecuteReader( )方法读取数据"。在页面中添加一个 ListBox 控件,其 ID 属性采用默认的 ListBox1。

（3）编写程序代码。

添加命名空间的引用,代码如下。

```
using System.Data.SqlClient;
```

在页面载入时执行的事件代码如下。

```
protected void Page_Load(object sender, EventArgs e)
{
    string constr = "Server = .;Database = test;Integrated Security = true";
    SqlConnection conn = new SqlConnection(constr);
    SqlCommand comm = new SqlCommand();
    comm.Connection = conn;
    comm.CommandText = "select * from staff";
    conn.Open();
    SqlDataReader dr = comm.ExecuteReader();
    while(dr.Read())
    {
        this.ListBox1.Items.Add(string.Format("{0}\t{1}",dr[1],dr[3]));
    }
    conn.Close();
}
```

图 5.6　使用 ExecuteReader( )方法读取数据

（4）运行页面。

按 Ctrl+F5 组合键运行页面,在列表框中显示了 staff 表中的姓名和职称字段,运行效果如图 5.6 所示。

2）ExecuteNonQuery( )方法

ExecuteNonQuery( )方法执行 SQL 语句,并返回因操作受影响的行数。一般将其用于 update、insert、delete 或 select 语句直接操作数据库中的表数据。对于 update、insert、delete 语句,ExecuteNonQuery( )方法的返回值为该语句所影响的行数;而对于 select 语句,由于执行 select 语句后数据库并无变化,所以其返回值为-1。

【案例 5.3】　使用 ExecuteNonQuery( )方法更新数据。

根据输入的金额数,将 test 数据库的 staff 表中职称为"助教"的职工的工资增加。

（1）新建一个空网站。

方法略。

（2）新建网页 Default. aspx。

设置网页标题为"使用 ExecuteNonQuery( )方法更新数据"。在页面中添加一个 GridView 控件、一个 Label 控件、一个 TextBox 控件和一个 Button 控件,Label 控件的 Text 属性为"增加工资值:",Button 控件的 Text 属性为"加工资",所有控件的 ID 均采用默认名称。

（3）编写程序代码。

添加命名空间的引用，代码如下。

```
using System.Data.SqlClient;
```

在所有事件之外定义数据库连接对象，代码如下。

```
static string constr = "Server = .;Database = test;Integrated Security = true";
SqlConnection conn = new SqlConnection(constr);
```

在页面载入时创建 SqlCommand 对象，设置 SQL 查询语句，打开数据库连接，使用
SqlDataReader 对象来获取数据源，然后定义 GridView 控件的标题，把数据源绑定到
GridView 控件上，并显示出来。Page_Load 事件的代码如下。

```
protected void Page_Load(object sender, EventArgs e)
{
    SqlCommand comm = new SqlCommand();
    comm.Connection = conn;
    comm.CommandText = "select * from staff";
    conn.Open();
    SqlDataReader dr = comm.ExecuteReader();
    this.GridView1.Caption = "加工资前的职工信息表";
    this.GridView1.DataSource = dr;
    this.GridView1.DataBind();
    conn.Close();
}
```

“加工资”按钮被单击时执行的事件代码如下。

```
protected void Button1_Click(object sender, EventArgs e)
{
    SqlCommand cmd = new SqlCommand();
    cmd.Connection = conn;
    cmd.CommandText = "update staff set Salary = Salary + " + this.TextBox1.Text.Trim()
        + "where Title = '助教'";
    conn.Open();
    int iValue = cmd.ExecuteNonQuery();
    if (iValue > 0)
    {
        cmd.CommandText = "select * from staff";
        SqlDataReader dr = cmd.ExecuteReader();
        this.GridView1.Caption = "加工资后的职工信息表";
        this.GridView1.DataSource = dr;
        this.GridView1.DataBind();
        TextBox1.Text = "";
    }
    conn.Close();
}
```

（4）运行页面。

按 Ctrl＋F5 组合键运行页面，加工资前的职工信息表如图 5.7 所示。

假设要给助教增加 350 元工资，则在文本框中输入 350，单击“加工资”按钮，加工资后
的职工信息表如图 5.8 所示。

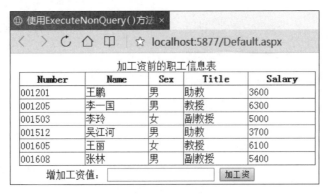

图 5.7　加工资前的职工信息表

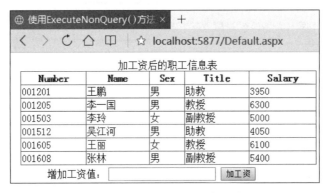

图 5.8　加工资后的职工信息表

5.3.2　断开模式

1．断开模式概述

DataSet 对象包含多个 DataTable 对象,用于存储与数据源断开连接的数据。DataAdapter 对象可以作为数据库和内存之间的桥梁,使用 DataAdapter 对象的 Fill()方法可以提取查询结果并填充到 DataTable 中,然后关闭连接,此时处于非连接状态,然后应用程序继续处理离线的 DataSet 数据。

2．使用断开模式访问数据库

1) 使用断开模式查询数据的步骤

(1) 创建 Connection 对象与数据库建立连接。

(2) 创建 DataAdapter 对象,并设置 select 语句。

(3) 创建 DataSet 对象或者 DataTable 对象。

(4) 使用 DataAdapter 的 Fill()方法填充 DataSet。

(5) 使用数据控件对数据进行显示。

2) 使用断开模式编辑数据的步骤

(1) 创建 Connection 对象与数据库建立连接。

(2) 创建 DataAdapter 对象,并设置 select 语句。

(3) 创建 CommandBuilder 对象。

（4）创建 DataSet 对象或者 DataTable 对象。

（5）使用 DataAdapter 的 Fill()方法填充 DataSet。

（6）使用数据控件对数据进行插入、更新或删除操作。

（7）调用 DataAdapter 对象的 Update()方法更新数据库。

3．应用举例

【案例 5.4】　使用 DataAdapter 对象添加数据。

使用 DataAdapter 对象对 test 数据库中的 staff 表进行操作，添加新记录。

1）新建一个空网站

方法略。

2）新建网页 Default.aspx

设置网页标题为"使用 DataAdapter 对象添加数据"。在页面中添加一个 GridView 控件、5 个 Label 控件、5 个 TextBox 控件和一个 Button 控件，所有控件的 ID 均采用默认名称，设计视图如图 5.9 所示。

图 5.9　案例 5.4 的设计视图

3）编写程序代码

添加命名空间的引用，代码如下。

```
using System.Data;
using System.Data.SqlClient;
```

在所有事件之外定义数据库连接字符串，代码如下。

```
static string constr = "Server = .;Database = test;Integrated Security = true";
```

在页面载入时使用断开模式查询数据。先创建 SqlDataAdapter 对象，再创建 DataTable 对象 dt，把 SqlDataAdapter 对象中的数据填充到 dt 中，然后把 dt 绑定到 GridView 控件上显示出来。Page_Load 事件的代码如下。

```
protected void Page_Load(object sender, EventArgs e)
{
    if (!Page.IsPostBack)
    {
        using (SqlConnection conn = new SqlConnection(constr))
        {
            SqlDataAdapter da = new SqlDataAdapter("select * from staff", conn);
            DataTable dt = new DataTable();
            da.Fill(dt);
            this.GridView1.DataSource = dt;
```

```
        this.DataBind();
    }
  }
}
```

说明：释放与数据库的连接除了使用 SqlConnection 对象的 Close()方法外，还有一种方法就是使用 using 语句。在 using 语句中不再使用 Close()方法，一旦 using 模块结束，系统立即关闭与相关对象的连接。

在"添加"按钮的单击事件中使用断开模式插入数据，代码如下。

```
protected void Button1_Click(object sender, EventArgs e)
{
    using (SqlConnection conn = new SqlConnection(constr))
    {
        SqlDataAdapter da = new SqlDataAdapter("select * from staff", conn);
        SqlCommandBuilder builder = new SqlCommandBuilder(da);
        da.InsertCommand = builder.GetInsertCommand();
        DataTable dt = new DataTable();
        da.Fill(dt);
        this.TextBox1.Focus();
        DataRow row = dt.NewRow();
        row[0] = this.TextBox1.Text.Trim();
        row[1] = this.TextBox2.Text.Trim();
        row[2] = this.TextBox3.Text.Trim();
        row[3] = this.TextBox4.Text.Trim();
        row[4] = this.TextBox5.Text.Trim();
        dt.Rows.Add(row);
        da.Update(dt);
        this.GridView1.DataSource = dt;
        this.DataBind();
    }
}
```

说明：创建 SqlCommandBuilder 对象，根据 SqlDataAdapter 对象提供的 select 语句和连接字符串，利用 SqlCommandBuilder 对象的 GetInsertCommand()方法、GetUpdateCommand()方法、GetDeleteCommand()方法为 SqlDataAdapter 对象生成 InsertCommand、UpdateCommand 和 DeleteCommand，这样就可以调用 DataAdapter 对象的 Update 方法更新数据库。

4）运行页面

按 Ctrl+F5 组合键运行页面，运行效果如图 5.10 所示。

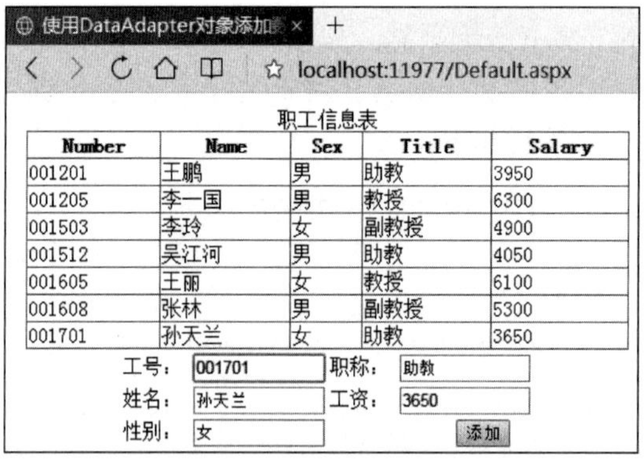

图 5.10   使用 DataAdapter 对象添加数据

5.3.3　两种访问模式的区别

连接模式是指客户端始终与数据源保持连接,直到程序结束,这种方式的实时性好,但独占数据库连接,在数据量小和只读的情况下优先选择这种模式。

断开模式是指客户端从数据源获取数据后断开与数据源的连接,所有的数据操作都是针对本地数据缓存里的数据,当需要从数据源获取新数据或者被处理后的数据回传时客户端再与数据源连接完成相应的操作。这种方式不独占数据库连接,但实时性差。断开模式适用于数据量大、需要修改数据同时更新数据库的场合。

5.4　使用 ADO.NET 技术操作数据

5.4.1　数据的添加

1.数据添加概述

数据添加是程序开发过程中最基本的工作。如果采用把数据绑定到控件的方式,则需要设置每个控件的相关属性,灵活性会受到限制。如果使用 ADO.NET 对象就方便多了。在添加数据的过程中首先创建 SqlConnection 对象和 SqlCommand 对象,然后打开数据库连接,并调用 SqlCommand 对象的 ExecuteNonQuery()方法完成插入操作。

2.应用举例

【案例 5.5】　添加单条数据。

在页面中输入邮件信息,单击"添加"按钮把该条信息添加到 test 数据库的 send 表中。

1)新建一个空网站

方法略。

2)新建网页 Default.aspx

设置网页标题为"添加单条数据"。在页面中添加一个 6 行 2 列的表格用来布局,把表格的第 1 行、第 5 行和第 6 行的单元格合并,在第 2 行和第 3 行的第 2 列中各添加一个 TextBox 控件,在第 5 行中添加两个 Button 控件,在第 6 行中添加一个 GridView 控件,所有控件的 ID 均采用默认名称。

设置 GridView1 控件的 AutoGenerateColumns 为 false,单击 GridView1 控件右上方的智能标记按钮,在弹出的"GridView 任务"菜单中选择"编辑列"选项,在打开的"字段"对话框中给 GridView1 控件绑定 send 表中的 3 个字段,并把 3 个字段的列名称都改成中文,页面设计视图如图 5.11 所示。

3)编写程序代码

添加命名空间的引用,代码如下。

```
using System.Data;
using System.Data.SqlClient;
```

在所有事件之外定义数据库连接对象,代码如下。

```
static string constr = "Server = .;Database = test;Integrated Security = true";
SqlConnection conn = new SqlConnection(constr);
```

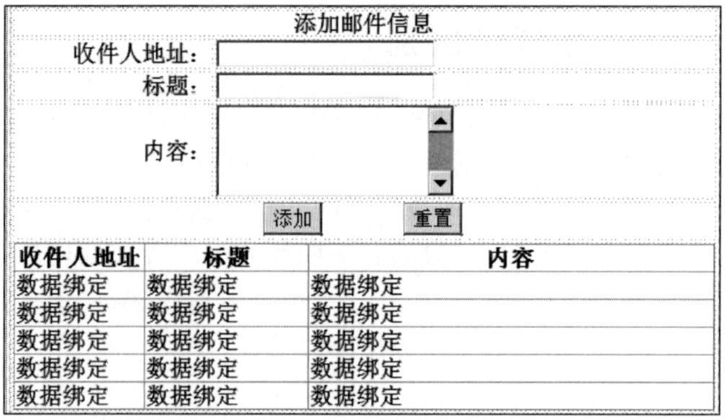

图 5.11　案例 5.5 的设计视图

在页面载入时先创建 SqlDataAdapter 对象,再创建 DataSet 对象 ds,把 SqlDataAdapter 对象中的数据填充到 ds 中,然后把 ds 绑定到 GridView 控件上显示出来。

Page_Load 事件的代码如下。

```
protected void Page_Load(object sender, EventArgs e)
{
    conn.Open();
    SqlDataAdapter ada = new SqlDataAdapter("select * from send", conn);
    DataSet ds = new DataSet();
    ada.Fill(ds);
    conn.Close();
    GridView1.DataSource = ds;
    GridView1.DataBind();
}
```

"添加"按钮被单击时执行的事件代码如下。

```
protected void Button1_Click(object sender, EventArgs e)
{
    try
    {
        conn.Open();
        string InsertSql = "insert into send values('" + TextBox1.Text + "','" + TextBox2.Text + "',
'" + TextBox3.Text + "')";
        SqlCommand comm = new SqlCommand(InsertSql, conn);
        comm.ExecuteNonQuery();
        SqlDataAdapter ada = new SqlDataAdapter("select * from send", conn);
        DataSet ds = new DataSet();
        ada.Fill(ds);
        conn.Close();
        GridView1.DataSource = ds;
        GridView1.DataBind();
        Response.Write("<script language = javascript>alert('数据添加成功!')</script>");
    }
    catch
    {
        Response.Write("<script language = javascript>alert('数据添加失败!')</script>");
    }
}
```

说明：try 语句块打开数据库连接，创建 SqlCommand 对象，调用 SqlCommand 对象的 ExecuteNonQuery( )方法完成插入操作；然后创建 SqlDataAdapter 对象和 DataSet 对象，调用 SqlDataAdapter 的 Fill( )方法填充 DataSet，使用 GridView 控件把数据显示出来。 catch 语句块用来捕获异常，一旦操作失败，则抛出异常，提示"数据添加失败！"。

"重置"按钮被单击时执行的事件代码如下。

```
protected void Button2_Click(object sender, EventArgs e)
{
    TextBox1.Text = "";
    TextBox2.Text = "";
    TextBox3.Text = "";
}
```

4）运行页面

按 Ctrl＋F5 组合键运行页面，运行效果如图 5.12 所示。

图 5.12　添加单条数据

5.4.2　数据的更新

1．更新指定的数据

在开发网站的过程中，更新指定的数据是常见的操作，可利用 update 语句改变选定行上一列或多列的值。

【案例 5.6】　更新指定的数据。

在页面的表格中选定一行数据，更新其中的一列或多列的值。

1）新建一个空网站

方法略。

2）新建网页 Default.aspx

设置网页标题为"更新指定的数据"。在页面中添加一个 6 行 2 列的表格用来布局，把表格的第 1 行、第 2 行和第 6 行的单元格合并，在第 2 行中添加一个 GridView 控件，在第 3 行至第 5 行的第 2 列中各添加一个 TextBox 控件，在第 6 行中添加一个 Button 控件，所有控件的 ID 均采用默认名称。

设置 GridView1 控件的 AutoGenerateColumns 为 false。单击 GridView1 控件右上方的智能标记按钮，在弹出的"GridView 任务"菜单中选择"编辑列"选项，在打开的"字段"对话框中给 GridView1 控件绑定 shopping 表中的 4 个字段，并把 4 个字段的列名称都改成中文；接着在"字段"对话框中添加一个 HyperLinkField 字段，其属性设置代码如下。

```
< asp:HyperLinkField DataNavigateUrlFields = "number" HeaderText = "更新" Text = "更新"
DataNavigateUrlFormatString = "Default.aspx?number = {0}"/>
```

在上面的代码中，DataNavigateUrlFields 是指绑定到超链接的 NavigateUrl 属性的字段，DataNavigateUrlFormatString 是指绑定到超链接的 NavigateUrl 属性的值应用的格式设置。页面设计视图如图 5.13 所示。

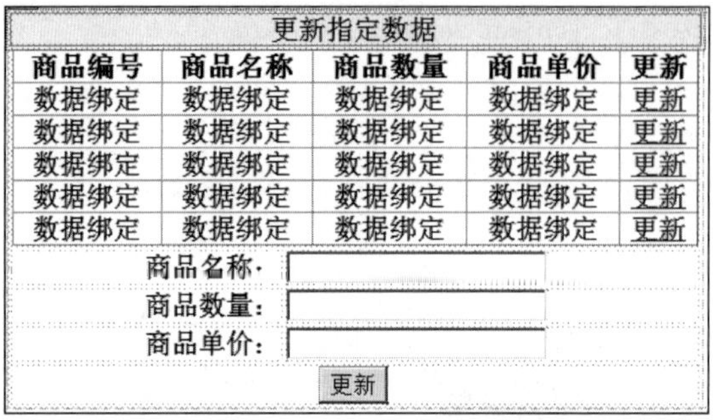

更新指定数据				
商品编号	**商品名称**	**商品数量**	**商品单价**	**更新**
数据绑定	数据绑定	数据绑定	数据绑定	更新
数据绑定	数据绑定	数据绑定	数据绑定	更新
数据绑定	数据绑定	数据绑定	数据绑定	更新
数据绑定	数据绑定	数据绑定	数据绑定	更新
数据绑定	数据绑定	数据绑定	数据绑定	更新

商品名称·　_____
商品数量：　_____
商品单价：　_____
更新

图 5.13　案例 5.6 的设计视图

3）编写程序代码

添加命名空间的引用，代码如下。

```
using System.Data;
using System.Data.SqlClient;
```

在所有事件之外定义数据库连接对象，代码如下。

```
static string constr = "Server = .;Database = test;Integrated Security = true";
SqlConnection conn = new SqlConnection(constr);
```

编写绑定 GridView 控件的自定义方法，代码如下。

```
public void GridViewBind()
{
    conn.Open();
    SqlDataAdapter ada = new SqlDataAdapter("select * from shopping", conn);
    DataSet ds = new DataSet();
    ada.Fill(ds);
    GridView1.DataSource = ds;
    GridView1.DataBind();
    conn.Close();
}
```

在页面载入时先把 shopping 表绑定到 GridView1 控件上显示出来，然后把选定行的 3 个字段值显示在对应的文本框控件中。Page_Load 事件的代码如下。

```
protected void Page_Load(object sender, EventArgs e)
{
    if (!Page.IsPostBack)
    {
        GridViewBind();
        if (Request.QueryString["number"] != null)
        {
            conn.Open();
            SqlDataAdapter ada = new SqlDataAdapter("select * from shopping where number = " +
```

```
Request.QueryString["number"] + "", conn);
            DataSet ds = new DataSet();
            ada.Fill(ds, "shopping");
            conn.Close();
            DataRowView drv = ds.Tables["shopping"].DefaultView[0];
            this.TextBox1.Text = drv["name"].ToString();
            this.TextBox2.Text = drv["count"].ToString();
            this.TextBox3.Text = drv["price"].ToString();
        }
    }
}
```

"更新"按钮被单击时执行的事件代码如下。

```
protected void Button1_Click(object sender, EventArgs e)
{
    try
    {
        conn.Open();
        string sqltext = "update shopping set name = '" + this.TextBox1.Text + "', count = '" +
this.TextBox2.Text + "', price = '" + this.TextBox3.Text + "' where number = " + Request
["number"];
        SqlCommand comm = new SqlCommand(sqltext, conn);
        comm.ExecuteNonQuery();
        conn.Close();
        GridViewBind();
        Response.Write("< script language = javascript > alert('数据更新成功!')</script >");
    }
    catch
    {
        Response.Write("< script language = javascript > alert('数据更新失败!')</script >");
    }
}
```

4）运行页面

按 Ctrl+F5 组合键运行页面，单击商品编号 17003 一行中的"更新"超链接，在"商品数量"文本框中把牙刷的数量由 50 更新为 80，运行效果如图 5.14 所示。

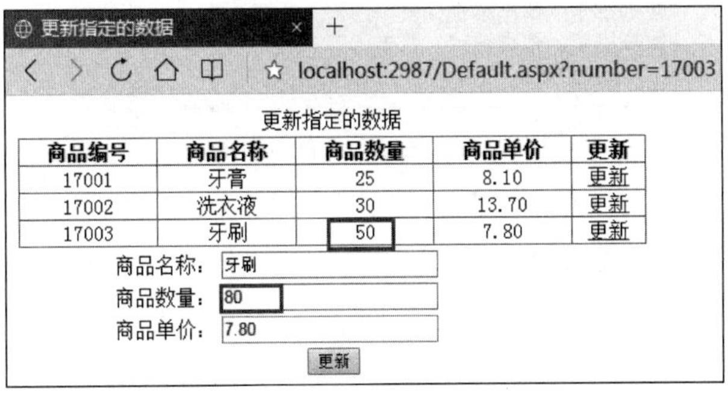

图 5.14　数据更新之前的效果

单击"更新"按钮，则 GridView1 控件中牙刷的数量由 50 更新成了 80，运行效果如图 5.15 所示。

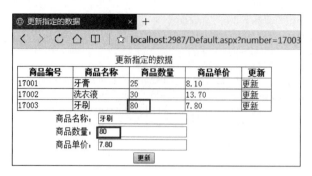

图 5.15　更新指定的数据

2. 批量更新数据

数据的批量更新是程序开发中经常用到的技术,它可以极大地提高用户的工作效率。在 update 语句中加入 where 条件可以实现批量更新数据的功能。

【案例 5.7】　批量更新数据。

根据选择的职称对具有相同职称的职工的工资做统一调整。

1)新建一个空网站

方法略。

2)新建网页 Default.aspx

设置网页标题为“批量更新数据”。在页面中添加一个 3 行 1 列的表格用来布局,在第 2 行中添加一个 GridView 控件,在第 3 行中添加一个 DropDownList 控件、一个 TextBox 控件、一个 Button 控件,所有控件的 ID 均采用默认名称。

设置 GridView1 控件的 AutoGenerateColumns 为 false。单击 GridView1 控件右上方的智能标记按钮,在弹出的“GridView 任务”菜单中选择“编辑列”选项,在打开的“字段”对话框中给 GridView1 控件绑定 staff 表中的 5 个字段,并把 5 个字段的列名称都改成中文。给 DropDownList 控件增加教授、副教授、讲师、助教列表项。页面设计视图如图 5.16 所示。

批量更新数据				
工号	姓名	性别	职称	工资
数据绑定	数据绑定	数据绑定	数据绑定	数据绑定
数据绑定	数据绑定	数据绑定	数据绑定	数据绑定
数据绑定	数据绑定	数据绑定	数据绑定	数据绑定
数据绑定	数据绑定	数据绑定	数据绑定	数据绑定
数据绑定	数据绑定	数据绑定	数据绑定	数据绑定

将职称为:教授 ▼的职工的工资增加 ☐ 确定更新

图 5.16　案例 5.7 的设计视图

3)编写程序代码

添加命名空间的引用,代码如下。

```
using System.Data;
using System.Data.SqlClient;
```

在所有事件之外定义数据库连接对象,代码如下。

```
static string constr = "Server = .;Database = test;Integrated Security = true";
SqlConnection conn = new SqlConnection(constr);
```

在页面载入时把 staff 表绑定到 GridView1 控件上显示出来,Page_Load 事件的代码如下。

```
protected void Page_Load(object sender, EventArgs e)
{
    conn.Open();
    SqlDataAdapter ada = new SqlDataAdapter("select * from staff", conn);
    DataSet ds = new DataSet();
    ada.Fill(ds);
    GridView1.DataSource = ds;
    GridView1.DataBind();
    conn.Close();
}
```

"确定更新"按钮被单击时执行的事件代码如下。

```
protected void Button1_Click(object sender, EventArgs e)
{
    conn.Open();
    string sqltext = "update staff set Salary = Salary + " + TextBox1.Text + " where Title = '" +
this.DropDownList1.SelectedItem.Text + "'";
    SqlCommand comm = new SqlCommand(sqltext, conn);
    comm.ExecuteNonQuery();
    SqlDataAdapter ada = new SqlDataAdapter("select * from staff", conn);
    DataSet ds = new DataSet();
    ada.Fill(ds);
    GridView1.DataSource = ds;
    GridView1.DataBind();
}
```

4）运行页面

按 Ctrl＋F5 组合键运行页面，在"将职称为"列表中选择"副教授"选项，在文本框中输入拟增加的工资值，运行效果如图 5.17 所示。

单击"确定更新"按钮，则每名职称为副教授的职工的工资都增加了 100 元，运行效果如图 5.18 所示。

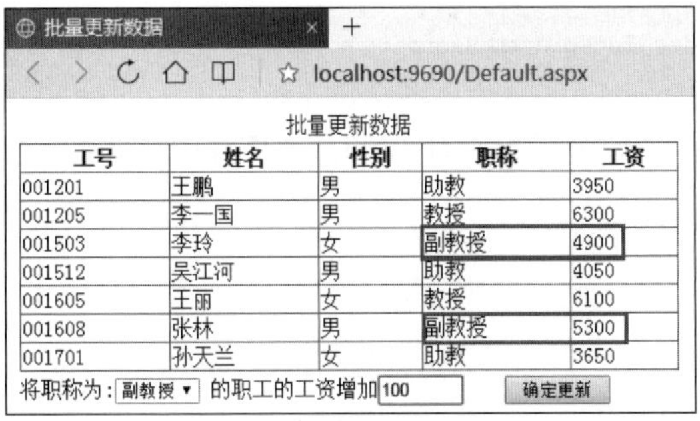

| 图 5.17　批量更新之前的效果 | 图 5.18　批量更新之后的效果 |

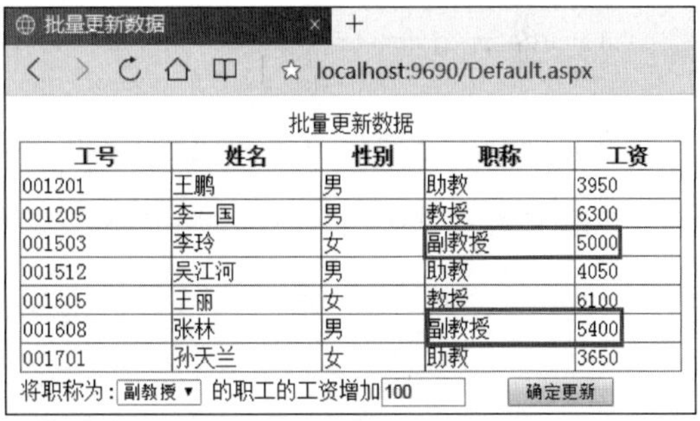

5.4.3　数据的删除

1. 删除指定的数据

如果数据信息中存在错误或者重复的数据，可以选定该数据，然后将其删除。

【案例 5.8】　删除指定的数据。

在页面中选定 test 数据库的 staff 表中的一行数据删除。

1）新建一个空网站

方法略。

2）新建网页 Default.aspx

设置网页标题为"删除指定的数据"。在页面中添加一个 2 行 1 列的表格用来布局，在第 2 行中添加一个 GridView 控件，ID 采用默认名称。

把 GridView1 控件的 AutoGenerateColumns 设置为 false、DataKeyNames 属性设置为主键 Number。单击 GridView1 控件右上方的智能标记按钮，在弹出的"GridView 任务"菜单中选择"编辑列"，在打开的"字段"对话框中给 GridView1 控件绑定 staff 表中的 5 个字段，并把 5 个字段的列名称都改成中文；接着在"字段"对话框中添加一个 CommandField 字段，设置其 ShowDeleteButton 属性为 true，在 GridView 中显示"删除"超链接，代码如下。

```
<asp:CommandField ShowDeleteButton = "true"></asp:CommandField>
```

页面设计视图如图 5.19 所示。

删除指定的数据					
工号	姓名	性别	职称	工资	
数据绑定	数据绑定	数据绑定	数据绑定	数据绑定	删除
数据绑定	数据绑定	数据绑定	数据绑定	数据绑定	删除
数据绑定	数据绑定	数据绑定	数据绑定	数据绑定	删除
数据绑定	数据绑定	数据绑定	数据绑定	数据绑定	删除
数据绑定	数据绑定	数据绑定	数据绑定	数据绑定	删除

图 5.19　案例 5.8 的设计视图

3）编写程序代码

添加命名空间的引用，代码如下。

```
using System.Data;
using System.Data.SqlClient;
```

在所有事件之外定义数据库连接对象，代码如下。

```
static string constr = "Server = .;Database = test;Integrated Security = true";
SqlConnection conn = new SqlConnection(constr);
```

在页面载入时把 staff 表绑定到 GridView1 控件上显示出来，Page_Load 事件的代码如下。

```
protected void Page_Load(object sender, EventArgs e)
{
    if (!Page.IsPostBack)
    {
        conn.Open();
        SqlDataAdapter ada = new SqlDataAdapter("select * from staff", conn);
        DataSet ds = new DataSet();
        ada.Fill(ds);
        GridView1.DataSource = ds;
        GridView1.DataBind();
        conn.Close();
    }
}
```

在 GridView1 中单击要删除数据所在行的"删除"超链接，激发 GridView1 的 RowDeleting 事件实现数据的删除，代码如下。

```
protected void GridView1_RowDeleting(object sender, GridViewDeleteEventArgs e)
{
    conn.Open();
    string sqltext = "Delete from staff where Number = '" +
            GridView1.DataKeys[e.RowIndex].Value + "'";
    SqlCommand com = new SqlCommand(sqltext, conn);
    com.ExecuteNonQuery();
    SqlDataAdapter ada = new SqlDataAdapter("select * from staff", conn);
    DataSet ds = new DataSet();
    ada.Fill(ds);
    conn.Close();
    GridView1.DataSource = ds;
    GridView1.DataBind();
}
```

4）运行页面

按 Ctrl+F5 组合键运行页面,删除之前的效果如图 5.20 所示。

在表中单击最后一行数据所在行的"删除"超链接,执行 RowDeleting 事件后实现了这行数据的删除,效果如图 5.21 所示。

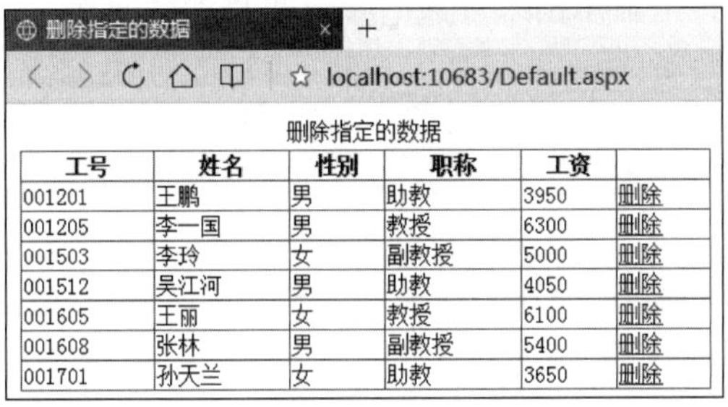

图 5.20　删除之前的效果

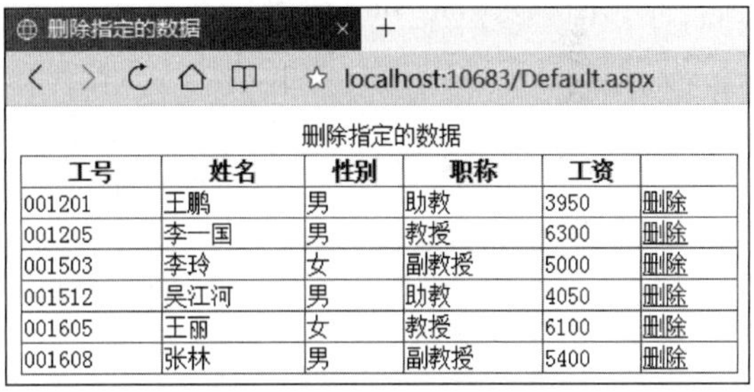

图 5.21　删除之后的效果

2. 批量删除数据

批量删除数据在网站及管理系统中的应用比较广泛,主要通过设置 delete 语句后的 where 条件来实现。

【案例 5.9】 批量删除数据。

在页面的下拉列表中选定一个职称,单击"删除"按钮删除该职称的所有职工数据。

1）新建一个空网站

方法略。

2）新建网页 Default.aspx

设置网页标题为"批量删除数据"。在页面中添加一个 3 行 1 列的表格用来布局,在第 2 行中添加一个 GridView 控件,在第 3 行中添加一个 DropDownList 控件和一个 Button 控件,所有控件的 ID 均采用默认名称。

设置 GridView1 控件的 AutoGenerateColumns 为 false。单击 GridView1 控件右上方的智能标记按钮,在弹出的"GridView 任务"菜单中选择"编辑列"选项,在打开的"字段"对话框中给 GridView1 控件绑定 staff 表中的 5 个字段,并把 5 个字段的列名称都改成中文。给 DropDownList 控件增加教授、副教授、讲师、助教列表项。页面设计视图如图 5.22 所示。

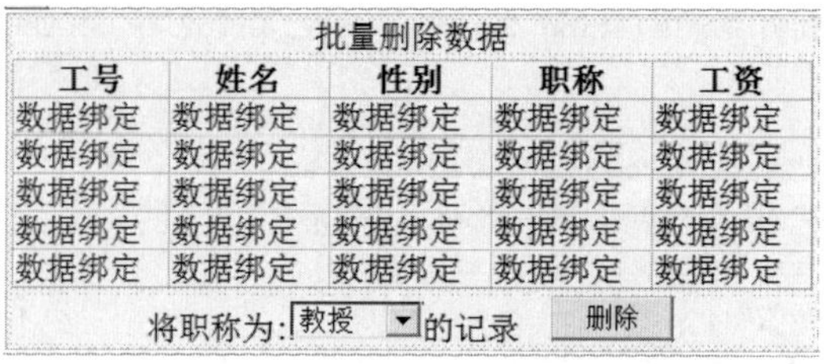

图 5.22　案例 5.9 的设计视图

3）编写程序代码

添加命名空间的引用，代码如下。

```
using System.Data;
using System.Data.SqlClient;
```

在所有事件之外定义数据库连接对象，代码如下。

```
static string constr = "Server = .;Database = test;Integrated Security = true";
SqlConnection conn = new SqlConnection(constr);
```

在页面载入时把 staff 表绑定到 GridView1 控件上显示出来，Page_Load 事件的代码如下。

```
protected void Page_Load(object sender, EventArgs e)
{
    if (!Page.IsPostBack)
    {
        conn.Open();
        SqlDataAdapter ada = new SqlDataAdapter("select * from staff", conn);
        DataSet ds = new DataSet();
        ada.Fill(ds);
        conn.Close();
        GridView1.DataSource = ds;
        GridView1.DataBind();
    }
}
```

"删除"按钮被单击时执行的事件代码如下。

```
protected void GridView1_RowDeleting(object sender, GridViewDeleteEventArgs e)
{
    conn.Open();
    string sqltext = "delete from staff where Title = '" + this.DropDownList1.SelectedItem.Text
+ "'";
    SqlCommand comm = new SqlCommand(sqltext, conn);
    comm.ExecuteNonQuery();
    SqlDataAdapter ada = new SqlDataAdapter("select * from staff", conn);
    DataSet ds = new DataSet();
    ada.Fill(ds);
    conn.Close();
    GridView1.DataSource = ds;
    GridView1.DataBind();
}
```

4）运行页面

按 Ctrl＋F5 组合键运行页面，批量删除之前的运行效果如图 5.23 所示。

选择“助教”选项，单击“删除”按钮后所有职称为“助教”的职工数据被删除了，运行效果如图 5.24 所示。

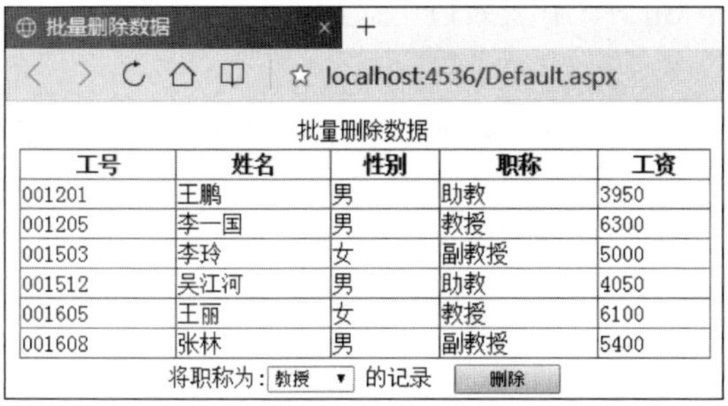

工号	姓名	性别	职称	工资
001201	王鹏	男	助教	3950
001205	李一国	男	教授	6300
001503	李玲	女	副教授	5000
001512	吴江河	男	助教	4050
001605	王丽	女	教授	6100
001608	张林	男	副教授	5400

图 5.23　批量删除之前的效果

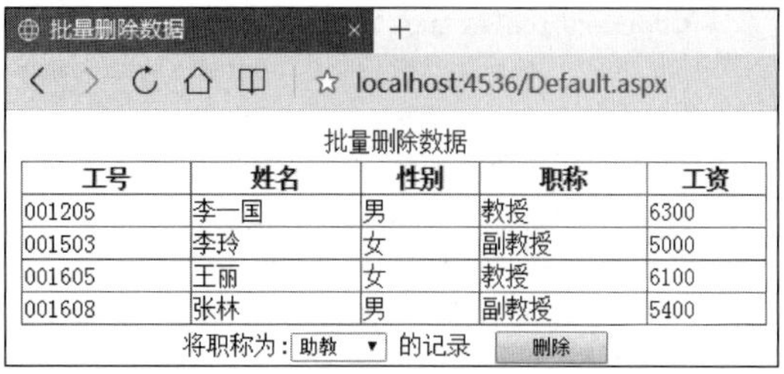

工号	姓名	性别	职称	工资
001205	李一国	男	教授	6300
001503	李玲	女	副教授	5000
001605	王丽	女	教授	6100
001608	张林	男	副教授	5400

图 5.24　批量删除之后的效果

5.4.4 存取图片

1. 将上传图片存储到数据库中

在开发 Web 应用程序的过程中经常会用到图片上传功能，使用户可以将上传的图片名称存储到指定的表中，将图片存储到指定的目录下。

【案例 5.10】 将上传图片存储到数据库中。

首先获取上传控件指定的图片名称，然后获取文件扩展名并判断其格式是否符合图片类型，最后通过 SQL 语句将图片的名称插入数据库 test 的 picSend 表中，并把图片保存到指定文件夹下。

1）新建一个空网站

方法略。

2）新建网页 Default. aspx

设置网页标题为“将上传图片存储到数据库中”。在页面中添加一个 5 行 2 列的表格用来布局，将第 1 行、第 4 行、第 5 行合并，在第 2 行的第 2 列中添加一个 TextBox 控件，在第 3 行的第 2 列中添加一个 FileUpload 控件，在第 4 行中添加一个 Button 控件，在第 5 行中添加一个 GridView 控件，所有控件的 ID 均采用默认名称。

设置 GridView1 控件的 AutoGenerateColumns 为 false。单击 GridView1 控件右上方的智能标记按钮，在弹出的“GridView 任务”菜单中选择“编辑列”选项，在打开的“字段”对话框中给 GridView1 控件绑定 picSend 表中的 4 个字段，并把 4 个字段的列名称都改成中文。页面设计视图如图 5.25 所示。

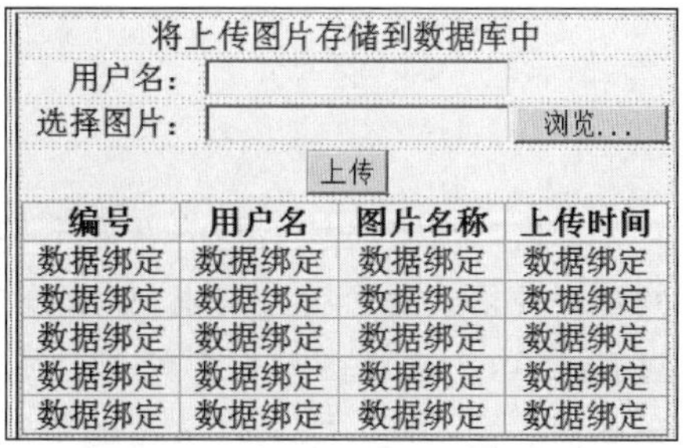

编号	用户名	图片名称	上传时间
数据绑定	数据绑定	数据绑定	数据绑定
数据绑定	数据绑定	数据绑定	数据绑定
数据绑定	数据绑定	数据绑定	数据绑定
数据绑定	数据绑定	数据绑定	数据绑定
数据绑定	数据绑定	数据绑定	数据绑定

图 5.25　案例 5.10 的设计视图

3）编写程序代码

在前面的案例中，数据库的连接字符串都放在 Web 窗体文件的后台代码中，这种方式不便于多个窗体页面共享数据库连接字符串。当连接字符串发生改变时需要修改所有页面。ASP. NET 提供了 System. Configuration 命名空间，其中的 Configuration 类用于管理网站配置文件，将数据库的连接字符串存放到 Web. config 中可以实现多个窗体共享数据库的连接字符串。通常将连接字符串放在 Web. config 的< configuration >下的< connectionStrings >配置节中。

本案例中在 Web. config 文件的< configuration >节中加入以下代码。

```
< connectionStrings >
    < add name = "constr" connectionString = "Server = .;Database = test;Integrated Security = true"/>
</connectionStrings>
```

添加命名空间的引用,代码如下。

```
using System. Configuration;
using System. Data;
using System. Data. SqlClient;
```

在所有事件之外定义数据库连接对象,其中连接 SQL Server 数据库的字符串是从< connectionStrings >节点中读取的,代码如下。

```
SqlConnection conn =
    new SqlConnection(ConfigurationManager. ConnectionStrings["constr"]. ConnectionString);
```

定义 gvBind()方法使上传图片表中的内容在 GridView 控件中显示,代码如下。

```
protected void gvBind()
{
    conn. Open();
    string sqltext = "select * from picSend";
    SqlDataAdapter sda = new SqlDataAdapter(sqltext, conn);
    DataSet ds = new DataSet();
    sda. Fill(ds);
    conn. Close();
    GridView1. DataSource = ds. Tables[0]. DefaultView;
        GridView1. DataBind();
}
```

页面加载时调用 gvBind()方法显示上传图片表,代码如下。

```
protected void Page_Load(object sender, EventArgs e)
{
    if (!IsPostBack)
    {
        gvBind();
    }
}
```

单击"上传"按钮后首先获取上传图片文件名,再获取上传文件的扩展名,通过 if 语句判断图片格式是否符合要求,如果符合,则通过 insert 语句将文件名存储到数据库中,并通过 SaveAs 方法将图片保存到指定目录下;如果图片格式不符合要求,则弹出"图片格式不正确!"的提示框。"上传"按钮的单击事件代码如下。

```
protected void Button1_Click(object sender, EventArgs e)
    {
    string Name = TextBox1. Text;
    string pictureName = FileUpload1. FileName;
    string sendTime = DateTime. Now. ToString();
    string lastName = pictureName. Substring(pictureName. LastIndexOf(".") + 1);
```

```
if (lastName.ToLower() == "jpg" || lastName.ToLower() == "bmp"||lastName.ToLower() == "gif")
{
        string SavePath = Server.MapPath("images/") + pictureName;
        FileUpload1.PostedFile.SaveAs(SavePath);
        string sql = "insert into picSend(name,picname,sendtime) values('" + Name + "',
'" + pictureName + "', '" + sendTime + "')";
        conn.Open();
        SqlCommand com = new SqlCommand(sql, conn);
        com.ExecuteNonQuery();
        conn.Close();
        gvBind();
}
else
        Response.Write("< script language = javascript > alert('图片格式不正确!')</script>");
}
```

4）运行页面

按 Ctrl＋F5 组合键运行页面，在"用户名："
文本框中输入用户名，通过单击"选择文件"按钮
选择要上传的图片文件，单击"上传"按钮。如果
文件格式符合要求，则这个上传的图片文件的相
关信息就显示在页面下方的 GridView 控件中。
页面的运行效果如图 5.26 所示。

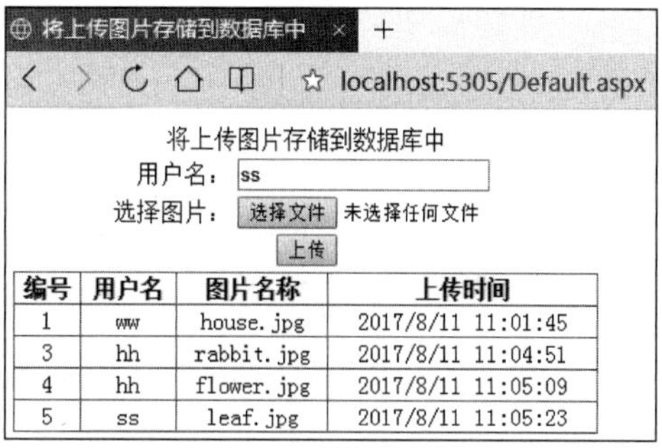

2. 读取图片名称并显示图片

在将上传的图片存储到数据库之后，有时需
要在数据库中读取图片的名称并显示图片。

图 5.26　将上传图片存储到数据库
中的运行效果

【**案例 5.11**】　读取图片名称并显示图片。

把数据库 test 的 picSend 表中的图片名称绑定到下拉列表中，选择下拉列表中的图片
名称，在文本框中显示该图片的名称，并将图片显示在页面中。

1）新建一个空网站
方法略。

2）新建网页 Default.aspx

设置网页标题为"读取图片名称并显示图片"。在页面中添加一个 4 行 2 列的表格用来
布局，将第 1 行和第 4 行合并，在第 2 行的第 2 列中添加一个 DropDownList 控件，在第 3 行
的第 2 列中添加一个 Label 控件，在第 4 行中添加一个 Image 控件，所有控件的 ID 均采用
默认名称。设置 DropDownList 控件的 AutoPostBack 属性为 true。

3）编写程序代码
在 Web.config 文件的< configuration >节中加入以下代码。

```
< connectionStrings >
    < add name = "constr" connectionString = "Server = .;Database = test;Integrated Security =
true"/>
</connectionStrings >
```

添加命名空间的引用，代码如下。

```
using System.Configuration;
```

```
using System.Data;
using System.Data.SqlClient;
```

在所有事件之外定义数据库连接对象，其中连接 SQL Server 数据库的字符串是从 <connectionStrings>节中读取的，代码如下。

```
SqlConnection conn =
    new SqlConnection(ConfigurationManager.ConnectionStrings["constr"].ConnectionString);
```

定义 ddlBind()方法把保存在数据表中的图片名称绑定到 DropDownList 控件中，将控件文本内容设置为数据表 picSend 中的 picname 字段，ddlBind()方法的代码如下。

```
protected void ddlBind()
{
    string sql = "select picname from picSend";
    conn.Open();
    SqlDataAdapter sda = new SqlDataAdapter(sql, conn);
    DataSet ds = new DataSet();
    sda.Fill(ds);
    DropDownList1.DataSource = ds.Tables[0].DefaultView;
    DropDownList1.DataTextField = "picname";
    DropDownList1.DataValueField = "picname";
    DropDownList1.DataBind();
}
```

定义 imgBind()方法将当前选择的图片显示在 Image 控件中，代码如下。

```
protected void imgBind()
{
    Image1.ImageUrl = "~/images/" + DropDownList1.SelectedValue;
}
```

在页面加载时，调用 ddlBind()方法将图片名称添加到下拉列表控件 DropDownList 中，调用 imgBind()方法在 Image 控件中显示当前选定的图片，把下拉列表中当前选定的图片名称读到文本框中，Page_Load 事件的代码如下。

```
protected void Page_Load(object sender, EventArgs e)
{
    if (!IsPostBack)
    {
        ddlBind();
        imgBind();
        Label1.Text = this.DropDownList1.SelectedItem.Text;
    }
}
```

当改变 DropDownList 选项时，会激发 SelectedIndexChanged 事件，在该事件中调用 imgBind()方法重新显示图片，并把重新选择的图片名称读取到文本框中。DropDownList 控件的 SelectedIndexChanged 事件的代码如下。

```
protected void DropDownList1_SelectedIndexChanged(object sender, EventArgs e)
{
    Label1.Text = this.DropDownList1.SelectedItem.Text;
    imgBind();
}
```

4）运行页面

按 Ctrl＋F5 组合键运行页面，在下拉列表中选择图片名称，则在 Image 控件中会显示该图片，并把其名称读取到文本框中，页面的运行效果如图 5.27 所示。

图 5.27　读取图片名称并显示图片

习题 5

1．填空题

（1）.NET 框架中被用来访问数据库数据的组件集合称为_____。

（2）使用 DataSet 类定义数据集对象必须添加对命名空间_____的引用。

（3）Connection 对象的数据库连接字符串保存在_____属性中。

（4）ExecuteScalar()方法能够执行查询，并返回查询所返回的结果集中第_____行的第_____列。

（5）某 Command 对象 cmd 将被用来执行以下 SQL 语句以向数据源中插入新记录：

```
insert into customs(1000,"tom")
```

则语句"cmd.ExecuteNonQuery();"的返回值可能为_____或_____。

（6）DataTable 是数据集 myDataSet 中的数据表对象，假设有 9 条记录，在调用下列代码后 DataTable 中还有_____条记录。

```
dataTable.Rows[8].Delete();
```

（7）在使用 DataAdapter 对象时只需分别设置表示 SQL 命令和数据库连接的两个参数，就可以通过它的_____方法把查询结果放在一个_____对象中。

（8）如果要创建一个 DataReader 对象，可以通过 Command 对象的_____方法。

（9）用户可以首先使用构造函数创建一个不含参数的 DataAdapter 对象，再设置 DataAdapter 对象的_____属性和_____属性。

（10）每一个 DataSet 都是一个或多个_____对象的集合。

2．单项选择题

（1）DataAdapter 对象使用与_____属性关联的 Command 对象将 DataSet 修改的数据保存到数据源。

　　A．SelectCommand　　　　　　　　B．InsertCommand

　　C．UpdateCommand　　　　　　　　D．DeleteCommand

（2）在 ADO.NET 中，为了确保 DataAdapter 对象能够正确地将数据从数据源填充到 DataSet 中，必须事先设置好 DataAdapter 对象的_____属性。

　　A．DeleteCommand　　　　　　　　B．UpdateCommand

　　C．InsertCommand　　　　　　　　D．SelectCommand

（3）ADO.NET 可以通过设置 Connection 对象的_____属性来指定连接到数据库时的用户和密码信息。

　　A．ConnectionString　　　　　　　B．DataSource

　　C．UserInformation　　　　　　　D．Provider

（4）打开与 SQL Server 数据库连接的方法是_____。

　　A．Close()　　　　B．Open()　　　　C．Read()　　　　D．Fill()

（5）SqlCommand 类可以用来实现_____。

　　A．使用 SQL 语句操作数据　　　　B．打开数据库的连接

　　C．填充数据到内存表　　　　　　　D．关闭数据库的连接

（6）SQL Server 的 Windows 身份验证机制是指当网络用户尝试连接到 SQL Server 数据库时_____。

　　A．Windows 获取用户输入的用户名和密码，提交给 SQL Server 进行身份验证，并决定用户的数据库访问权限

　　B．SQL Server 将用户输入的用户名和密码提交给 Windows 进行身份验证，并决定用户的数据库访问权限

　　C．SQL Server 根据已在 Windows 网络中登录的用户的网络安全属性对用户身份进行验证，并决定用户的数据库访问权限

　　D．登录到本地 Windows 的用户均可无限制地访问 SQL Server 数据库

（7）在 ADO.NET 中，为了访问 DataTable 对象从数据源提取的数据行，可以使用 DataTable 对象的_____属性。

　　A．Rows　　　　　B．Columns　　　　C．Constraints　　　D．DataSet

（8）下列_____不能在 DataSet 对象 ds 中添加一个名为 Customers 的 DataTable 对象。

　　A．DataTable dt_customers＝new DataTable();

　　B．DataTable dt_customers＝new DataTable("Customers");

　　C．ds.Tables.Add("Customers");

　　D．ds.Tables.Add(new DataTable("Customers"));

（9）Command 对象的_____方法在执行数据更新操作时使用。

　　A．ExecuteNonQuery()　　　　　　B．ExecuteReader()

　　C．ExecuteScalar()　　　　　　　D．Execute()

(10) _____ 实现独立于任何数据源的数据访问,可以把它看成内存中的数据库,专门用来处理从数据源中读出的数据。

  A. DataGroup   B. DataSet   C. ADO   D. Datanet

3．上机操作题

(1) 已知 SQL Server 数据库为 XSDB,其中有一张表为 student,表中有 3 个字段,即学号、姓名、性别。设计一个页面,在文本框控件 TextBox 中输入学号查询学生信息,如果查找到,则在标签控件 Label 中显示"查找到的信息如下:",并将该学生的各项信息分别显示在对应的 TextBox 控件中;如果查找不到,则在 Label 中显示"查无此人!"。

(2) 有一个数据库 hh,其中的 student 表中有字段信息(学号 nvarchar(12),姓名 nvarchar(10),性别 nvarchar(2))。现在页面上有 TextBox 控件 TID、TName、TSex(用来分别显示表中的 3 个字段)和一个按钮控件 btnSubmit。请编程实现单击 btnSubmit 控件后将文本框中对应的值插入到 student 数据表中。

(3) 有一个数据库 dd,其中的 ks 表中有字段信息(考号 nvarchar(10),姓名 nvarchar(10),成绩 int)。设计一个页面,在文本框控件 TextBox 中输入要删除的考号,单击"删除"按钮后从数据表 ks 中删除该条记录。

第6章

数据绑定技术

本章学习目标
- 掌握数据绑定的概念和语法；
- 掌握数据源控件的使用；
- 掌握数据显示控件的使用；
- 掌握将数据绑定到控件的方法。

本章介绍了数据绑定的概念及数据绑定语法，对常用的数据源控件和数据显示控件也做了详细讲述，最后通过几个典型案例介绍如何将数据绑定到控件上。

6.1 数据绑定概述

6.1.1 什么是数据绑定

数据绑定是一种自动将数据按照指定格式显示到界面上的技术。数据绑定技术分为简单数据绑定和复杂数据绑定两类。简单数据绑定是将控件的属性绑定到数据源中的某一个值，并且这些值将在页运行时确定。复杂数据绑定是将一组或一列值绑定到指定的控件（数据绑定控件），如 ListBox、DropDownList、GridView 等。

6.1.2 Eval()方法和 Bind()方法

1. Eval()方法

Eval()方法是一个静态方法，用于定义单向绑定。Eval()方法是只读方法，该方法采用字段名作为参数，以字符串的形式返回该字段的值，仅用于显示。Eval 方法只能读数据，不能更新数据。

2. Bind()方法

Bind()方法也是一个静态方法，用于定义双向绑定。Bind()方法可以把数据绑定到控件，也可以把数据变更提交到数据库，因此 Bind()方法既可以显示数据又可以修改数据。

6.1.3 数据绑定语法

1. 绑定变量

通常，对网页中的各项控件属性进行数据绑定时并不是直接将属性绑定到数据源，而是通过变量作为数据源来提供数据,然后将变量设置为控件属性。注意,这个变量必须为公有字段或受保护字段,即访问修饰符为 public 或 protected。将数据绑定到变量的语法格式如下。

```
<%#简单变量名%>
```

【案例 6.1】 绑定变量。

把存放在变量中的登录名和登录时间绑定到 Label 控件并在页面上显示出来。

1)新建一个空网站

方法略。

2)新建网页 Default.aspx

设置网页标题为“绑定变量”。在页面中添加一个 3 行 2 列的表格用来布局,将第 1 行合并,在第 2 行的第 2 列和第 3 行的第 2 列中各添加一个 Label 控件,所有控件的 ID 均采用默认名称。

3)编写程序代码

在前台界面中将存放登录名的变量 name 和登录时间的变量 loginTime 分别绑定到 Label1 控件和 Label2 控件,代码如下。

```
<asp:Label ID = "Label1" runat = "server" Text = "<%#name%>"></asp:Label>
<asp:Label ID = "Label2" runat = "server" Text = "<%#loginTime%>"></asp:Label>
```

在后台文件中首先定义两个变量来存放登录名和登录时间,然后在页面载入时调用 Page 对象的 DataBind 方法执行绑定,后台文件的代码如下。

```
public string name = "张林";
public DateTime loginTime = DateTime.Now;
protected void Page_Load(object sender, EventArgs e)
{
    Page.DataBind();
}
```

4)运行页面

按 Ctrl+F5 组合键运行页面,运行效果如图 6.1 所示。

图 6.1 绑定变量

2. 绑定集合

有些服务器控件是多记录控件,例如 DropDownList 控件、ListBox 控件和 GridView 控件等,这类控件可以用一个集合作为数据源。将数据绑定到集合的语法格式如下。

```
<%#简单集合>
```

【案例 6.2】 绑定集合。

将数据集合绑定到 DropDownList 控件并在页面上显示出来。

1)新建一个空网站

方法略。

2)新建网页 Default.aspx

设置网页标题为“绑定变量”。在页面中添加一个 DropDownList 控件,控件的 ID 采用默认名称。

3)编写程序代码

在前台界面中将已定义的集合绑定到 DropDownList 控件上,代码如下。

```
< asp:DropDownList ID = "DropDownList1" runat = "server" DataSource = "<% # ItemList %>">
        </asp:DropDownList >
```

在后台文件中首先定义一个 ArrayList,然后在页面载入时完成数据源的建立,最后调用 DropDownList 控件的 DataBind()方法执行绑定。

ArrayList 是命名空间 System. Collections 下的一部分,在使用该类时必须进行引用。ArrayList 对象的大小是按照其中存储的数据动态扩充与收缩的,所以在声明 ArrayList 对象时并不需要指定它的长度。后台文件的代码如下。

```
protected ArrayList ItemList = new ArrayList();
protected void Page_Load(object sender, EventArgs e)
{
    if (!IsPostBack)
    {
        ItemList.Add("星期一: Monday");
        ItemList.Add("星期二: Tuesday");
        ItemList.Add("星期三: Wednesday");
        ItemList.Add("星期四: Thursday");
        ItemList.Add("星期五: Friday");
        ItemList.Add("星期六: Saturday");
        ItemList.Add("星期日: Sunday");
        this.DropDownList1.DataBind();
    }
}
```

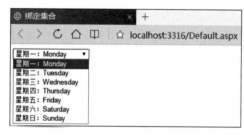

图 6.2   绑定集合

4) 运行页面

按 Ctrl+F5 组合键运行页面,运行效果如图 6.2 所示。

3. 绑定表达式

在将数据绑定到显示控件之前可以利用表达式对数据做一些简单的处理,然后将表达式的执行结果绑定到控件的属性上,通过表达式将执行的结果显示在控件之上。将数据绑定到表达式的语法格式如下。

```
<% # 表达式 %>
```

4. 绑定方法

利用表达式只能在数据绑定之前对数据进行简单的处理,如果需要事先对数据进行较复杂的操作计算,可以先利用包含多个表达式的方法,然后将返回值绑定到显示控件的属性上。将数据绑定到方法的语法格式如下。

```
<% # 方法 %>
```

6.2   数据源控件

6.2.1   数据源控件概述

ASP. NET 内置了多种数据源控件,数据源控件是 ASP. NET 在 ADO. NET 基础上进一步封装和抽象得到的,可以极大地减轻开发人员的工作,使他们可以不编写任何代码或者编写很少的代码就可以完成页面数据绑定和数据操作功能。

ASP.NET包含不同类型的数据源控件,通过这些数据源控件可以访问不同类型的数据源,如数据库、XML文件等。数据源控件没有呈现形式,即在运行时是不可见的。常见的数据源控件有SqlDataSource、AccessDataSource、ObjectDataSource、XmlDataSource、SiteMapDataSource。

SqlDataSource提供对使用SQL的数据库的访问;ObjectDataSource允许使用自定义的类访问数据;XmlDataSource提供对XML文档的访问;AccessDataSource提供对Access数据库的访问;SiteMapDataSource提供给站点导航控件用来访问基于XML的站点地图文件。

在实际开发中只需要设定此类控件的DataSourceID属性为页面上某一数据源控件的ID即可,不需要任何编码就可以实现数据绑定。

6.2.2 SqlDataSource 控件

1. SqlDataSource 概述

SqlDataSource控件是所有数据源控件中最为常用的。该控件可以从绝大部分数据库中获取数据并进行相关操作,与数据绑定控件相配合可以完成许多操作任务,如分页、排序、选择、编辑等。

SqlDataSource控件的主要属性如下。

- ConnectionString:连接字符串,其中包括数据库服务器名称、登录用户名、登录密码、数据库名称等。
- ProvideName:SqlDataSource被设计为支持多种不同类型的数据源,因此必须为每个数据控件设置相应的数据提供程序。ASP.NET内置了4个不同的数据提供程序,它们分别是ODBC、OleDb、SqlClient及OracleClient,默认使用SqlClient。
- SelectCommand:设置在执行数据记录选择操作时使用的SQL语句。
- InsertCommand:设置在执行数据记录添加操作时使用的SQL语句。
- UpdateCommand:设置在执行数据记录更新操作时使用的SQL语句。
- DeleteCommand:设置在执行数据记录删除操作时使用的SQL语句。

2. 为 SqlDataSource 配置数据源

1)选择数据源的种类

打开工具箱,在"数据"控件集中选择SqlDataSource控件拖放到页面上。单击控件右上方的智能标记按钮,在弹出的"SqlDataSource任务"菜单中选择"配置数据源"选项,打开"选择您的数据连接"对话框,如图6.3所示。

单击"新建连接"按钮,如果是第一次配置,则会打开"选择数据源"对话框,在其中选择Microsoft SQL Server,如图6.4所示。

2)添加连接

在选择好数据源之后,单击"确定"按钮打开"添加连接"对话框。

在该对话框的"服务器名"文本框中输入运行SQL Server实例的服务器名,若要连接运

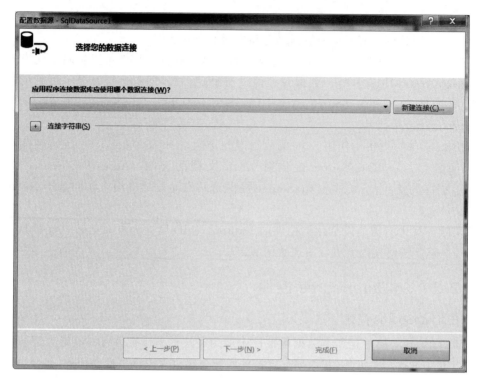

图 6.3   "选择您的数据连接"对话框

图 6.4   "选择数据源"对话框

行于本机上的 SQL Server 实例,则可以输入. 或 local。在"登录到服务器"下选择身份验证方式,若要使用信任连接,可以选中"使用 Windows 身份验证"单选按钮;若要使用 SQL Server 账户进行登录,可以选择"使用 SQL Server 身份验证"单选按钮,然后输入用户名和密码,并选中"保存密码"复选框。在"选择或输入数据库名称"下面的列表中选择 test 数据库,设置好的"添加连接"对话框如图 6.5 所示。

单击"测试连接"按钮,当看到"测试连接成功"信息时单击"确定"按钮,回到"添加连接"对话框后单击"确定"按钮,返回到最初打开的"选择您的数据连接"对话框,在其中新建的连接将以"服务器名.数据库名.dbo"形式出现在"应用程序连接数据库应使用哪个数据连接"框中,如图 6.6 所示。

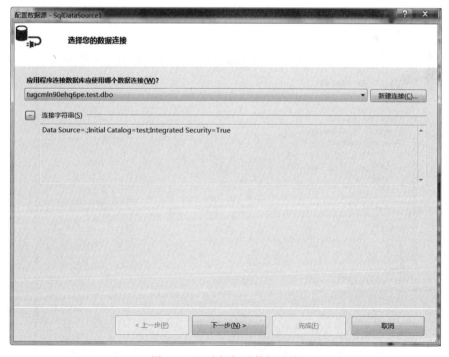

图 6.5 "添加连接"对话框

图 6.6 已选择好的数据连接

单击"下一步"按钮，当配置数据源向导提示"是否将连接保存到应用程序配置文件中"时，选中"是，将此连接另存为"复选框，在下面的文本框中会出现一个指定的连接字符串，如图 6.7 所示。

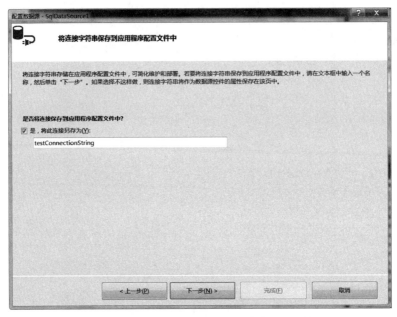

图 6.7　将连接字符串保存到应用程序配置文件中

3）配置 Select 语句

单击"下一步"按钮，当配置数据源向导提示"希望如何从数据库中检索数据"时，选择"指定来自表或视图的列"，在"名称"下拉列表中选择 staff，在"列"列表框中选取 *（表示选择所有列），如图 6.8 所示。

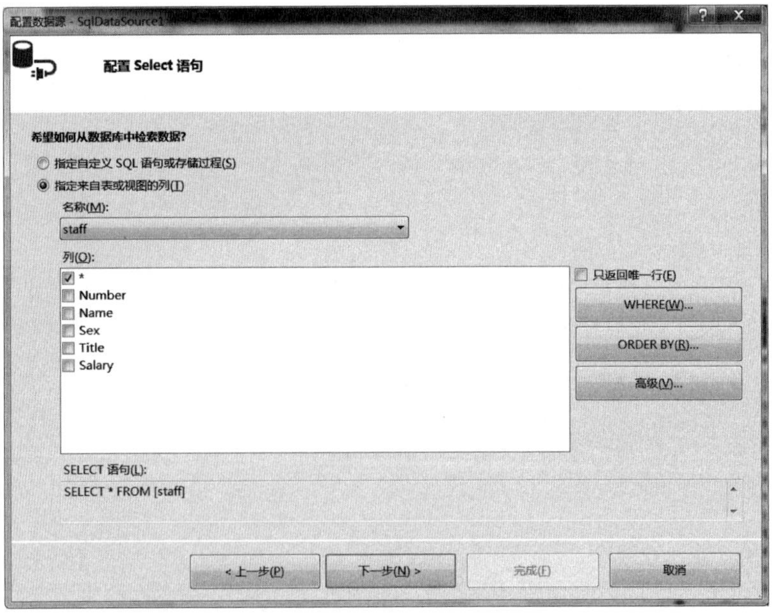

图 6.8　配置 Select 语句

4）测试查询

单击"下一步"按钮,根据配置数据源向导的提示单击"测试查询"按钮,此时将出现数据源返回的数据,如图 6.9 所示。

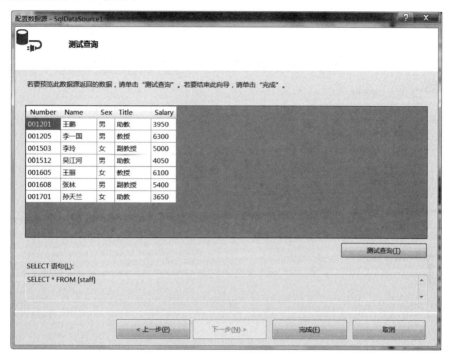

图 6.9 测试查询

5）单击"完成"按钮

至此数据源的配置完毕,在配置数据源的过程中生成了数据源控件 SqlDataSource1 的声明标记,代码如下。

```
< asp:SqlDataSource ID = "SqlDataSource1" runat = "server" ConnectionString
= "< % $ ConnectionStrings:testConnectionString % >" SelectCommand
= "SELECT * FROM [staff]"></asp:SqlDataSource >
```

6.2.3 AccessDataSource 控件

1. AccessDataSource 概述

Access 数据库是提供基本关系存储的最小数据库,因为使用起来既简单又方便,所以许多小型的 Web 站点都是通过 Access 形成数据存储层。

AccessDataSource 控件使用 System. Data. OleDb 提供程序连接到 Access 数据库。AccessDataSource 控件的独有特征之一是不设置 ConnectionString 属性,用户只需要把 DataFile 属性设置为 Access 数据库文件的位置即可,AccessDataSource 将负责连接到数据库。一般情况下开发人员应将 Access 数据库放在网站的 App_Data 目录中,并通过相对路径(如～/App_Data/lx. mdb)引用这些数据库。

AccessDataSource 不能连接到受密码保护的 Access 数据库,如果要从受密码保护的 Access 数据库中检索数据,需要使用 SqlDataSource 控件。

2. 为 AccessDataSource 配置数据源

1）选择数据库

打开工具箱，在"数据"控件集中选择 AccessDataSource 控件拖放到页面上。单击控件右上方的智能标记按钮，在弹出的"AccessDataSource 任务"菜单中选择"配置数据源"选项，打开"选择数据库"对话框，如图 6.10 所示。

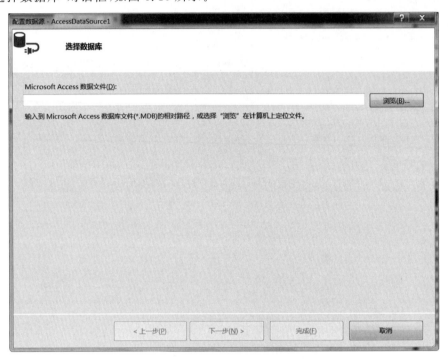

图 6.10 "选择数据库"对话框

单击"浏览"按钮，打开"选择 Microsoft Access 数据库"对话框，如图 6.11 所示。

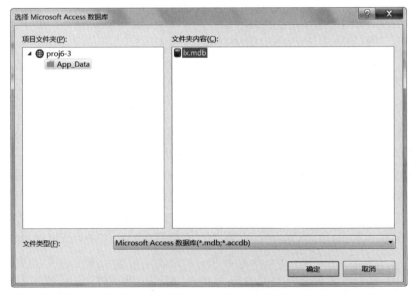

图 6.11 "选择 Microsoft Access 数据库"对话框

在"项目文件夹"的 App_Data 文件夹下选择要连接的 Access 数据文件,单击"确定"按钮,返回到"选择数据库"对话框,如图 6.12 所示。

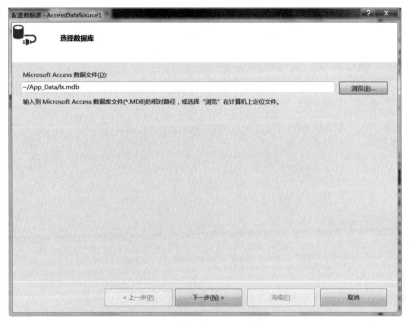

图 6.12　已选择好的数据库

2)配置 Select 语句

单击"下一步"按钮,打开"配置 Select 语句"对话框,当配置数据源向导提示"希望如何从数据库中检索数据"时选中"指定来自表或视图的列"单选按钮,在"名称"下拉列表中选择 ks,在"列"列表框中选取 *(表示选择所有列),如图 6.13 所示。

图 6.13　"配置 Select 语句"对话框

3）测试查询

单击"下一步"按钮，根据配置数据源向导的提示单击"测试查询"按钮，出现数据源返回的数据，如图 6.14 所示。

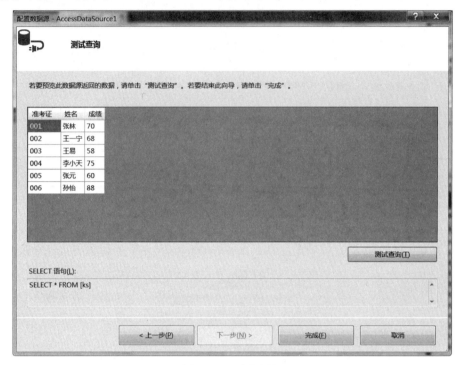

图 6.14　测试查询

4）单击"完成"按钮

至此数据源的配置完毕，在配置数据源的过程中生成了数据源控件 AccessDataSource1 的声明标记，代码如下。

```
< asp:AccessDataSource ID = "AccessDataSource1" runat = "server" DataFile = "~/App_Data/lx.mdb"
SelectCommand = "SELECT * FROM [ks]"></asp:AccessDataSource >
```

6.2.4　ObjectDataSource 控件

1．ObjectDataSource 概述

ObjectDataSource 控件通过提供一种将数据控件绑定到中间层业务对象的方法为三层结构提供支持。

ObjectDataSource 控件可以用来绑定数据。例如，将 GridView 等绑定到该控件上。使用该控件可以轻松建立多层应用程序，不像使用 SqlDataSource 控件将数据访问逻辑混淆在用户界面中，故可以将用户界面层从业务逻辑和数据访问层中独立出来，从而得到一个三层应用程序结构。

2．为 ObjectDataSource 配置数据源

1）新建一个类文件

该类文件中设计好了 Object 所需的增、删、改、查的对应方法。例如，类文件 operation.

cs，在其中只设计了查询的方法，代码如下。

```
public class operation
{
    public operation()
    {
    }
    public List < string > GetAllBooks()
    {
        List < string > books = new List < string >();
        books.Add("红楼梦");
        books.Add("三国演义");
        books.Add("水浒传");
        books.Add("西游记");
        return books;
    }
}
```

2）选择业务对象

打开工具箱，在"数据"控件集中选择 ObjectDataSource 控件拖放到页面上。单击控件右上方的智能标记按钮，在弹出的"ObjectDataSource 任务"菜单中选择"配置数据源"选项，打开"选择业务对象"对话框，在下拉列表中选择需要的类文件，如图 6.15 所示。

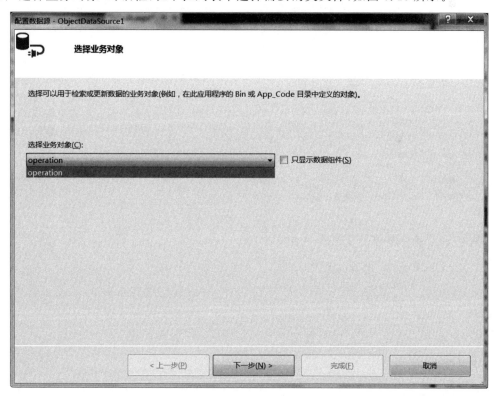

图 6.15 "选择业务对象"对话框

3）定义数据方法

单击"下一步"按钮，打开"定义数据方法"对话框，选择增、删、改、查的对应选项卡，然后在下拉列表中选择需要的方法，如图 6.16 所示。

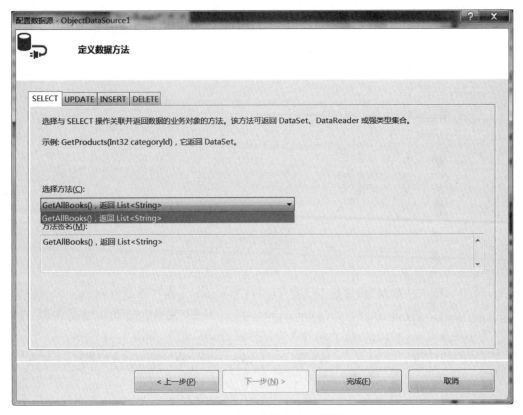

图 6.16 "定义数据方法"对话框

4）单击"完成"按钮

至此数据源的配置完毕，在配置数据源的过程中生成了数据源控件 ObjectDataSource1 的声明标记，代码如下。

```
< asp:ObjectDataSource ID = "ObjectDataSource1" runat = "server" SelectMethod = "GetAllBooks"
TypeName = "operation"></asp:ObjectDataSource >
```

6.2.5 XmlDataSource 控件

1．XmlDataSource 概述

在 Web 开发中有时数据量较小，无须在数据库中通过创建表来维护，这时可以考虑使用 XML 文件保存数据，而 XmlDataSource 可以读取 XML 文件中的数据。

2．为 XmlDataSource 配置数据源

1）新建 XML 文件

保存到网站根文件夹下的 App_Data 文件夹中。

2）打开"配置数据源"对话框

打开工具箱，在"数据"控件集中选择 XmlDataSource 控件拖放到页面上。单击控件右上方的智能标记按钮，在弹出的"XmlDataSource 任务"菜单中选择"配置数据源"选项，打开"配置数据源"对话框，如图 6.17 所示。

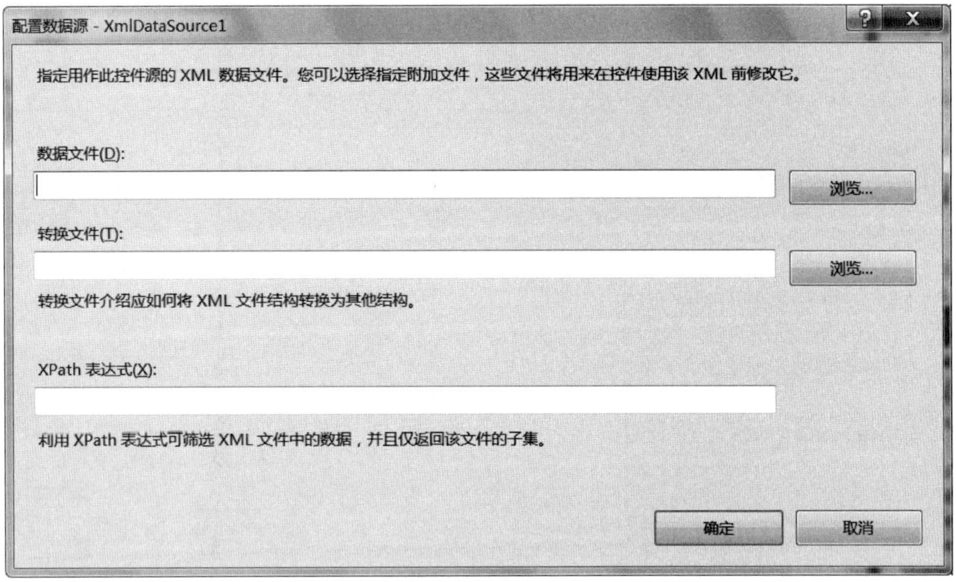

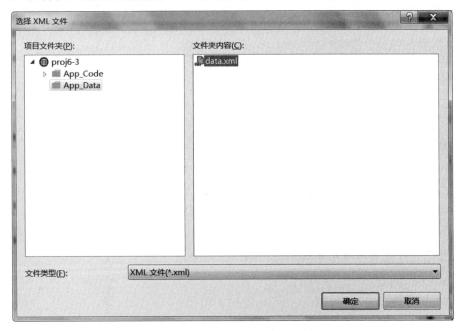

图 6.17　"配置数据源"对话框

3）选择 XML 文件

单击"数据文件"右侧的"浏览"按钮，打开"选择 XML 文件"对话框，在"项目文件夹"的 App_Data 文件夹下选择要连接的 XML 数据文件，如图 6.18 所示。

图 6.18　"选择 XML 文件"对话框

单击"确定"按钮，返回到"配置数据源"对话框，如图 6.19 所示。

4）单击"确定"按钮

至此数据源的配置完毕，在配置数据源的过程中生成了数据源控件 XmlDataSource1 的声明标记，代码如下。

图 6.19 已选择好的 XML 文件

```
< asp:XmlDataSource ID = "XmlDataSource1" runat = "server"
    DataFile = "∼/App_Data/data.xml"></asp:XmlDataSource >
```

6.3 数据显示控件

数据显示控件用于在页面上显示数据。ASP. NET 有多种控件可以将数据显示在页面上,包括 GridView、ListView、DataList 和 Repeater 等。

6.3.1 GridView 控件

1. GridView 控件简介

GridView 控件可以用表格形式显示、编辑和删除多种不同数据源中的数据,但不支持数据的插入。GridView 控件的功能非常强大,开发人员可以不用编写任何代码,通过在 Visual Studio 中拖曳,并在属性面板中设置属性即可,还可以完成分页、排序、外观设置等功能。如果需要自定义格式显示各种数据,则可使用 GridView 控件提供的用于编辑格式的模板功能。

2. GridView 控件的常用属性

1) AllowPaging

其指示该控件是否支持分页。

2) AllowSorting

其指示该控件是否支持排序。

3) AutoGenerateColumns

其指示是否自动为数据源中的每个字段创建列,默认为 true。

4) DataSource

其获取或设置包含用来填充该控件的值的数据源对象。

5）DataSourceID

其指示所绑定的数据源控件。

6）Caption

在该控件的标题中显示的文本。

7）HorizontalAlign

其指示该页面上的控件水平对齐。

8）DataKeyNames

其指示要显示在控件中的项的主键字段的名称。

9）DataKeys

包含 DataKeyNames 属性中指定的键字段的值。

10）PageSize

其指示在一个页面上要显示的记录数。

3．GridView 控件的常用事件

1）PageIndexChanging

在分页按钮被单击时发生，在控件处理分页操作之前激发。

2）RowCancelingEdit

当取消修改数据时触发。

3）RowDeleting

在一行的 Delete 按钮被单击时发生，在控件删除该行之前激发。

4）RowEditing

当要编辑数据时触发。

5）RowUpdating

在一行的 Update 按钮被单击时发生，在控件更新该行之前激发。

6）SeletedIndexChanging

在选择新行时触发。

7）Sorting

在对一个列进行排序时触发。

8）RowCreated

在创建行时触发。

4．GridView 控件的常用方法

1）DataBind（）

将数据源绑定到 GridView 控件。

2）DeleteRow（）

从数据源中删除位于指定索引位置的记录。

3）FindControl（）

在当前命名容器中搜索指定的服务器控件。

4）Sort（）

根据指定的排序表达式和方向对 GridView 控件进行排序。

5）UpdateRow（）

使用行的字段值更新位于指定行索引位置的记录。

5．GridView 控件的绑定列和模板列

在默认情况下，GridView 的 AutoGenerateColumns 属性为 true，可以实现自动创建列，在将 AutoGenerateColunms 属性设置为 false 时可以通过"编辑列"自定义数据绑定列。在 GridView 控件中主要有以下几种类型的绑定列和模板列。

1）BoundField

普通绑定列，用于显示普通文本，是默认的数据绑定列的类型。在显示状态的时候，一个 BoundField 总是直接把数据项作为文本显示。BoundField 的属性 DataField 设置绑定的数据列名称；属性 HeaderText 设置表头的列名称，常用于将原来为英文的字段名转换为中文显示。

2）CheckBoxField

复选框绑定列，可以使用复选框的形式显示布尔类型的数据，注意只有当该控件中有布尔类型的数据时才可以使用 CheckBoxField。

3）HyperLinkField

超链接绑定列，将所绑定的数据以超链接的形式显示出来，其属性 DataTextField 绑定的数据列将显示为超链接的文字；属性 DataNavigateUrlFields 绑定的数据列将作为超链接的 URL 地址。

4）ImageField

图片绑定列，可以在 GridView 控件所呈现的表格中显示图片列，一般情况下它绑定的内容是图片的路径。ImageField 的属性 DataImageUrlField 设置要绑定图片路径的数据列；属性 DataImageUrlFormatString 设置图片列中每个图像的 URL 的格式。

5）CommandField

命令绑定列，使用 CommandField 可以定制 GridView 控件中 Edit、Delete、Update、Cancel 和 Select 等按钮的外观。

6）ButtonField

按钮绑定列，可以通过 CommandName 设置按钮的命令，通常使用自定义的代码实现命令按钮发生的操作。与 CommandField 列不同的是，ButtonField 所定义的按钮与GridView 没有直接关系，可以自定义相应的操作。

7）TemplateField

自定义模板绑定列，使用 TemplateField 可以在 GridView 控件的数据列中添加任何内容，TemplateField 支持以下几种类型的模板。

- AlternatingItemTemplate：定义交替行的内容和外观。
- EditItemTemplate：定义当前正在编辑的行的内容和外观。
- FooterTemplate：定义该行的页脚的内容和外观。
- HeaderTemplate：定义该行的标题的内容和外观。
- ItemTemplate：定义该行的默认内容和外观。

6．使用 GridView 进行数据记录的编辑与删除

启用 GridView 控件的编辑和删除功能可以完成对数据表的编辑和删除操作，但是要求数据表已经设置了主键。

【**案例 6.3**】　数据记录的编辑与删除。

使用数据源控件与 GridView 控件实现数据记录的编辑与删除，并在删除记录时弹出确认对话框。

1）新建一个空网站

方法略。

2）新建网页 Default.aspx

设置网页标题为"数据记录的编辑与删除"。在页面中添加一个 GridView 控件和一个 SqlDataSource 控件，所有控件的 ID 均采用默认名称。

3）为 SqlDataSource1 配置数据源

单击控件右上方的智能标记按钮，在弹出的"SqlDataSource 任务"菜单中选择"配置数据源"选项，根据向导的提示操作。当配置数据源向导提示"希望如何从数据库中检索数据"时选择"指定来自表或视图的列"，在"名称"下拉列表中选择 staff 表，在"列"列表框中选取 ＊（表示选择所有列），然后单击对话框右侧的"高级"按钮，打开"高级 SQL 生成选项"对话框，如图 6.20 所示。

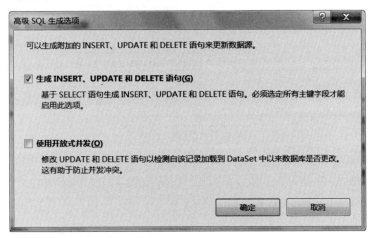

图 6.20　"高级 SQL 生成选项"对话框

在对话框中选中"生成 INSERT、UPDATE 和 DELETE 语句"复选框，单击"确定"按钮继续按配置数据源向导的提示操作，数据源配置完成后在 Web.config 中自动增加了 <connectionStrings> 节用于存放数据库连接字符串，代码如下。

```
<connectionStrings>
    <add name="testConnectionString" connectionString="Data Source=.;Initial Catalog=test;Integrated Security=true" providerName="System.Data.SqlClient"/>
</connectionStrings>
```

4）给 GridView 控件设定数据源

单击 GridView 控件右上方的智能标记按钮，在弹出的"GridView 任务"菜单的"选择数据源"右侧的下拉列表中选择 SqlDataSource1 作为 GridView1 控件的数据源。

5）启用 GridView 控件的相关功能

单击 GridView 控件右上方的智能标记按钮，在弹出的"GridView 任务"菜单中选择"启用分页""启用编辑""启用删除"选项,并把 GridView 控件的 PageSize 属性设置为 3。

6）为删除设置确认提示

单击 GridView 控件右上方的智能标记按钮,在弹出的"GridView 任务"菜单中选择"编辑列"选项,打开"字段"对话框,如图 6.21 所示。

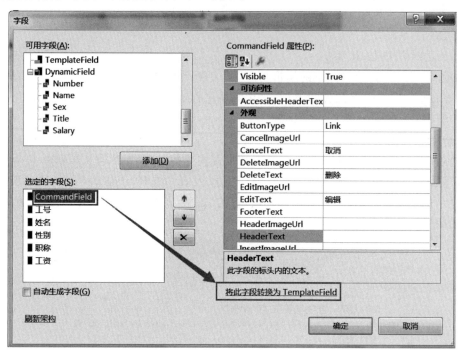

图 6.21　"字段"对话框

在"字段"对话框中把 staff 表的 5 个字段使用 HeaderText 修改成中文。单击"选定的字段"下的 CommandField,然后单击"将此字段转换为 TemplateField"超链接,最后单击"确定"按钮。CommandField 转换前的代码如下。

```
< asp:CommandField ShowDeleteButton = "true" ShowEditButton = "true"/>
```

CommandField 转换为模板列后的代码如下。

```
< asp:TemplateField ShowHeader = "false">
  < EditItemTemplate >
      < asp:LinkButton ID = "LinkButton1" runat = "server" CausesValidation = "true"
CommandName = "Update" Text = "更新"></asp:LinkButton >
      < asp:LinkButton ID = "LinkButton2" runat = "server" CausesValidation = "false"
CommandName = "Cancel" Text = "取消"></asp:LinkButton >
  </EditItemTemplate >
  < ItemTemplate >
      < asp:LinkButton ID = "LinkButton1" runat = "server" CausesValidation = "false"
CommandName = "Edit" Text = "编辑"></asp:LinkButton >
      < asp:LinkButton ID = "LinkButton2" runat = "server" CausesValidation = "false"
CommandName = "Delete" Text = "删除"></asp:LinkButton >
  </ItemTemplate >
</asp:TemplateField >
```

在上面的代码中,在 ItemTemplate 模板中的 LinkButton2 控件里增加实现删除前确认的客户端事件及其响应的代码如下。

```
OnClientClick = "return confirm('确认删除吗?');"
```

7）运行页面

按 Ctrl＋F5 组合键运行页面，运行效果如图 6.22 所示。

单击"编辑"超链接时可以对选定行的记录修改，单击"删除"超链接会打开如图 6.23 所示的确认对话框，单击"确定"按钮则立即删除选定行的记录，单击"取消"按钮则不删除记录。

图 6.22　数据记录的编辑与删除

图 6.23　确认删除对话框

7. 使用 GridView 选择列与显示主从表

有时一个数据控件中的内容依赖于另一个控件中的内容，当选择了主表中的某条记录后，其相应的信息从另一个从表中显示。

【案例 6.4】 显示主表与从表。

在同一页面中显示主表与从表，查询学生信息及其成绩信息。

1）新建一个空网站

方法略。

2）新建网页 Default. aspx

设置网页标题为"显示主表与从表"。在页面中添加两个 GridView 控件，所有控件的 ID 均采用默认名称，其中 GridView1 用来显示主表，GridView2 用来显示从表。

3）为 GridView1 新建数据源

单击 GridView1 控件右上方的智能标记按钮，在弹出的"GridView 任务"菜单的"选择数据源"右侧的下拉列表中选择"<新建数据源>"选项，打开"选择数据源类型"对话框，在"应用程序从哪里获取数据"下单击"数据库"图标，则将在"为数据源指定 ID"下的文本框中自动出现 SqlDataSource1，如图 6.24 所示。

单击"确定"按钮，打开"配置数据源"对话框，可以根据向导提示进行后面的操作。注意，当配置数据源向导提示"希望如何从数据库中检索数据"时选中"指定来自表或视图的列"单选按钮，在"名称"下拉列表中选择"学生"表，在"列"列表框中选取 ＊（表示选择所有列）。

在 GridView1 控件的数据源配置好后，单击 GridView1 控件右上方的智能标记按钮，在弹出的"GridView 任务"菜单中选择"启用选定内容"选项。

4）为 GridView2 新建数据源

单击 GridView2 控件右上方的智能标记按钮，在弹出的"GridView 任务"菜单的"选择数据源"右侧的下拉列表中选择"<新建数据源>"选项，打开"选择数据源类型"对话框，在"应用程序从哪里获取数据"下单击"数据库"图标，则将在"为数据源指定 ID"下的文本框中自动出现 SqlDataSource2，单击"确定"按钮，打开"配置数据源"对话框，可以根据向导提示进行后面的操作。

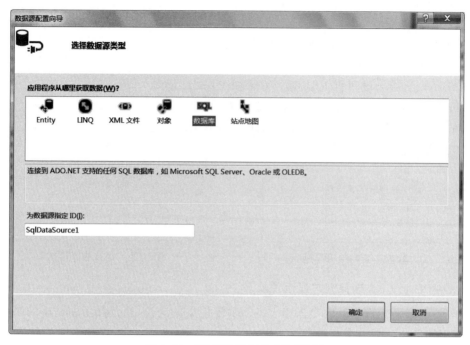

图 6.24　"选择数据源类型"对话框

　　当配置数据源向导提示"希望如何从数据库中检索数据"时选中"指定来自表或视图的
列"单选按钮,在"名称"下拉列表中选择"成绩"选项,在"列"列表框中选取 ＊(表示选择所有
列),如图 6.25 所示。

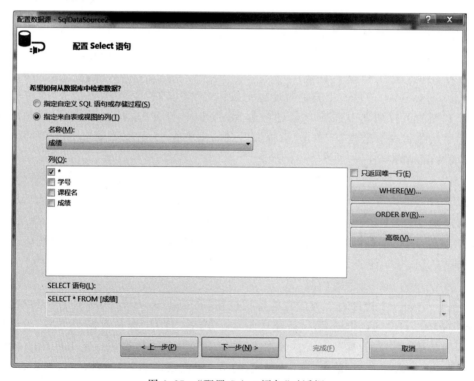

图 6.25　"配置 Select 语句"对话框

然后单击其中的 WHERE 按钮,打开"添加 WHERE 子句"对话框,按图 6.26 进行设置后单击"添加"按钮就可以建立两个 GridView 控件之间的关联关系。

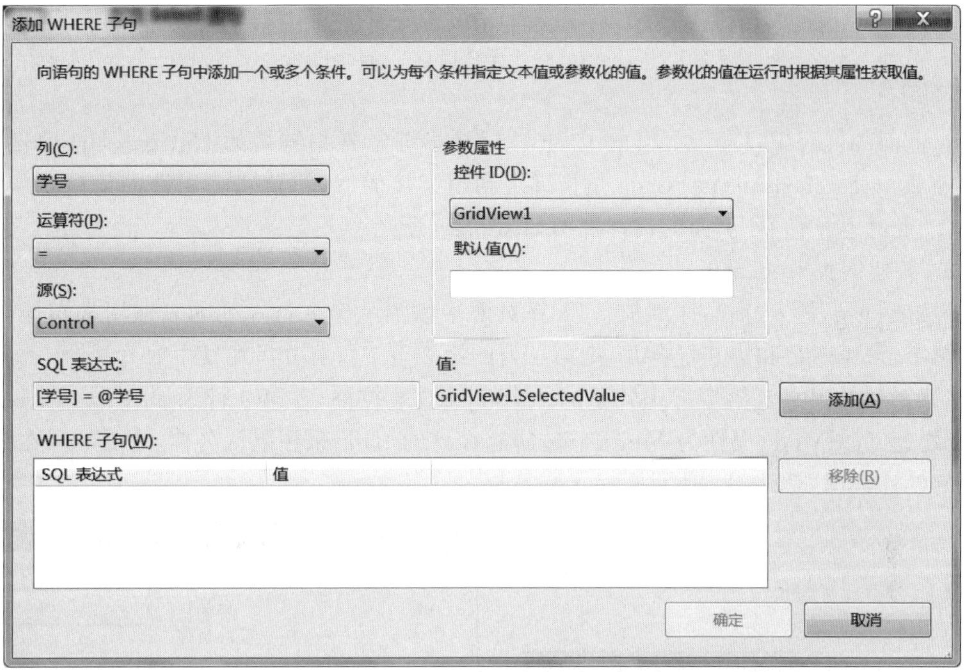

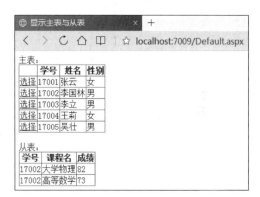

图 6.26　"添加 WHERE 子句"对话框

5)运行页面

按 Ctrl+F5 组合键运行页面,在主表中选择一个学生,则该学生的成绩就会在从表中显示,运行效果如图 6.27 所示。

8．使用 GridView 查看当前行详细信息

在网页设计中通常需要考虑页面的美观程度及下载速度,可以把要显示的概要信息显示在主页面中,并提供链接到显示详细信息页面的超链接。

图 6.27　显示主表与从表

【案例 6.5】　查看当前行详细信息。

在商品基本信息页面只显示商品的一些基本信息,单击"详细信息"超链接就可以链接到显示商品详细信息的页面。

1)新建一个空网站

在网站根文件夹下新建文件夹 images,用来存放商品图片。

2)新建网页 Default.aspx

设置网页标题为"商品基本信息"。在页面中添加一个 GridView 控件,ID 采用默认名称,设置 GridView1 控件的 AutoGenerateColumns 为 false。单击 GridView1 控件右上方的智能标记按钮,在弹出的"GridView 任务"菜单中选择"编辑列"选项,在打开的"字段"对话框中给 GridView1 控件绑定 goods 表中的 GoodsID、GoodsTypeName、StoreName、

GoodsName 几个字段,并把 4 个字段的列名称都改成中文。接着在"字段"对话框中添加一个 HyperLinkField 字段,其属性设置如下。

```
< asp:HyperLinkField DataNavigateUrlFields = "GoodsID" DataNavigateUrlFormatString
 = "Info.aspx?GoodsID = {0}" HeaderText = "详细信息" NavigateUrl = "~/Info.aspx" Text = "详细
信息"/>
```

在上面的代码中,DataNavigateUrlFields 是指绑定到超链接的 NavigateUrl 属性的字段,DataNavigateUrlFormatString 是指绑定到超链接的 NavigateUrl 属性的值应用的格式设置。"商品基本信息"页面的设计视图如图 6.28 所示。

3)新建网页 Info.aspx

设置网页标题为"商品详细信息"。在页面中添加一个 9 行 3 列的表格用来布局,把表格的第 1 行、第 8 行和第 9 行合并,把第 1 列的第 2 至 7 行合并后在其中放入一个 Image 控件,在第 3 列的第 2 至 7 行中各添加一个 TextBox 控件,在第 9 行添加一个 TextBox 控件,设置其 TextMode 属性为 MultiLine,所有控件的 ID 均采用默认名称。"商品基本信息"页面的设计视图如图 6.29 所示。

图 6.28 "商品基本信息"页面的设计视图

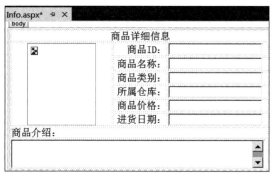

图 6.29 "商品详细信息"页面的设计视图

4)编写程序代码

(1)修改 Web.config 文件。

在 Web.config 文件的< configuration >节中加入以下代码。

```
< connectionStrings >
    < add name = "constr" connectionString = "Server = .;Database = test;Integrated Security =
true"/>
</connectionStrings >
```

(2)商品基本信息页面 Default.aspx 的后台代码设计。

添加命名空间的引用,代码如下。

```
using System.Configuration;
using System.Data;
using System.Data.SqlClient;
```

在所有事件之外定义数据库连接对象,代码如下。

```
SqlConnection conn =
    new SqlConnection(ConfigurationManager.ConnectionStrings["constr"].ConnectionString);
```

在页面载入时把 goods 表在前台跟 GridView 控件绑定的 4 个字段及添加的一个超链接字段在 GridView 上显示出来。Page_Load 事件的代码如下。

```
protected void Page_Load(object sender, EventArgs e)
{
    string sqlstr = "select * from goods";
    conn.Open();
    SqlDataAdapter myda = new SqlDataAdapter(sqlstr, conn);
    DataSet myds = new DataSet();
    myda.Fill(myds);
    conn.Close();
    GridView1.DataSource = myds;
    GridView1.DataBind();
}
```

（3）商品详细页面 Info.aspx 的后台代码设计。

命名空间的引用及数据库连接对象的定义与 Default.aspx 相同，在此不再赘述。

如果是首次加载页面，首先获取从 Default.aspx 跳转至本页面时传过来的 GoodsID，由它在 goods 表中查询该商品的所有信息，并通过 SqlDataAdapter 对象填充到数据集中，然后通过 DataRowView 对象把该行的各字段值在相应控件中显示出来。Page_Load 事件的代码如下。

```
protected void Page_Load(object sender, EventArgs e)
{
    if (!IsPostBack)
    {
        conn.Open();
        string strid = Page.Request.QueryString["GoodsID"];
        string sqlstr = "select * from goods where GoodsID = '" + strid + "'";
        SqlDataAdapter myda = new SqlDataAdapter(sqlstr, conn);
        DataSet myds = new DataSet();
        myda.Fill(myds, "goods");
        conn.Close();
        DataRowView mydrv = myds.Tables["goods"].DefaultView[0];
        TextBox1.Text = Convert.ToString(mydrv.Row["GoodsID"]);
        TextBox2.Text = Convert.ToString(mydrv.Row["GoodsName"]);
        TextBox3.Text = Convert.ToString(mydrv.Row["GoodsTypeName"]);
        TextBox4.Text = Convert.ToString(mydrv.Row["StoreName"]);
        TextBox5.Text = Convert.ToString(mydrv.Row["GoodsPrice"]);
        DateTime dt = Convert.ToDateTime(mydrv.Row["GoodsDate"]);
        TextBox6.Text = dt.ToString("yyyy-MM--dd");
        TextBox7.Text = Convert.ToString(mydrv.Row["GoodsIntroduce"]) + "…";
        Image1.ImageUrl = "~/images/" + (Convert.ToString(mydrv.Row["GoodsPhoto"])).Trim();
    }
}
```

5）运行页面

运行 Default.aspx 页面，运行效果如图 6.30 所示。

在商品基本信息页面中单击某个商品所在行的"详细信息"超链接，则该商品的详细信息将在 Info.aspx 页面中显示，效果如图 6.31 所示。

图 6.30　商品基本信息页面

图 6.31　商品详细信息页面

6.3.2　DataList 控件

1. DataList 控件简介

DataList 控件能以自定义的格式显示各种数据源的字段，其显示数据的格式在创建的模板中定义，可以为项、交替项、选定项和编辑项创建模板。DataList 控件也可以使用标题、脚注和分隔符模板自定义整体外观，还可以一行显示多个数据行。虽然 DataList 控件拥有很大的灵活性，但其本身不支持数据分页，编程者需要自己编写方法完成分页的功能。该控件仅用于数据的显示，不支持数据的编辑、插入和删除。

2. DataList 控件与绑定相关的属性

1）DataKeyField 属性

其获取或设置由 DataSource 属性指定的数据源中的键字段。

2）DataKeys 属性

其获取存储数据列表控件中的每个记录的键值。

3）DataMember 属性

其获取或设置多成员数据源中要绑定到数据列表控件的特定数据成员。

4）DataSource 属性

其获取或设置数据源，该数据源中包含用于填充控件中的项的值列表。

3. PagedDataSource 类

PagedDataSource 类封装了数据控件的分页属性，它就是一个数据的容器，先把数据从数据库中读取出来放到这个容器中，然后设置容器的属性取出当前要显示页上的部分数据，将此部分数据再绑定到页面中的显示控件上。

PagedDataSource 类的常用属性如下。

- AllowPaging 属性：获取或设置指示是否启用分页的值。
- CurrentPageIndex 属性：获取或设置当前页的索引。
- DataSource 属性：获取或设置数据源。
- PageCount 属性：获取显示数据源中的所有项需要的总页数。
- PageSize 属性：获取或设置要在单页上显示的项数。

4. DataList 控件绑定数据并实现分页

在开发论坛系统时经常需要在页面中比较全面地显示一些信息,有时要显示的信息记录较多,如果用一个页面显示所有记录,可能会给用户的浏览带来不便。为了解决这个问题,开发人员可以使用分页技术限定在一个页面中显示的记录数。

【案例 6.6】　DataList 控件绑定数据并实现分页。

通过在 DataList 控件中绑定数据,分页显示某论坛系统中帖子的信息。

1) 新建一个空网站

在网站根文件夹下新建文件夹 images,用来存放头像。

2) 新建网页 Default.aspx

设置网页标题为"DataList 控件绑定数据并实现分页"。在页面中添加一个 DataList 控件,ID 采用默认名称。单击 DataList1 控件右上方的智能标记按钮,在弹出的"DataList 任务"菜单中选择"编辑模板"选项,打开"DataList1-项模板"设计窗口,在其中添加一个 4 行 2 列的表格用于布局,把第 1 列的 4 个单元格合并,在其中放入一个 Image 控件;在第 2 列 的第 1 行和第 4 行各添加一个 Label 控件;在第 2 列的第 3 行添加一个 TextBox 控件,设置其 TextMode 属性为 MultiLine;所有控件的 ID 均采用默认名称。使用 Eval 方法把 post 表中的 4 个字段分别绑定到项模板中的 4 个控件,代码如下。

```
< asp:Label ID = "Label1" runat = "server" Text = '<% #Eval("id") %>'></asp:Label>
< asp:TextBox ID = "TextBox1" runat = "server" height = "80px" TextMode = "MultiLine" width =
"350px" Text = '<% #Eval("contents") %>'></asp:TextBox>
< asp:Label ID = "Label2" runat = "server" Text = '<% #Eval("postTime") %>'></asp:Label>
< asp:Label ID = "Label1" runat = "server" Text = '<% #Eval("id") %>'></asp:Label>
```

在 DataList1 控件的下面添加一个 DIV,在其中添加两个 Label 控件和 4 个 LinkButton 控件,两个 Label 控件分别用来显示当前页面和总页码,4 个 LinkButton 控件用于分别转到第一页、上一页、下一页、最后一页。整个项模板的设计界面如图 6.32 所示。

图 6.32　项模板的设计界面

3) 编写程序代码

在 Web.config 文件的< configuration >节中加入以下代码。

```
< connectionStrings >
    < add name = "constr" connectionString = "Server = .; Database = test; Integrated Security =
true"/>
</connectionStrings >
```

添加命名空间的引用,代码如下。

```
using System.Configuration;
using System.Data;
using System.Data.SqlClient;
```

在所有事件之外定义数据库连接对象,代码如下。

```
SqlConnection conn =
    new SqlConnection(ConfigurationManager.ConnectionStrings["constr"].ConnectionString);
```

自定义方法 dlBind()从数据表 post 中查询记录绑定到 DataList1 控件,然后通过设置 PagedDataSource 类实现 DataList 控件的分页功能,dlBind()方法的代码如下。

```csharp
public void dlBind()
{
    int curpage = Convert.ToInt32(this.Label3.Text);
    PagedDataSource ps = new PagedDataSource();
    conn.Open();
    string sqlstr = "select * from post";
    SqlDataAdapter da = new SqlDataAdapter(sqlstr, conn);
    DataSet ds = new DataSet();
    da.Fill(ds, "post");
    conn.Close();
    ps.DataSource = ds.Tables["post"].DefaultView;
    ps.AllowPaging = true;                          //是否可以分页
    ps.PageSize = 2;                                //每页显示的记录数量
    ps.CurrentPageIndex = curpage - 1;              //取得当前页的页码
    this.LinkButton1.Enabled = true;
    this.LinkButton2.Enabled = true;
    this.LinkButton3.Enabled = true;
    this.LinkButton4.Enabled = true;
    if (curpage == 1)
    {
        this.LinkButton1.Enabled = false;           //不显示"第一页"
        this.LinkButton2.Enabled = false;           //不显示"上一页"
    }
    if (curpage == ps.PageCount)
    {
        this.LinkButton3.Enabled = false;           //不显示"下一页"
        this.LinkButton4.Enabled = false;           //不显示"最后一页"
    }
    this.Label4.Text = Convert.ToString(ps.PageCount);
    this.DataList1.DataSource = ps;
    this.DataList1.DataKeyField = "id";
    this.DataList1.DataBind();
}
```

在页面载入时首先判断是否为第一次加载页面,如果是,则把当前页码设为 1,然后调用 dlBind()方法对 DataList1 控件进行数据绑定并分页。Page_Load 事件的代码如下。

```csharp
protected void Page_Load(object sender, EventArgs e)
{
    if (!IsPostBack)
    {
        this.Label3.Text = "1";
```

```
        dlBind();
    }
}
```

当单击用于操作分页的 LinkButton 控件时，程序根据当前页码执行指定操作，4 个 LinkButton 控件的 Click 事件代码如下。

```
protected void LinkButton1_Click(object sender, EventArgs e)
{
    this.Label3.Text = "1";
    this.dlBind();
}
 protected void LinkButton2_Click(object sender, EventArgs e)
 {
     this.Label3.Text = Convert.ToString(Convert.ToInt32(this.Label3.Text) - 1);
     this.dlBind();
 }
 protected void LinkButton3_Click(object sender, EventArgs e)
 {
     this.Label3.Text = Convert.ToString(Convert.ToInt32(this.Label3.Text) + 1);
     this.dlBind();
 }
protected void LinkButton4_Click(object sender, EventArgs e)
{
    this.Label3.Text = this.Label4.Text;
    this.dlBind();
}
```

4）运行页面

按 Ctrl+F5 组合键运行页面，页面的运行效果如图 6.33 所示。

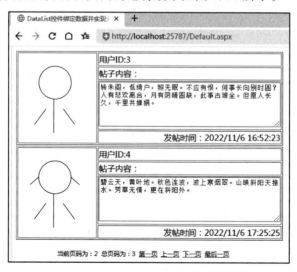

图 6.33　DataList 控件绑定数据并实现分页

5. DataList 控件实现删除功能

在博客、论坛等网站中通常有一个模块允许注册用户对某些文章发表自己的观点，但是为了防止某些用户的恶意攻击,管理员在查看文章的回复信息时可以直接在某条回复信息下面单击"删除"按钮将其删除。

【案例 6.7】 DataList 控件实现删除功能。

在 DataList 控件中设置 LinkButton 控件的 CommandName 属性为 delete,并触发 DataList 控件的 DeleteCommand 事件,实现在博客网站中对文章评论的删除功能。

1) 新建一个空网站

方法略。

2) 新建网页 Default.aspx

设置网页标题为"DataList 控件实现删除功能"。在页面中添加一个 DataList 控件,ID 采用默认名称。单击 DataList1 控件右上方的智能标记按钮,在弹出的"DataList 任务"菜单中选择"编辑模板"选项,打开"DataList1-项模板"设计窗口,在其中添加一个 4 行 2 列的表格用于布局,在第 1 行的第 2 列添加一个 Label 控件,在第 1 行的第 4 列添加一个 LinkButton 控件;在第 2 行的第 2 列和第 4 列各添加一个 Label 控件;把第 3 行的第 2 至 4 列合并,在其中放入一个 TextBox 控件,设置其 TextMode 属性为 MultiLine;把第 4 行合并,设置背景色,用于记录之间的分隔;所有控件的 ID 均采用默认名称。

对于 LinkButton1 控件,设置其 CommandName 属性为 delete,并增加实现删除前确认的客户端事件,代码如下。

```
<asp:LinkButton ID="LinkButton1" runat="server" CommandName="delete"
OnClientClick="return confirm('确认删除吗?');">删除评论</asp:LinkButton>
```

使用 Eval 方法把 comment 表中的 4 个字段分别绑定到项模板中的 4 个控件,代码如下。

```
<asp:Label ID="Label1" runat="server" Text='<% # Eval("commentName") %>'></asp:Label>
<asp:Label ID="Label2" runat="server" Text='<% # Eval("topic") %>'></asp:Label>
<asp:Label ID="Label3" runat="server" Text='<% # Eval("commentTime") %>'></asp:Label>
<asp:TextBox ID="TextBox1" runat="server" height="50px" textMode="MultiLine"
Text='<% # Eval("contents") %>' width="370px"></asp:TextBox>
```

整个项模板的设计界面如图 6.34 所示。

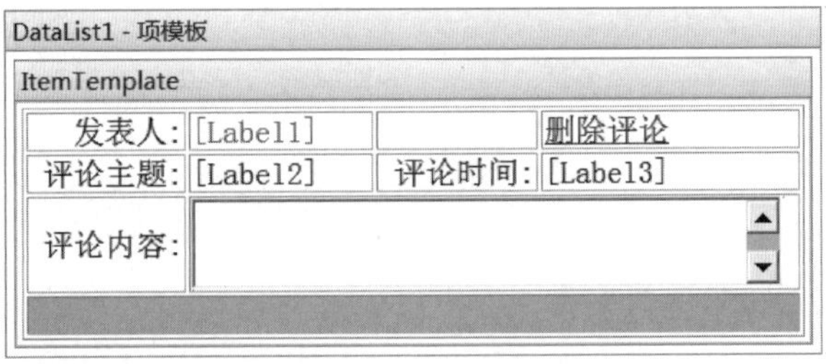

图 6.34　项模板的设计界面

单击 DataList1 控件右上方的智能标记按钮,在弹出的"DataList 任务"菜单中单击"显示"右边的下拉列表框按钮,在下拉列表中选择 HeaderTemplate 选项,打开"DataList1-页眉和页脚模板"设计窗口,在其中添加一个 DIV,给 DIV 设置背景,并在其中添加文字"评论"。

3）编写程序代码

在 Web. config 文件的< configuration >节中加入以下代码。

```
< connectionStrings >
    < add name = "constr" connectionString = "Server = . ;Database = test;Integrated Security =
true"/>
</connectionStrings >
```

添加命名空间的引用，代码如下。

```
using System. Configuration;
using System. Data;
using System. Data. SqlClient;
```

在所有事件之外定义数据库连接对象，代码如下。

```
SqlConnection conn =
    new SqlConnection(ConfigurationManager. ConnectionStrings["constr"]. ConnectionString);
```

自定义方法 bind()从数据表 comment 中查询记录绑定到 DataList1 控件，bind()方法的代码如下。

```
private void bind()
{
    SqlDataAdapter myda = new SqlDataAdapter("select * from comment", conn);
    DataSet ds = new DataSet();
    conn. Open();
    myda. Fill(ds);
    conn. Close();
    this. DataList1. DataSource = ds;
    this. DataList1. DataKeyField = "id";
    this. DataList1. DataBind();
}
```

在页面载入时调用 bind()方法对 DataList1 控件进行数据绑定并显示。

当单击"删除评论"超链接时，由于设置了 LinkButton1 控件的 CommandName 属性为delete，会触发 DataList1 控件的 DeleteCommand 事件实现删除，代码如下。

```
protected void DataList1_DeleteCommand(object source, DataListCommandEventArgs e)
{
    string strid = this. DataList1. DataKeys[e. Item. ItemIndex]. ToString();
                                                    //获取当前 DataList 控件列
    string sqlstr = "delete from comment where id = '" + Convert. ToInt32(strid) + "'";
    SqlCommand comm = new SqlCommand(sqlstr, conn);
    conn. Open();
    comm. ExecuteNonQuery();
    conn. Close();
    bind();
}
```

4）运行页面

按 Ctrl＋F5 组合键运行页面，当单击某条记录对应的"删除评论"超链接时会弹出确认删除的对话框，如果单击"确定"按钮，该评论就会被删除。运行效果如图 6.35 所示。

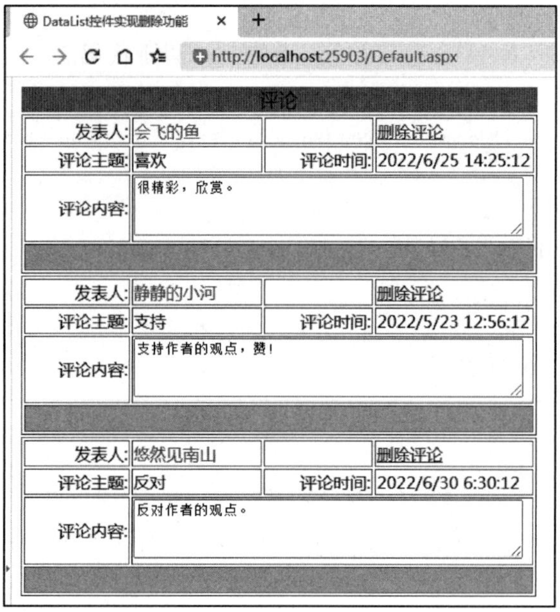

图 6.35 DataList 控件实现删除功能

6.3.3 Repeater 控件

1. Repeater 控件简介

Repeater 控件是最原始的数据绑定控件,用于生成各子项的列表,这些子项的显示方式可以完全由开发人员自己编写。当控件所在的页面运行时,该控件根据数据源中数据行的数量重复模板中所定义的数据显示格式,开发人员可以完全把握数据的显示布局,但是该控件不支持数据的编辑、排序、分页等功能,仅支持重复模板内容功能。

2. Repeater 控件的常用属性

- DataSource 属性:绑定到控件的数据源。
- DataMember 属性:DataSource 中要绑定到控件的特定表。
- Items 属性:获取 Repeater 中项的集合。

3. Repeater 控件的模板

- ItemTemplate:项模板,定义列表中项目的内容和布局,此模板必选。
- AlternatingItemTemplate:交替项模板,用不同的表现形式显示交替的项目。
- HeaderTemplate:页眉模板,用来定义列表标题的表现形式。
- FooterTemplate:页脚模板,用来定义列表页脚的表现形式。

4. Repeater 控件应用举例

【**案例 6.8**】 Repeater 控件的使用。

编辑 Repeater 控件的模板并分页显示数据表 goods 中的信息。

1) 新建一个空网站

方法略。

2）新建网页 Default. aspx

设置网页标题为"Repeater 控件的使用"。在页面中添加一个 Repeater 控件，ID 采用默认名称。切换至源代码视图，定义页眉模板、项目模板及页脚模板，代码如下。

```
< asp:Repeater ID = "Repeater1" runat = "server">
    < HeaderTemplate>商品详细信息: </HeaderTemplate >
    < ItemTemplate >
        < table border = "1">
            < tr >
                < td style = "width: 95px"> 商品 ID:</td>
                < td style = "width: 120px"> < asp:Label ID = "Label1" runat = "server"
Text = '< % # Eval("GoodsID") % >'></asp:Label ></td>
                < td style = "width: 95px"> 商品名称:</td>
                < td style = "width: 120px"> < asp:Label ID = "Label2" runat = "server"
Text = '< % # Eval("GoodsName") % >'></asp:Label ></td>
            </tr >
            < tr >
                < td style = "width: 95px;"> 商品类别:</td >
                < td style = "width: 120px;"> < asp:Label ID = "Label3" runat = "server"
Text = '< % # Eval("GoodsTypeName") % >'></asp:Label ></td>
                < td style = "width: 95px;">商品价格:</td >
                < td style = "width: 120px;"> < asp:Label ID = "Label4" runat = "server"
Text = '< % # Eval("GoodsPrice") % >'></asp:Label ></td>
            </tr >
            < tr >
                < td style = "width: 95px"> 商品图片:</td>
                < td colspan = "3" style = "text - align:center"> < asp:Image ID = "Image1"
runat = "server" width = "150px" ImageUrl = '< % #Eval("GoodsPhoto","~/images/{0}").ToString().
Trim() % >'>
                </asp:Image ></td>
            </tr >
            < tr > < td colspan = "4" style = "background - color: # C0C0C0"></td></tr >
        </table >
    </ItemTemplate >
    < FooterTemplate >您正在查看的是商品信息!</FooterTemplate >
</asp:Repeater >
```

在 Repeater1 控件的下面添加一个 DIV，在其中添加两个 Label 控件和 4 个 LinkButton 控件，两个 Label 控件分别用来显示当前页面和总页码，4 个 LinkButton 控件分别用于转到第一页、上一页、下一页、最后一页。

3）编写程序代码

在 Web. config 文件的< configuration >节中加入以下代码。

```
< connectionStrings >
    < add name = "constr" connectionString = "Server = .;Database = test;Integrated Security =
true"/>
</connectionStrings >
```

添加命名空间的引用，代码如下。

```
using System.Configuration;
using System.Data;
using System.Data.SqlClient;
```

在所有事件之外定义数据库连接对象,代码如下。

```
SqlConnection conn =
    new SqlConnection(ConfigurationManager.ConnectionStrings["constr"].ConnectionString);
```

自定义方法 rpBind() 从数据表 goods 中查询记录绑定到 Repeater1 控件,然后通过设置 PagedDataSource 类来实现 Repeater 控件的分页功能,rpBind() 方法的代码如下。

```
public void rpBind()
{
    int curpage = Convert.ToInt32(this.Label3.Text);
    PagedDataSource ps = new PagedDataSource();
    conn.Open();
    string sqlstr = "select * from goods";
    SqlDataAdapter da = new SqlDataAdapter(sqlstr, conn);
    DataSet ds = new DataSet();
    da.Fill(ds, "goods");
    conn.Close();
    ps.DataSource = ds.Tables["goods"].DefaultView;
    ps.AllowPaging = true;                        //是否可以分页
    ps.PageSize = 1;                              //每页显示的记录数量
    ps.CurrentPageIndex = curpage - 1;           //取得当前页的页码
    this.LinkButton1.Enabled = true;
    this.LinkButton2.Enabled = true;
    this.LinkButton3.Enabled = true;
    this.LinkButton4.Enabled = true;
    if (curpage == 1)
    {
        this.LinkButton1.Enabled = false;        //不显示"第一页"
        this.LinkButton2.Enabled = false;        //不显示"上一页"
    }
    if (curpage == ps.PageCount)
    {
        this.LinkButton3.Enabled = false;        //不显示"下一页"
        this.LinkButton4.Enabled = false;        //不显示"最后一页"
    }
    this.Label4.Text = Convert.ToString(ps.PageCount);
    this.Repeater1.DataSource = ps;
    Repeater1.DataBind();
}
```

在页面载入时应先判断是否为第一次加载页面,如果是,则把当前页码设为 1,并调用 rpBind 方法对 Repeater1 控件进行数据绑定并分页,Page_Load 事件的代码如下。

```
protected void Page_Load(object sender, EventArgs e)
{
    if (!IsPostBack)
    {
        this.Label3.Text = "1";
        rpBind();
    }
}
```

在单击用于操作分页的 LinkButton 控件时,程序根据当前页码执行指定操作,4 个 LinkButton 控件的 Click 事件代码如下。

```
protected void LinkButton1_Click(object sender, EventArgs e)
{
    this.Label3.Text = "1";
    this.rpBind();
}
protected void LinkButton2_Click(object sender, EventArgs e)
{
    this.Label3.Text = Convert.ToString(Convert.ToInt32(this.Label3.Text) - 1);
    this.rpBind();
}
protected void LinkButton3_Click(object sender, EventArgs e)
{
    this.Label3.Text = Convert.ToString(Convert.ToInt32(this.Label3.Text) + 1);
    this.rpBind();
}
protected void LinkButton4_Click(object sender,
EventArgs e)
{
    this.Label3.Text = this.Label4.Text;
    this.rpBind();
}
```

4) 运行页面

按 Ctrl+F5 组合键运行页面,运行效果如图 6.36 所示。

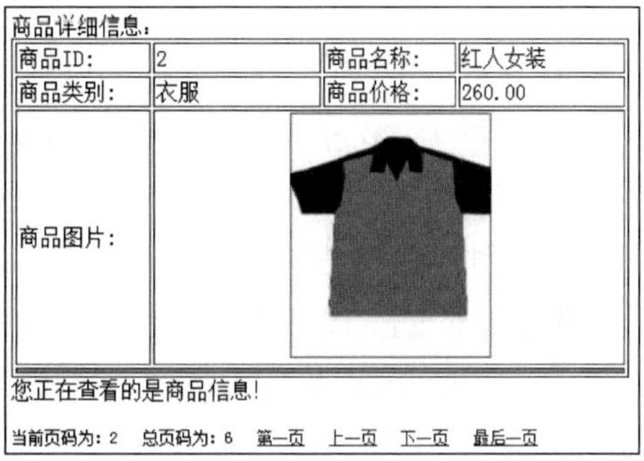

图 6.36　Repeater 控件的使用

6.3.4　ListView 控件

1. ListView 控件简介

ListView 控件可以按照开发人员编写的模板格式显示数据。与 DataList 和 Repeater 控件相似,ListView 控件也适用于任何具有重复结构的数据,但 ListView 控件提供了用户编辑、插入和删除数据等数据操作功能,还提供了对数据进行排序和分页的功能,只需要在 Visual Studio 中直接设置即可,不需要编写代码,这一点非常类似于 GridView 控件,因此 ListView 既有 Repeater 控件的开放式模板,又具有 GridView 控件的编辑特性。ListView 控件是 ASP.NET 3.5 新增的控件,其分页功能需要配合 DataPager 控件实现,这对于大量数据来说分页效率低下。总的来说,ListView 是目前为止功能较为齐全、好用的数据绑定控件。

2. ListView 控件的模板

ListView 控件是一个可高度自定义的控件,它允许使用模板和样式来定义用户界面。

- ItemTemplate:项目模板,控制项目内容的显示。
- AlternatingItemTemplate:交替项目模板,用不同的标记显示交替的项目,便于查看者区别连续不断的项目。
- EditItemTemplate:编辑项目模板,控制编辑时的项目显示。
- InsertTemplate:插入项目模板,在插入项目时为其指定内容。
- LayoutTemplate:布局模板,指定用来定义 ListView 控件布局的根模板。
- SelectedItemTemplate:已选择项目模板,指定当前选中的项目内容的显示。

3. DataPager 控件

DataPager 控件支持内置的分页用户界面,可以使用 NumericPagerField 对象,它使用户能够按页码选择一个数据页;也可以使用 NextPreviousPagerField 对象,这样用户在浏览数据时可以一次前翻或后翻一个数据页,也可以跳到数据的第一页或最后一页。数据页的大小通过 DataPager 控件的 PageSize 属性设置。

GridView 控件支持分页功能,可以通过设置相关属性来定制分页界面。例如,使用 Next/Previous、数字分页等,虽然这些配置都很好,但实现用户自定义的余地很小,为此 ASP.NET 开发团队将 ListView 控件的分页支持剥离出来,用另一个控件——DataPager 来实现。DataPager 控件的唯一目的就是呈现一个分页接口,并与相应的 ListView 控件关联起来。ListView 和 DataPager 的这种剥离关系可以允许进行更大程度的分页界面定制。

DataPager 控件可以在 LayoutTemplate 模板内部,也可以在 ListView 控件之外的网页上。如果 DataPager 控件不在 ListView 控件中,则必须将 PagedControlID 属性设置为 ListView 控件的 ID。

4. ListView 控件应用举例

【案例 6.9】　ListView 控件的使用。

使用 ListView 控件实现分页功能,并对数据记录进行增、删、改的操作。

1) 新建一个空网站

方法略。

2) 新建网页 Default.aspx

设置网页标题为"ListView 控件的使用"。在页面中添加一个 ListView 控件和一个 SqlDataSource 控件,所有控件的 ID 均采用默认名称。

3) 为 SqlDataSource1 配置数据源

单击 ListView1 控件右上方的智能标记按钮,在弹出的"SqlDataSource 任务"菜单中选择"配置数据源"选项,根据向导的提示操作。当配置数据源向导提示"希望如何从数据库中检索数据"时选择"指定来自表或视图的列",在"名称"下拉列表中选择 staff 表,在"列"列表框中选取 *(表示选择所有列),然后单击对话框右侧的"高级"按钮,打开"高级 SQL 生成选项"对话框,在该对话框中选中"生成 INSERT、UPDATE 和 DELETE 语句"复选框。单击"确定"按钮,继续按配置数据源向导的提示操作,数据源配置完成后在 Web.config 中自动增加了< connectionStrings >节用于存放数据库连接字符串,代码如下。

```
< connectionStrings >
    < add name = "testConnectionString" connectionString = "Data Source = .;Initial Catalog =
test;Integrated Security = true" providerName = "System.Data.SqlClient"/>
</connectionStrings >
```

4) 给 ListView1 控件设定数据源

单击 ListView1 控件右上方的智能标记按钮,在弹出的"ListView 任务"菜单的"选择数据源"右侧的下拉列表中选择 SqlDataSource1 作为 ListView1 控件的数据源。

5) 配置 ListView

单击 ListView 控件右上方的智能标记按钮,在弹出的"ListView 任务"菜单中选择"配置 ListView"选项,打开"配置 ListView"对话框,在其中选择布局、样式,并启用编辑、插入、删除、分页,如图 6.37 所示。

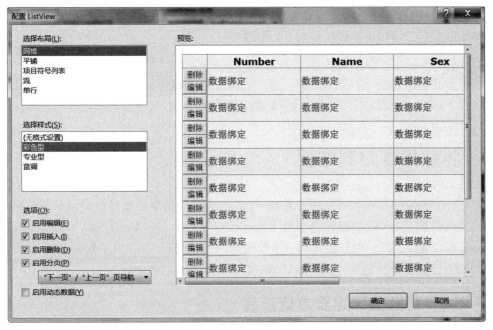

图 6.37 配置 ListView

在源代码视图中找到 DataPager 控件,为其增加 PageSize 属性并把其值设置为 3,代码如下。

```
< asp:DataPager ID = "DataPager1" runat = "server" PageSize = "3">
```

在源代码视图中找到表头的定义代码如下。

```
< th runat = "server"> Number </th>
< th runat = "server"> Name </th>
< th runat = "server"> Sex </th>
< th runat = "server"> Title </th>
< th runat = "server"> Salary </th>
```

把表头的英文字段名称换成中文,使界面更友好,修改后的代码如下。

```
< th runat = "server">工号</th>
< th runat = "server">姓名</th>
< th runat = "server">性别</th>
< th runat = "server">职称</th>
< th runat = "server">工资</th>
```

说明:从源代码视图中可以看到,编辑、插入模板中的数据绑定表达式为 Text = '<% # Bind("字段名") %>',没有使用 Eval()方法,这是因为 Eval()方法只能单向绑定,而编辑和插入不仅需要从数据库中呈现数据到控件,还需要从控件更新数据到数据库,所以使用能实现双向绑定的 Bind()方法。

6) 运行页面

按 Ctrl+F5 组合键运行页面,在页面中可以进行增、删、改的操作,运行效果如图 6.38 所示。

图 6.38   ListView 控件的使用

6.4   将数据绑定到控件

支持数据绑定的控件主要有两种类型，即多记录控件和单值控件。多记录控件可以同时显示多条数据记录，该类型控件主要有 DropDownList、ListBox、GridView、DataList 和 Repeater 等；单值控件一次只能显示一个数据值，该类型控件包含大多数的 Web 服务器控件和 HTML 客户端控件，如 TextBox、Label 等。

6.4.1   将数据绑定到单值控件

将数据绑定到单值控件（如 TextBox、Label 等），一般方法是为控件的某个属性指定一个数据绑定表达式，可以在用户界面代码中直接使用数据绑定表达式进行绑定，语法格式如下。

```
<% ♯数据绑定表达式 %>
```

使用数据绑定表达式并不只限于绑定到数据库中的数据，一个变量、一个集合、一个表达式或一个函数都可以在数据绑定表达式中指定。

6.4.2   将数据绑定到多值控件

1. 将数据绑定到多值控件的 3 种实现方式

（1）将数据绑定控件的 DataSourceID 设定为数据源控件，数据绑定控件即可充分利用数据源控件的功能对数据的增、删、改、查实现自动数据绑定。

（2）直接将数据源赋值给数据绑定控件的 DataSource 属性，然后调用数据绑定控件的 DataBind() 方法实现手工数据绑定。

（3）直接在页面中放置绑定表达式，然后在 Page_Load 中调用页面类的 DataBind() 方法实现数据绑定。

2. 应用举例

【案例 6.10】   查询产品的详细信息。

利用 GridView 控件将所有产品的基本信息显示出来，单击"查看"超链接，利用 DataList 控件将对应产品的详细信息显示出来。

1）新建一个空网站

方法略。

2）新建网页 Default.aspx

设置网页标题为"产品信息一览表"。在页面中添加一个 GridView 控件，ID 采用默认名称，设置 GridView1 控件的 AutoGenerateColumns 为 false、AllowPaging 属性为 true、PageSize 属性为 3、Caption 属性为"产品信息一览表"。单击 GridView1 控件右上方的智能标记按钮，在弹出的"GridView 任务"菜单中选择"编辑列"选项，在打开的"字段"对话框中给 GridView1 控件绑定 product 表中的 productName、productType 两个字段，并把两个字段的列名称都改成中文。接着在"字段"对话框中添加一个 HyperLinkField 字段，其属性设置如下。

```
< asp:HyperLinkField DataNavigateUrlFields = "productID" DataNavigateUrlFormatString
    = "~/Detail.aspx?productID = {0}" HeaderText = "详细信息" Text = "查看"/>
```

3）新建网页 Detail.aspx

设置网页标题为"产品详细信息"。在页面中添加一个 DataList 控件，ID 采用默认名称。单击 DataList1 控件右上方的智能标记按钮，在弹出的"DataList 任务"菜单中选择"编辑模板"选项，打开"DataList1-项模板"设计窗口，在其中添加一个 7 行 2 列的表格用于布局，使用 Eval()方法把 product 表中的 7 个字段分别绑定到表格第 2 列的 7 个单元格中，代码如下。

```
< td ><% # Eval("productID")%></td>
< td ><% # Eval("productName")%></td>
< td ><% # Eval("productPrice")%></td>
< td ><% # Eval("productCount")%></td>
< td ><% # Eval("productType")%></td>
< td ><% # Eval("productDate","{0:yyyy - MM - dd}")%></td>
< td ><% # Eval("productArea")%></td>
```

单击 DataList1 控件右上方的智能标记按钮，在弹出的"DataList 任务"菜单中单击"显示"右边的下拉列表框按钮，在下拉列表中选择 HeaderTemplate，打开"DataList1-页眉和页脚模板"设计窗口，在其中添加一个 DIV，给 DIV 设置背景，并添加文字"产品的详细信息"。用同样的方法打开页脚模板 FooterTemplate 的设计窗口，在其中添加一个 HyperLink 控件，用于从 Detail.aspx 返回到 Default.aspx。

4）编写程序代码

在 Web.config 文件的< configuration >节中加入以下代码。

```
< connectionStrings >
    < add name = "constr" connectionString = "Server = .;Database = test;Integrated Security =
true"/>
</connectionStrings >
```

右击网站名称，在弹出的快捷菜单中选择"添加|添加新项"选项，打开"添加新项"对话框，在中间的模板列表中选择"类"选项，在"名称"文本框中输入类文件名称，单击"添加"按钮后网站根目录自动创建系统文件夹 App_Code 用来存放类文件。在类文件中建立数据库连接对象和查询数据返回数据表的方法，代码如下。

```
using System.Configuration;
using System.Data;
using System.Data.SqlClient;
```

```
public class DBClass
{
    public SqlConnection conn;
    public DBClass()
    {
        conn = new SqlConnection(ConfigurationManager.ConnectionStrings["constr"].
ConnectionString);
    }
    public DataTable bind(string sqltext)
    {
        conn.Open();
        SqlDataAdapter da = new SqlDataAdapter(sqltext, conn);
        DataTable dt = new DataTable();
        da.Fill(dt);
        conn.Close();
        return dt;
    }
}
```

添加命名空间的引用,代码如下。

```
using System.Configuration;
using System.Data;
using System.Data.SqlClient;
```

Default.aspx.cs 的代码如下。

```
DBClass db1 = new DBClass();
string sqlStr = "select productID, productName, productType from product";
protected void Page_Load(object sender, EventArgs e)
{
    GridView1.DataSource = db1.bind(sqlStr);
    GridView1.DataBind();
}
protected void GridView1_PageIndexChanging(object sender, GridViewPageEventArgs e)
{
    GridView1.PageIndex = e.NewPageIndex;
    GridView1.DataSource = db1.bind(sqlStr);
    GridView1.DataBind();
}
```

Detail.aspx.cs 的代码如下。

```
DBClass db1 = new DBClass();
protected void Page_Load(object sender, EventArgs e)
{
    string sqlStr = "select * from product where productID = " + Request["productID"];
    DataList1.DataSource = db1.bind(sqlStr);
    DataList1.DataBind();
}
```

5) 运行页面

运行 Default.aspx 页面显示产品信息一览表,如图 6.39 所示。

如果要查看某产品的详细信息,单击该产品所在行的"查看"超链接,转到 Detail.aspx 页面,显示该产品的详细信息,如图 6.40 所示。

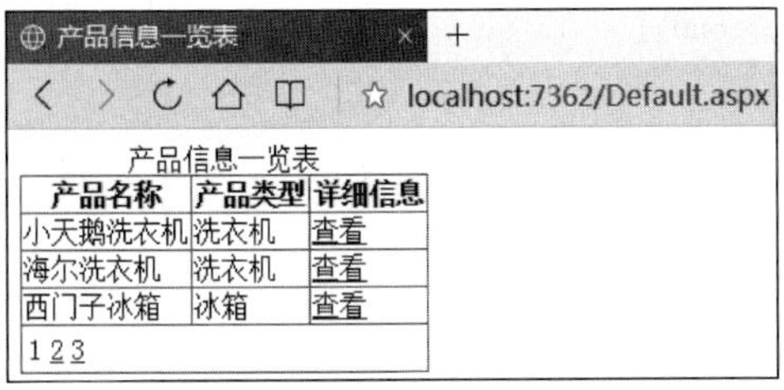

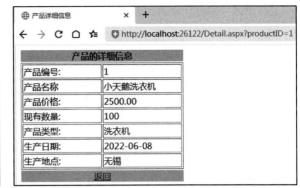

图 6.39　产品信息一览表　　　　　　　　图 6.40　产品详细信息

【**案例 6.11**】　将职称类型绑定到 DropDownList 控件。

将职称类型绑定到 DropDownList 控件,当用户选择列表中的不同职称时将在 GridView 控件中显示相应职称的职工信息。

1)新建一个空网站

方法略。

2)新建网页 Default.aspx

设置网页标题为"将职称类型绑定到 DropDownList 控件"。在页面中添加一个 DropDownList 控件和一个 GridView 控件,两个控件的 ID 均采用默认名称,设置 DropDownList1 控件的 AutoPostBack 属性为 true,设置 GridView1 控件的 AutoGenerateColumns 属性为 false,然后单击 GridView1 控件右上方的智能标记按钮,在弹出的"GridView 任务"菜单中选择"编辑列"选项,在打开的"字段"对话框中给 GridView1 控件绑定 staff 表中的 5 个字段,并把 5 个字段的列名称都改成中文。Default.aspx 页面的设计视图如图 6.41 所示。

图 6.41　Default.aspx 页面的设计视图

3)编写程序代码

在 Web.config 文件的< configuration >节中加入以下代码。

```
< connectionStrings >
    < add name = "constr" connectionString = "Server = .;Database = test;Integrated Security =
true"/>
</connectionStrings >
```

添加命名空间的引用,代码如下。

```
using System.Configuration;
using System.Data;
using System.Data.SqlClient;
```

在所有事件之外定义数据库连接对象,代码如下。

```
SqlConnection conn =
    new SqlConnection(ConfigurationManager.ConnectionStrings["constr"].ConnectionString);
```

自定义方法 bind(string sqltext)查询数据返回数据表,代码如下。

```
public DataTable bind(string sqltext)
{
    conn.Open();
    SqlDataAdapter da = new SqlDataAdapter(sqltext, conn);
    DataTable dt = new DataTable();
    da.Fill(dt);
    conn.Close();
    return dt;
}
```

自定义方法 DDBind()从数据库表 staff 中读取职称信息,并调用 DataBind()方法对 DropDownList 控件进行绑定,代码如下。

```
public void DDBind()
{
    string sqlStr = "select distinct Title from staff";
    DataTable dt = bind(sqlStr);
    DropDownList1.DataSource = dt;
    DropDownList1.DataTextField = dt.Columns[0].ToString();
    DropDownList1.DataBind();
    DropDownList1.Items.Insert(0, "请选择");
}
```

自定义方法 GVBind(string sqlStr)从数据库表 staff 中读取信息,并调用 DataBind()方法对 GridView 控件进行绑定,代码如下。

```
public void GVBind(string sqlStr)
{
    GridView1.DataSource = bind(sqlStr);
    GridView1.DataBind();
}
```

在页面加载时,如果是首次加载,依次调用 DDBind()方法和 GVBind()方法把数据库表 staff 中的所有信息显示出来,Page_Load 事件的代码如下。

```
protected void Page_Load(object sender, EventArgs e)
{
    if (!IsPostBack)
    {
        DDBind();
        GVBind("select * from staff");
    }
}
```

当 DropDownList 选择项发生改变时将激发该控件的 SelectedIndexChanged 事件,代码如下。

```
protected void DropDownList1_SelectedIndexChanged(object sender, EventArgs e)
{
    if (DropDownList1.SelectedIndex == 0)
        GVBind("select * from staff");
    else
    {
        string sqlStr = "select * from staff where Title = '" + DropDownList1.SelectedValue.
```

```
ToString() + "'";
        GVBind(sqlStr);
    }
}
```

4）运行页面

按 Ctrl+F5 组合键运行页面，在下拉列表中选择一种职称，则相应职称的职工信息就在 GridView 中显示出来，运行效果如图 6.42 所示。

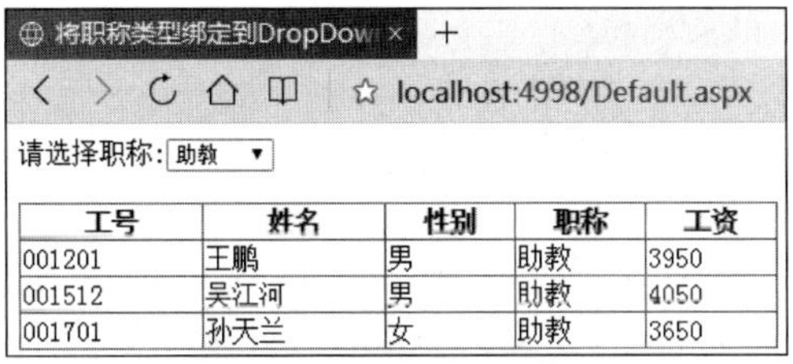

图 6.42 将职称类型绑定到 DropDownList 控件

6.4.3 将 XML 数据绑定到数据显示控件

1. XML 概述

XML 以简易、标准的方式保存各种信息，如文本、数字等。从某些方面来看，XML 作为数据源远比数据库系统有着更大的优势。DataSet 对象的内容可以从 XML 文档中创建，使用 DataSet 对象的 ReadXml()方法可以把 XML 中的数据填充到 DataSet，然后再绑定到数据显示控件。

2. 应用举例

【案例 6.12】 将 XML 文件中的数据绑定到 GridView 控件。

从 XML 文件中读取数据，将数据绑定到 GridView 控件中显示出来。

1）新建一个空网站

方法略。

2）新建 XML 文件

右击网站名称，在弹出的快捷菜单中选择"添加|添加新项"选项，打开"添加新项"对话框，在中间的模板列表中选择"XML 文件"选项，在"名称"文本框中输入文件名称，单击"添加"按钮后系统自动转到 XML 文件的编辑界面，编写 XML 文件的代码如下。

```
<?xml version = "1.0" encoding = "utf-8" ?>
<NewDataSet>
  <news>
    <id>153</id>
    <title>不要乱扔垃圾</title>
    <content>地球需要保护</content>
    <type>地球环境</type>
    <date>2022-10-28</date>
  </news>
  <news>
    <id>154</id>
    <title>污染环境</title>
```

```
<content>大气污染太严重</content>
<type>地球环境</type>
<date>2022-10-30</date>
</news>
<news>
<id>155</id>
<title>空气污染</title>
<content>车辆排放尾气污染环境</content>
<type>地球环境</type>
<date>2022-10-02</date>
</news>
</NewDataSet>
```

3）新建网页 Default.aspx

设置网页标题为"将 XML 文件中数据绑定到 GridView 控件"。在页面中添加一个 GridView 控件，ID 采用默认名称，设置其 AllowPaging 属性为 true、PageSize 属性为 2。

4）编写程序代码

自定义方法 Bind()从 XML 文件中读取数据信息，调用 DataBind()方法对 GridView 控件进行绑定，并把列名换成中文，代码如下。

```
protected void Bind()
{
    DataSet ds = new DataSet();
    ds.ReadXml(Server.MapPath("news.xml"));
    GridView1.DataSource = ds.Tables[0].DefaultView;
    GridView1.DataBind();
    GridView1.HeaderRow.Cells[0].Text = "编号";
    GridView1.HeaderRow.Cells[1].Text = "标题";
    GridView1.HeaderRow.Cells[2].Text = "内容";
    GridView1.HeaderRow.Cells[3].Text = "类型";
    GridView1.HeaderRow.Cells[4].Text = "日期";
}
```

如果页面是首次加载，则调用 Bind()方法。当换页时会激发 PageIndexChanging 事件，代码如下。

```
protected void GridView1_PageIndexChanging(object sender, GridViewPageEventArgs e)
{
    GridView1.PageIndex = e.NewPageIndex;
    Bind();
}
```

5）运行页面

按 Ctrl+F5 组合键运行页面，运行效果如图 6.43 所示。

图 6.43   将 XML 文件中数据绑定到 GridView 控件

习题6

1．填空题

（1）使用 GridView 控件实现自由分页需要设置_____属性。

（2）为 GridView 控件增加删除时的确认需要先将命令列转换为_____。

（3）在对 GridView 进行数据绑定时首先通过_____属性设置数据源，然后通过_____方法进行绑定。

（4）在自定义数据绑定控件的显示格式时应将控件的 AutoGenerateColumns 属性设置为_____。

（5）在数据显示控件的模板列中实现数据绑定时，_____方法用于单向绑定_____方法用于双向绑定。

（6）为了使用 GridView 的更新、删除功能，在配置 select 语句时应单击_____按钮。

（7）对于使用数据源显示信息的 Web 服务器控件，当设置完控件的 DataSource 属性后需要_____方法才能显示信息。

（8）数据控件 GridView 的列定义包含在成对标记_____内。

（9）在使用 GridView 和 ListView 控件编辑数据表时，要求数据表已经设置了_____。

（10）数据绑定控件通过_____属性与数据源控件实现绑定。

2．单项选择题

（1）将数据绑定到 ListView 控件，需要设置_____属性。

    A．DataSource   B．DataField

    C．ConnectionString   D．CommandType

（2）在 DataList 控件中，如果希望每行有 4 列数据，应设置_____属性。

    A．RepeatDirection   B．RepeatColumns

    C．RepeatLayout   D．RepeatNumber

（3）Repeater 可以通过_____来设置标题的内容和外观。

    A．SeperatorTemplate   B．FooterTemplate

    C．HeaderTemplate   D．ItemTemplate

（4）在使用 GridView 控件删除数据源记录时必须使用的属性是_____。

    A．GridLines   B．AutoGenerateColumns

    C．ForeColor   D．DataKeyNames

（5）下列控件中不能单独使用（即要配合其他控件）的控件是_____。

    A．GridView   B．ListView   C．DetailsView   D．DataPager

（6）GridView 控件默认使用的数据绑定列类型是_____。

    A．BoundField   B．HyperLinkField C．ButtonField   D．TemplateField

（7）下列控件中没有默认外观的是_____。

    A．GridView   B．ListView   C．DetailsView   D．Repeater

（8）如果希望在 GridView 中显示形如"≥"的导航栏，则属性集合 PagerSettings 中的 Mode 属性的值应设为_____。

　　A. Numeric　　　　　　　　　　B. NextPrevious

　　C. NextPrev　　　　　　　　　　D. ≥

（9）下面的_____控件可以赋值给 DataSource 属性进行绑定。

　　A. ArrayList　　　B. DataReader　　　C. DataRow　　　D. DataTable

（10）XmlDataSource 控件通常绑定到一个层次型控件，如_____。

　　A. TreeView　　　B. Repeater　　　C. DataList　　　D. ListView

3．上机操作题

（1）创建 ASP.NET 程序，使用 SqlDataSource 控件连接到数据库，使用 GridView 控件显示某张表中的数据记录，要求提供排序、分页、编辑和删除功能，并且在删除时要有确认提示。

（2）某数据库中有一个商品表，商品表有商品编号、商品名称、商品单价及商品图片 4 个字段。请创建 ASP.NET 程序，使用 DataList 控件显示商品详细信息。

（3）某数据库中有学生和成绩两张表，学生表有学号、姓名、性别 3 个字段，成绩表有学号、课程名、分数 3 个字段。请创建 ASP.NET 程序，要求在学生表中单击某条信息时该学生的成绩信息在另一个表中显示出来。

（4）某数据库中有一个产品表，产品表有产品号、产品名称、产品价格、产地、产品图片、库存数量等字段。请创建 ASP.NET 程序，使用 GridView 控件将所有产品的基本信息显示出来，单击"查看"超链接，利用 DataList 控件将对应产品的详细信息显示出来。

第 **7** 章

Web Service

本章学习目标

- 掌握 Web Service 的概念；
- 掌握 Web Service 的创建与引用方法；
- 掌握使用 Web Service 实现数据库操作；
- 熟悉使用 Web Service 实现通信功能；
- 了解使用 Web Service 生成验证码和注册码。

本章首先介绍了 Web Service 的概念及 Web Service 的创建与引用方法，然后在此基础上以案例的形式介绍了如何使用 Web Service 实现数据库操作和通信功能，并讲解了使用 Web Service 生成验证码和注册码的完整过程。

7.1 Web Service 基础

7.1.1 什么是 Web Service

Web Service 就是基于 Web 的服务，它使用 HTTP 方式接收和响应外部系统的某种请求，从而实现远程调用。

Web Service 的设计是为了解决不同平台、不同语言的技术层的差异，在使用 Web Service 时无论使用何种平台、何种语言都能够使用 Web Service 提供的接口，不同平台的应用程序也可以通过 Web Service 进行信息交互。

Web 服务是一类可以从 Internet 上获取的服务的总称，它使用标准的 XML 消息收发系统，并且不受任何操作系统和编程语言的约束。Web 服务的基础结构如下。

- SOAP(简单对象访问协议)：用于数据传输。
- WSDL(Web 服务描述语言)：用于描述服务。
- UDDI(统一描述、发现和集成协议)：用于获取可用的服务。

可以这样趣味性地理解：Web Service 好比是一个服务供应商，给其他厂家提供基础服务；SOAP 像两个公司之间签的合同，约束双方按一定的规矩和标准办事；WSDL 则像说明书，告诉别人用户有什么，能给别人提供什么服务；UDDI 好比用户的公司需要在黄页或工商注册，以方便别人查询。

简单地说,Web 服务通过 SOAP 在 Web 上提供软件服务,使用 WSDL 文件进行说明,并通过 UDDI 进行注册。

7.1.2　Web Service 的创建与引用

1. Web Service 的创建

右击网站名称,在弹出的快捷菜单中选择"添加|添加新项"选项,打开"添加新项"对话框,在中间的模板列表中选择"Web 服务(ASMX)"选项,可以采用默认的文件名称WebService.asmx,如图 7.1 所示。

图 7.1　选择"Web 服务(ASMX)"选项

单击"添加"按钮,除了在网站根目录下多了 WebService.asmx 文件外,还自动创建了App_Code 文件夹,在该文件夹中有 WebService.cs 文件,系统自动转到 WebService.cs 文件的编辑界面,在其中设计好需要的方法后保存,Web Service 就创建好了。

2. Web Service 的引用

右击网站名称,在弹出的快捷菜单中选择"添加|服务引用"选项,打开"添加服务引用"对话框,如图 7.2 所示。

单击该对话框中的"高级"按钮,打开"服务引用设置"对话框,如图 7.3 所示。

单击图 7.3 所示对话框中的"添加 Web 引用"按钮,打开"添加 Web 引用"对话框,如图 7.4 所示。

图 7.2 "添加服务引用"对话框

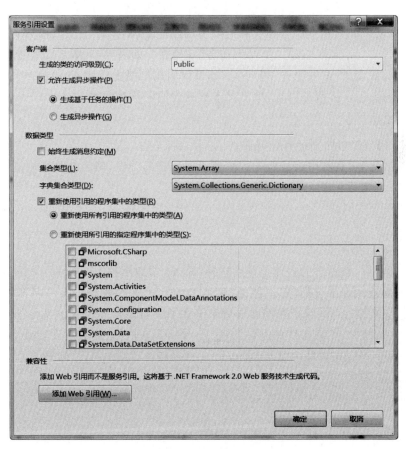

图 7.3 "服务引用设置"对话框

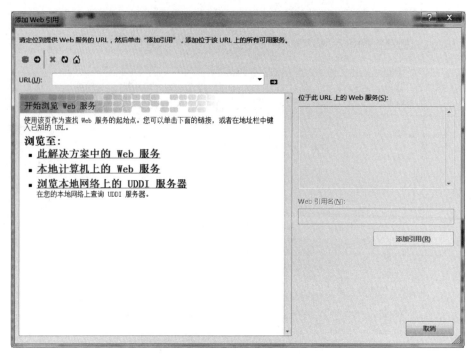

图 7.4　"添加 Web 引用"对话框

在图 7.4 所示的对话框中根据实际需要引用相应的 Web 服务。如果 Web 服务在本解决方案中,则单击"此解决方案中的 Web 服务"超链接;如果 Web 服务在本地计算机上,则单击"本地计算机上的 Web 服务"超链接;如果要引用网络上的 Web 服务,则在 URL 文本框中输入要引用的 Web 服务网址,单击文本框右边的前往按钮 ➡ 。

3. 应用案例

【案例 7.1】　简单四则运算计算器。

创建 Web 服务,在其中设计能进行简单四则运算的方法,然后在页面中通过引用 Web 服务完成简单四则运算。

1) 新建一个空网站

方法略。

2) 创建 Web 服务

右击网站名称,在弹出的快捷菜单中选择"添加|添加新项"选项,打开"添加新项"对话框,在中间的模板列表中选择"Web 服务(ASMX)"选项,采用默认的文件名称 WebService.asmx,单击"添加"按钮后,除了在网站根目录下多了 WebService.asmx 文件外,还自动创建了 App_Code 文件夹,在该文件夹中有 WebService.cs 文件,系统会自动转到 WebService.cs 文件的编辑界面,在其中设计一个方法 GetTotal 用来进行四则运算,代码如下。

```
[WebMethod]
public int GetTotal(string s, int x, int y)
{
    if (s == "+")
        return x + y;
    if (s == "-")
```

```
        return x - y;
    if (s == "×")
        return x * y;
    if (s == "÷")
        return x / y;
    else
        return 0;
}
```

3）新建网页 Default.aspx

设置网页标题为"简单四则运算计算器"，在页面中添加 3 个 TextBox 控件、一个 DropDownList 控件和一个 Button 控件，所有控件的 ID 均采用默认名称。DropDownList1 控件的代码如下。

```
< asp:DropDownList ID = "DropDownList1" runat = "server">
    < asp:ListItem > + </asp:ListItem >
    < asp:ListItem > - </asp:ListItem >
    < asp:ListItem > × </asp:ListItem >
    < asp:ListItem > ÷ </asp:ListItem >
</asp:DropDownList >
```

Default.aspx 设计视图如图 7.5 所示。

4）引用 Web 服务

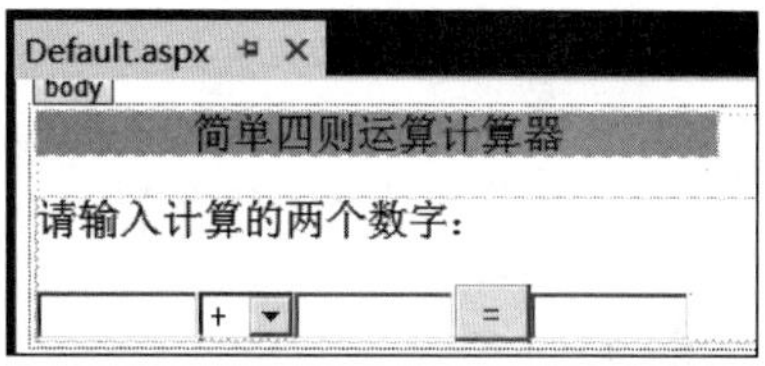

图 7.5　Default.aspx 设计视图

右击网站名称，在弹出的快捷菜单中选择"添加|服务引用"选项，打开"添加服务引用"对话框，然后单击其左下角的"高级"按钮，打开"服务引用设置"对话框，单击该对话框中的"添加 Web 引用"按钮，打开"添加 Web 引用"对话框，单击"此解决方案中的 Web 服务"超链接，在对话框中就列出了此解决方案中可用的 Web 服务，单击 Web 服务名称，Web 引用名采用默认的 localhost，如图 7.6 所示。

图 7.6　添加此解决方案中的 Web 服务

单击"添加引用"按钮,此时会在网站根目录中生成一个名为 App_WebReferences 的文件夹,并在该文件夹下建立一个与 Web 引用名相同的文件夹,在这个文件夹中存放着 Web 服务的代理文件。

5) 页面后台代码设计

单击"="按钮,先创建 Web 服务对象,再分别获取运算符和两个操作数,然后通过 Web 服务对象调用 GetTotal 方法进行四则运算并把运算结果显示在相应的文本框中,代码如下。

```
protected void Button1_Click(object sender, EventArgs e)
{
    localhost.WebService lm = new localhost.WebService();
    string code = DropDownList1.SelectedValue;
    int one = Convert.ToInt32(TextBox1.Text.Trim());
    int two = Convert.ToInt32(TextBox2.Text.Trim());
    if (code == "/" && two == 0)
        Response.Write("<script>alert('除数不能为 0,请重新输入除数!');</script>");
    TextBox3.Text = lm.GetTotal(code, one, two).ToString();
}
```

6) 运行页面

运行 Default.aspx,在两个文本框中分别输入一个数,单击"="按钮,运算结果会显示在第 3 个文本框中,运行效果如图 7.7 所示。

图 7.7　简单四则运算计算器

7.2　利用 Web Service 实现数据库操作

7.2.1　利用 Web Service 实现数据的添加

1. 案例说明

Web 服务不只停留在简单的数据操作上,复杂的数据处理也可以使用 Web 服务进行处理。本案例通过调用 Web 服务完成对数据库数据的添加操作。

2. 实现过程

【案例 7.2】　利用 Web Service 实现数据添加。

在页面上输入数据,创建 Web 服务,自定义相应方法,通过调用 Web 服务将输入的数据添加到数据库中,并在页面上显示出来。

1) 新建一个空网站

方法略。

2) 创建 Web 服务

右击网站名称，在弹出的快捷菜单中选择"添加|添加新项"选项，打开"添加新项"对话框，在中间的模板列表中选择"Web 服务(ASMX)"选项，采用默认的文件名称 WebService. asmx，单击"添加"按钮后，除了在网站根目录下多了 WebService. asmx 文件外，还自动创建了 App_Code 文件夹，在该文件夹中有 WebService. cs 文件，系统自动转到 WebService. cs 文件的编辑界面，在其中设计两个方法。

在 Web. config 文件的< configuration >节中加入以下代码。

```
< connectionStrings >
    < add name = "constr" connectionString = "Server = .;Database = test;Integrated Security =
true"/>
</connectionStrings >
```

添加命名空间的引用，代码如下。

```
using System.Configuration;
using System.Data;
using System.Data.SqlClient;
```

在 WebService. cs 中定义的两个方法的代码如下。

```
[WebMethod]
public int CommandSql(string cmdtext)
{
    conn.Open();
    SqlCommand comm = new SqlCommand(cmdtext, conn);
    int x = comm.ExecuteNonQuery();
    conn.Close();
    return x;
}
[WebMethod]
public DataSet GetRecords(string sqltext)
{
    conn.Open();
    SqlDataAdapter da = new SqlDataAdapter(sqltext, conn);
    DataSet ds = new DataSet();
    da.Fill(ds);
    conn.Close();
    return ds;
}
```

3) 新建网页 Default. aspx

设置网页标题为"利用 Web Service 实现数据添加"，在页面中添加一个 8 行 2 列的表格布局。在第 2~6 行各添加一个 TextBox 控件，在第 7 行添加两个 Button 控件，在第 8 行添加一个 GridView 控件，所有控件的 ID 均采用默认名称。单击 GridView1 控件右上方的智能标记按钮，在弹出的"GridView 任务"菜单中选择"编辑列"选项，在打开的"字段"对话框中给 GridView1 控件绑定 staff 表中的 5 个字段，并把 5 个字段的列名称都改成中文。 Default. aspx 设计视图如图 7.8 所示。

4) 引用 Web 服务

右击网站名称，在弹出的快捷菜单中选择"添加|服务引用"选项，打开"添加服务引用"对话框，然后单击其左下角的"高级"按钮，打开"服务引用设置"对话框，单击该对话框中的

图 7.8　Default.aspx 设计视图

"添加 Web 引用"按钮，打开"添加 Web 引用"对话框，在这个对话框中单击"此解决方案中的 Web 服务"超链接，在对话框中就列出了此解决方案中可用的 Web 服务，单击 Web 服务名称，Web 引用名采用默认的 localhost。

单击"添加引用"按钮，此时会在网站根目录中生成一个名为 App_WebReferences 的文件夹，并在该文件夹下建立一个与 Web 引用名相同的文件夹，在这个文件夹中存放着 Web 服务的代理文件。

5）页面后台代码设计

在所有事件之外定义 Web 服务对象，代码如下。

```
localhost.WebService lw = new localhost.WebService();
```

页面加载时把 staff 表绑定到 GridView 控件上输出，代码如下。

```
protected void Page_Load(object sender, EventArgs e)
{
        if (!IsPostBack)
        {
            string cmdtxt = "select * from staff";
            this.GridView1.DataSource = lw.GetRecords(cmdtxt);
            this.GridView1.DataBind();
        }
    }
```

在各文本框中输入相应的值，单击"添加"按钮，数据就被添加到数据库中，并返回到原页面，Button1 按钮的 Click 事件代码如下。

```
protected void Button1_Click(object sender, EventArgs e)
{
    string InsertSql = "Insert Into staff values('" + TextBox1.Text + "','" + TextBox2.Text +
"','" + TextBox3.Text + "','" + TextBox4.Text + "','" + TextBox5.Text + "')";
    int i = lw.CommandSql(InsertSql);
    if (i > 0)
    {
        Response.Write("< script > alert('数据添加成功!');location = 'Default.aspx'</ script >");
    }
    else
    {
        Response.Write("< script > alert('数据添加失败!');location = 'Default.aspx'</ script >");
    }
}
```

6）运行页面

运行 Default.aspx，在各文本框中分别输入一条记录的各字段值，单击"添加"按钮，添加的记录会显示在页面中，运行效果如图 7.9 所示。

图 7.9　利用 Web Service 实现数据添加

7.2.2　利用 Web Service 实现数据的删除

1. 案例说明

本案例通过调用 Web 服务完成对数据库数据的删除操作。

2. 实现过程

【案例 7.3】　利用 Web Service 实现数据删除。

创建 Web 服务，自定义相应方法，通过调用 Web 服务将选定的数据从数据库中删除，并在页面上显示删除以后的结果。

1）新建一个空网站

方法略。

2）创建 Web 服务

右击网站名称，在弹出的快捷菜单中选择"添加|添加新项"选项，打开"添加新项"对话框，在中间的模板列表中选择"Web 服务（ASMX）"选项，采用默认的文件名称 WebService.asmx，单击"添加"按钮后，除了在网站根目录下多了 WebService.asmx 文件外，还自动创建了 App_Code 文件夹，在该文件夹中有 WebService.cs 文件，系统会自动转到 WebService.cs 文件的编辑界面。下面介绍 WebService.cs 文件的设计过程。

在 Web.config 文件的< configuration >节中加入以下代码。

```
< connectionStrings >
    < add name = "constr" connectionString = "Server = .;Database = test;Integrated Security = true"/>
</connectionStrings >
```

添加命名空间的引用，代码如下。

```
using System.Configuration;
using System.Data;
using System.Data.SqlClient;
```

在 WebService.cs 中定义的两个方法的代码如下。

```
[WebMethod]
public int CommandSql(string cmdtext)
{
    conn.Open();
    SqlCommand comm = new SqlCommand(cmdtext, conn);
    int x = comm.ExecuteNonQuery();
    conn.Close();
    return x;
}
[WebMethod]
public DataSet GetRecords(string sqltext)
{
    conn.Open();
    SqlDataAdapter da = new SqlDataAdapter(sqltext, conn);
    DataSet ds = new DataSet();
    da.Fill(ds);
    conn.Close();
    return ds;
}
```

3) 新建网页 Default.aspx

设置网页标题为"利用 Web Service 实现数据删除",在页面中添加一个 GridView 控件,ID 采用默认名称。单击 GridView1 控件右上方的智能标记按钮,在弹出的"GridView 任务"菜单中选择"编辑列"选项,在打开的"字段"对话框中给 GridView1 控件绑定 staff 表中的 5 个字段,并把 5 个字段的列名称都改成中文。接着在"字段"对话框中添加一个 CommandField 字段,设置其 ShowDeleteButton 属性为 true,以便在 GridView 中显示"删除"按钮;设置其 HeaderText 属性为"删除数据",作为表格第 1 列的列标题。Default.aspx 设计视图如图 7.10 所示。

图 7.10 Default.aspx 设计视图

4) 引用 Web 服务

右击网站名称,在弹出的快捷菜单中选择"添加|服务引用"选项,打开"添加服务引用"对话框,然后单击其左下角的"高级"按钮,打开"服务引用设置"对话框,单击该对话框中的"添加 Web 引用"按钮,打开"添加 Web 引用"对话框,在这个对话框中单击"此解决方案中的 Web 服务"超链接,在对话框中就列出了此解决方案中可用的 Web 服务,单击 Web 服务名称,Web 引用名采用默认的 localhost。

单击"添加引用"按钮,此时会在网站根目录中生成一个名为 App_WebReferences 的文件夹，并在该文件夹下建立一个与 Web 引用名相同的文件夹，在这个文件夹中存放着 Web 服务的代理文件。

5）页面后台代码设计

在所有事件之外定义 Web 服务对象，代码如下。

```
localhost.WebService lw = new localhost.WebService();
```

页面加载时把 staff 表绑定到 GridView 控件上输出，代码如下。

```
protected void Page_Load(object sender, EventArgs e)
{
    if (!IsPostBack)
    {
        string cmdtxt = "select * from staff";
        this.GridView1.DataSource = lw.GetRecords(cmdtxt);
        this.GridView1.DataBind();
    }
}
```

在 GridView1 中单击要删除数据所在行首的“删除”按钮，触发 GridView1 的 RowDeleting 事件，在该事件中调用 Web 服务中的相应方法实现数据的删除，代码如下。

```
protected void GridView1_RowDeleting(object sender, GridViewDeleteEventArgs e)
{
    string sqltext = "Delete from staff where Number = '" + GridView1.DataKeys[e.RowIndex].
Value + "'";
    int i = lw.CommandSql(sqltext);
    if (i > 0)
    {
        Response.Write("<script>alert('数据删除成功!');location = 'Default.aspx'</script>");
    }
    else
    {
        Response.Write("<script>alert('数据删除添加失败!');location = 'Default.aspx'
</script>");
    }
}
```

6）运行页面

运行 Default.aspx，选定一行数据，单击其行首的“删除”按钮，记录会从数据库中删除，并将删除后的结果显示在页面中，运行效果如图 7.11 所示。

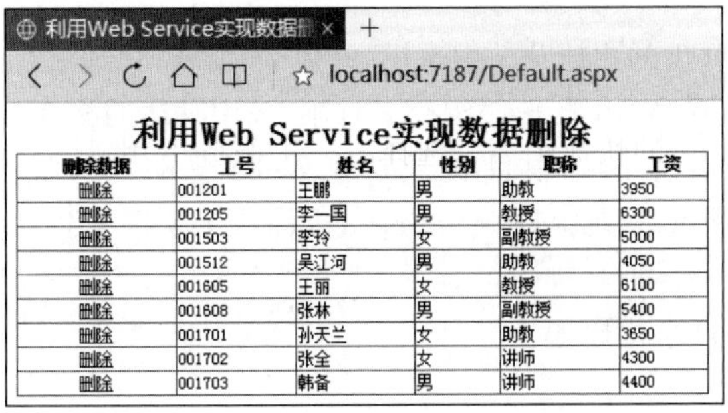

删除数据	工号	姓名	性别	职称	工资
删除	001201	王鹏	男	助教	3950
删除	001205	李一国	男	教授	6300
删除	001503	李玲	女	副教授	5000
删除	001512	吴江河	男	助教	4050
删除	001605	王丽	女	教授	6100
删除	001608	张林	男	副教授	5400
删除	001701	孙天兰	女	助教	3650
删除	001702	张全	女	讲师	4300
删除	001703	韩备	男	讲师	4400

图 7.11　利用 Web Service 实现数据删除

7.3　利用 Web Service 实现通信功能

7.3.1　利用 Web Service 发送 E-mail

1. 案例说明

E-mail 是现代通信工具之一，在 .NET 中包含有发送 E-mail 邮件的类库，用户可以通过该类库中的类完成对邮件的发送。本案例利用 Web Service 实现邮件的发送。

2. 关键技术

1）MailMessage 类

MailMessage 类提供了用于构造电子邮件的属性和方法。本案例中用到的构造函数为 MailMessage(sendfrom，sendto)，其中，sendfrom 表示 E-mail 发件人的地址，sendto 表示电子邮件收件人的地址。

2）SmtpClient 类

在 SmtpClient 类实例化后可以使用指定的 SMTP 服务器和端口发送电子邮件。本案例中用到的构造函数为 SmtpClient(smtpserver，smtpport)，其中，smtpserver 表示用于发送邮件的 SMTP 服务器，smtpport 表示用于发送邮件的指定端口。

3）邮箱设置

本案例使用 QQ 邮箱发送邮件。首先需要对账号开启 SMTP 邮件发送服务。单击进入 QQ 邮箱主界面，找到"设置"菜单后单击，在邮箱设置界面中单击"账户"，找到 POP3/SMTP 服务，把前两个开启，再单击"保存更改"按钮就开启了 SMTP 邮件发送服务。在开启过程中会接收到授权码，授权码是 QQ 邮箱推出的用于登录第三方客户端的专用密码，在第三方客户端输入密码时要使用 QQ 邮箱授权码登录。

3. 实现过程

【案例 7.4】　利用 Web Service 发送 E-mail。

创建 Web 服务，自定义发送邮件的方法，在页面中写好邮件后通过调用 Web 服务实现邮件的发送。

1）新建一个空网站

方法略。

2）创建 Web 服务

右击网站名称，在弹出的快捷菜单中选择"添加|添加新项"选项，打开"添加新项"对话框，在中间的模板列表中选择"Web 服务（ASMX）"选项，采用默认的文件名称 WebService.asmx，单击"添加"按钮后，除了在网站根目录下多了 WebService.asmx 文件外，还自动创建了 App_Code 文件夹，在该文件夹中有 WebService.cs 文件，系统会自动转到 WebService.cs 文件的编辑界面。

添加命名空间的引用，代码如下。

```
using System.Net.Mail;
```

设计发送邮件的方法 SendMailMsg，代码如下。

```
[WebMethod]
public void SendMailMsg(string sendfrom, string sendfrompwd, string sendto, string subject,
string body, string smtpserver, int smtpport)
{
    MailMessage SendMsg = new MailMessage(sendfrom, sendto);
    SendMsg.Subject = subject;
    SendMsg.Body = body;
    SmtpClient client = new SmtpClient(smtpserver, smtpport);
    client.EnableSsl = true;
    client.Credentials = new System.Net.NetworkCredential(sendfrom, sendfrompwd);
    client.Send(SendMsg);
}
```

其中,SendMailMsg()方法的参数 sendfrom、sendfrompwd、sendto、subject、body、smtpserver、smtpport 分别表示发件人邮箱地址、发件人邮箱密码、收件人邮箱地址、邮件主题、邮件内容、发送邮件的 SMTP 服务器、发送邮件的指定端口。

3)新建网页 Default.aspx

设置网页标题为"利用 Web Service 发送 E-mail",在页面中添加一个 6 行 2 列的表格用于布局,在第 2 列的第 1~5 行各添加一个 TextBox 控件,在第 6 行添加两个 Button 控件,所有控件的 ID 均采用默认名称,将 TextBox2 的 TextMode 属性设为 Password、TextBox5 的 TextMode 属性设为 MultiLine。Default.aspx 设计视图如图 7.12 所示。

图 7.12 Default.aspx 设计视图

4)引用 Web 服务

右击网站名称,在弹出的快捷菜单中选择"添加 | 服务引用"选项,打开"添加服务引用"对话框,然后单击其左下角的"高级"按钮,打开"服务引用设置"对话框,单击该对话框中的"添加 Web 引用"按钮,打开"添加 Web 引用"对话框,在这个对话框中单击"此解决方案中的 Web 服务"超链接,在对话框中就列出了此解决方案中可用的 Web 服务,单击 Web 服务名称,Web 引用名采用默认的 localhost。

单击"添加引用"按钮,此时会在网站根目录中生成一个名为 App_WebReferences 的文件夹,并在该文件夹下建立一个与 Web 引用名相同的文件夹,在这个文件夹中存放着 Web 服务的代理文件。

5)页面后台代码设计

在页面上把邮件的相关内容填写好,单击"发送"按钮后邮件就通过指定的服务器和端口发送到指定的邮箱,代码如下。

```
protected void Button1_Click(object sender, EventArgs e)
{
    localhost.WebService SendMsg = new localhost.WebService();
    SendMsg.SendMailMsg(this.TextBox1.Text.Trim(), this.TextBox2.Text.Trim(),
        this.TextBox3.Text.Trim(), this.TextBox4.Text.Trim(), this.TextBox5.Text, "smtp.qq.
com", 25);
}
```

6）设置邮箱

对 QQ 邮箱账号开启 SMTP 邮件发送服务，步骤参见本节关键技术部分中关于邮箱设置的介绍，在开启过程中获取的授权码将作为发件人邮箱密码。

7）运行页面

运行 Default.aspx，填写邮件的相关内容，效果如图 7.13 所示。

登录到收件人邮箱，发现邮件已经收到了，打开接收到的邮件，如图 7.14 所示。

图 7.13　利用 Web Service 发送 E-mail

图 7.14　接收到的邮件

7.3.2　利用 Web Service 获取天气预报

1. 案例说明

本案例利用 Web Service 实时获取天气预报信息，通过选择省份和相应的城市来获取该城市的天气信息。

2. 关键技术

1）获取省份信息

调用天气 Web 服务中的 getSupportProvince()方法获取省份信息，返回值是一个一维数组，通过一个循环把数组元素绑定到表示省份信息的下拉列表中。

2）获取城市信息

以选定的省份为参数，调用天气 Web 服务中的 getSupportCity()方法获取该省的城市信息，返回值也是一个一维数组，由于城市后面附有代码，如"武汉（57494）"，所以在绑定到 DropDownList2 控件之前要对数组元素用字符串处理函数处理一下，把城市后面的代码去掉，具体的做法见实现过程中的页面后台代码设计部分。

3）获取天气信息

以选定的城市为参数，调用天气 Web 服务中的 getWeatherbyCityName()方法获取该城市的天气信息,返回值是一个一维数组,选择其中下标为 0、1、5、6、7、8 的元素在页面中显示出来。下标为 8 的元素表示天气图片的名称,事先把相关的天气图片下载下来放在网站根文件夹下,结合二者图片就可以显示出来了,具体的做法也参见实现过程中的页面后台代码设计部分。

3. 实现过程

【**案例 7.5**】　利用 Web Service 获取天气预报。

在页面上选择省份及该省相应的城市,通过调用天气 Web 服务获取该城市的天气信息。

1) 新建一个空网站

在网站根文件夹下新建一个文件夹,命名为 images,用来存放天气图片。

2) 引用 Web 服务

右击网站名称,在弹出的快捷菜单中选择"添加|服务引用"选项,打开"添加服务引用"对话框,单击其左下角的"高级"按钮,打开"服务引用设置"对话框,在该对话框中单击左下角的"添加 Web 引用"按钮,打开"添加 Web 引用"对话框。

在"添加 Web 引用"对话框的 URL 文本框中输入要引用的 Web 服务网址(网址详见前言二维码),如图 7.15 所示。

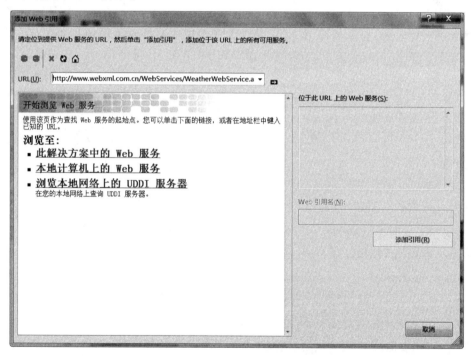

图 7.15　"添加 Web 引用"对话框

单击已输入 Web 引用网址的文本框右边的"前往"按钮,在对话框中将出现该 Web 服务的所有方法,单击 Web 服务名称,把 Web 引用名改为 WeatherService,如图 7.16 所示。

单击"添加引用"按钮,此时会在网站根目录中生成一个名为 App_WebReferences 的文件夹,并在该文件夹下建立一个与 Web 引用名相同的文件夹,在这个文件夹中存放着 Web 服务的代理文件。

图 7.16   查看 Web 服务

3）新建网页 Default.aspx

设置网页标题为"利用 Web Service 获取天气预报"，在页面中添加一个 5 行 3 列的表格用于布局，在第 1 行的第 1～2 列各添加一个 DropDownList 控件，在第 1 行的第 3 列添加一个 Button 控件，把第 1 列的第 2～5 行合并后添加一个 Image 控件，在第 2 列的第 2 至 5 行分别添加 Label 控件，所有控件的 ID 均采用默认名称。Default.aspx 设计视图如图 7.17 所示。

图 7.17   Default.aspx 设计视图

4）页面后台代码设计

在所有事件之外定义一个 Web 服务对象，代码如下。

```
WeatherService.WeatherWebService wws = new WeatherService.WeatherWebService();
```

自定义方法 BindPro()，用来获取省份，代码如下。

```
protected void BindPro()
{
    string[] pro = wws.getSupportProvince();
    for (int i = 0; i < pro.Length; i++)
    {
        DropDownList1.Items.Add(pro[i]);
    }
}
```

自定义方法 BindCity()，用来在选取省份后获取相应的城市，代码如下。

```
protected void BindCity()
{
    DropDownList2.Items.Clear();
    string[] city = wws.getSupportCity(DropDownList1.SelectedValue);
```

```
for (int i = 0; i < city.Length; i++)
{
    int k = city[i].IndexOf(' ');
    string kk = city[i].Substring(0, k + 1);
    DropDownList2.Items.Add(kk);
}
}
```

自定义方法 BindWeather(),用来在获取省份和城市后查询该城市的天气信息,并把相关信息在页面上显示,代码如下。

```
protected void BindWeather()
{
    string[] mystr = wws.getWeatherbyCityName(DropDownList2.Text);
    Label1.Text = mystr[0].ToString();
    Label2.Text = mystr[1].ToString();
    Label3.Text = mystr[5].ToString();
    Label4.Text = mystr[6].ToString();
    Label5.Text = mystr[7].ToString();
    Image1.ImageUrl = "~/images/" + mystr[8].ToString();
}
```

在页面加载时调用 BindPro()方法和 BindCity()方法分别给两个下拉列表框加载省份和城市,并以默认的省份和城市为参数调用 BindWeather()方法查询其天气信息,代码如下。

```
protected void Page_Load(object sender, EventArgs e)
{
    if (!Page.IsPostBack)
    {
        BindPro();
        BindCity();
        BindWeather();
    }
}
```

选择了省份后会触发 DropDownList1 控件的 SelectedIndexChanged 事件,在这个事件中调用 BindCity()方法把该省的城市绑定到 DropDownList2。选择了城市后单击"查询"按钮,在其 Click 事件中调用 BindWeather()方法查询该城市的天气信息。

5) 运行页面

运行 Default.aspx,选择省份、城市,单击"查询"按钮,运行效果如图 7.18 所示。

图 7.18　利用 Web Service 获取天气预报

7.3.3　利用 Web Service 获取火车时刻表

1. 案例说明

本案例利用 Web Service 实时获取火车时刻表信息,输入开始站和终点站后通过调用 Web 服务里的相关方法来获取两站之间的火车时刻表信息。

2. 关键技术

1) 获取全部站点信息

调用火车时刻表 Web 服务中的 getStationName()方法获取全部站点信息,返回值是一个一维数组。因为开始站和终点站的站点信息相同，所以可以通过一个循环把数组元素绑定到开始站和终点站的下拉列表中。

2）获取火车时刻表信息

火车时刻表 Web 服务中主要提供了站站查询、车次查询、车站所有车次查询 3 种查询方式，本案例中采用站站查询，以用户输入的开始站和终点站为参数，调用火车时刻表 Web 服务中的 getStationAndTimeByStationName()方法来获取车次信息，并把信息返回到页面输出。

3. 实现过程

【案例 7.6】 利用 Web Service 获取火车时刻表。

在页面上输入开始站和终点站，通过调用火车时刻表 Web 服务获取两站之间的火车时刻表信息。

1）新建一个空网站

方法略。

2）引用 Web 服务

右击网站名称，在弹出的快捷菜单中选择"添加|服务引用"选项，打开"添加服务引用"对话框，然后单击其左下角的"高级"按钮，打开"服务引用设置"对话框，在该对话框中单击左下角的"添加 Web 引用"按钮，打开"添加 Web 引用"对话框。

在"添加 Web 引用"对话框的 URL 文本框中输入要引用的 Web 服务网址（网址详见前言二维码），单击已输入 Web 引用网址的文本框右边的"前往"按钮，在对话框中将出现该 Web 服务的所有方法，单击 Web 服务名称，把 Web 引用名改为 TrainTime，如图 7.19所示。

图 7.19   添加 Web 引用

单击"添加引用"按钮,此时会在网站根目录中生成一个名为 App_WebReferences 的文件夹,并在该文件夹下建立一个与 Web 引用名相同的文件夹,在这个文件夹中存放着 Web 服务的代理文件。

3) 新建网页 Default.aspx

设置网页标题为"利用 Web Service 获取火车时刻表",在页面中添加一个 2 行 3 列的表格用于布局,在第 1 行添加两个 DropDownList 控件和一个 Button 控件,把第 2 行合并后添加一个 GridView 控件,所有控件的 ID 均采用默认名称。Default.aspx 设计视图如图 7.20 所示。

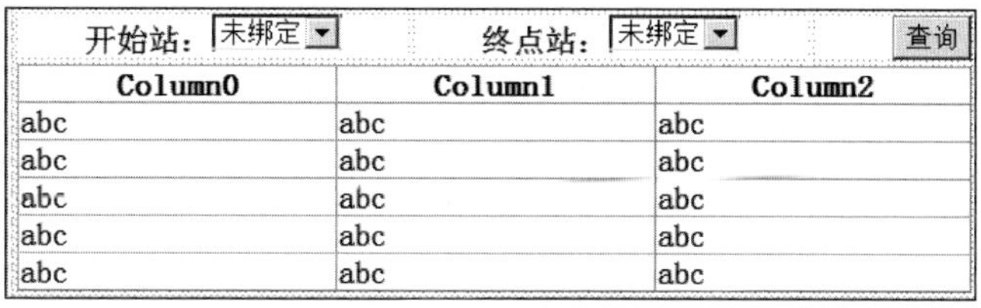

开始站: 未绑定▼　　终点站: 未绑定▼		查询
Column0	Column1	Column2
abc	abc	abc
abc	abc	abc
abc	abc	abc
abc	abc	abc
abc	abc	abc

图 7.20　Default.aspx 设计视图

4) 页面后台代码设计

在所有事件之外定义一个 Web 服务对象,代码如下。

```
TrainTime.TrainTimeWebService ttService = new TrainTime.TrainTimeWebService();
```

在页面加载时调用火车时刻表 Web 服务里的 getStationName()方法获取站点信息,并用 for 循环绑定到开始站和终点站的下拉列表中,Page_Load 事件的代码如下。

```
protected void Page_Load(object sender, EventArgs e)
{
    string[] str = ttService.getStationName();
    for (int i = 0; i < str.Length; i++)
    {
        DropDownList1.Items.Add(str[i]);
        DropDownList2.Items.Add(str[i]);
    }
}
```

在两个下拉列表中选择好开始站和终点站,单击"查询"按钮,在其 Click 事件中调用 getStationAndTimeByStationName()方法查询两站之间的车次信息,并把该信息绑定到 GridView 控件显示输出。注意,getStationAndTimeByStationName()方法还有第 3 个参数,是一个空串,表示普通用户。"查询"按钮的 Click 事件的代码如下。

```
protected void Button1_Click(object sender, EventArgs e)
{
    string StartStation, ArriveStation;
    StartStation = DropDownList1.Text;
    ArriveStation = DropDownList2.Text;
    DataSet ds = ttService.getStationAndTimeByStationName(StartStation, ArriveStation, "");
    GridView1.DataSource = ds.Tables[0].DefaultView;
    GridView1.DataBind();
}
```

5) 运行页面

运行 Default.aspx,选择开始站和终点站,单击"查询"按钮,运行效果如图 7.21 所示。

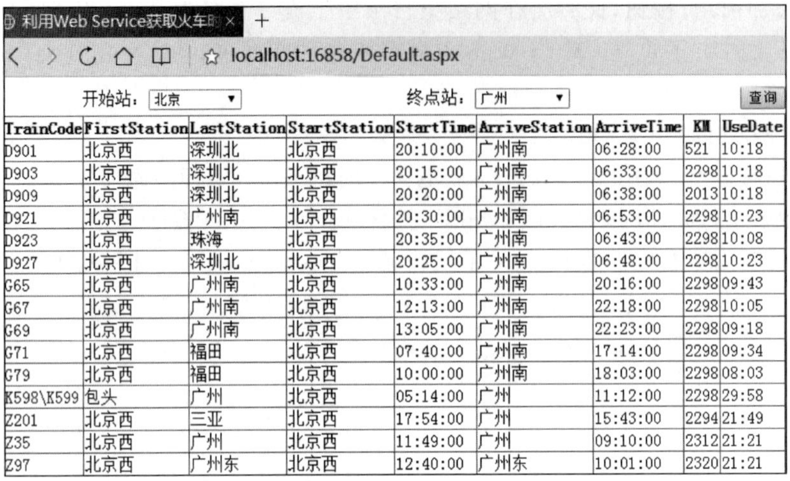

TrainCode	FirstStation	LastStation	StartStation	StartTime	ArriveStation	ArriveTime	KM	UseDate
D901	北京西	深圳北	北京西	20:10:00	广州南	06:28:00	521	10:18
D903	北京西	深圳北	北京西	20:15:00	广州南	06:33:00	2298	10:18
D909	北京西	深圳北	北京西	20:20:00	广州南	06:38:00	2013	10:18
D921	北京西	广州南	北京西	20:30:00	广州南	06:53:00	2298	10:23
D923	北京西	珠海	北京西	20:35:00	广州南	06:43:00	2298	10:08
D927	北京西	深圳北	北京西	20:25:00	广州南	06:48:00	2298	10:23
G65	北京西	广州南	北京西	10:33:00	广州南	20:16:00	2298	09:43
G67	北京西	广州南	北京西	12:13:00	广州南	22:18:00	2298	10:05
G69	北京西	广州南	北京西	13:05:00	广州南	22:23:00	2298	09:18
G71	北京西	福田	北京西	07:40:00	广州南	17:14:00	2298	09:34
G79	北京西	福田	北京西	10:00:00	广州南	18:03:00	2298	08:03
K598\K599	包头	广州	北京西	05:14:00	广州	11:12:00	2298	29:58
Z201	北京西	三亚	北京西	17:54:00	广州	15:43:00	2294	21:49
Z35	北京西	广州	北京西	11:49:00	广州	09:10:00	2312	21:21
Z97	北京西	广州东	北京西	12:40:00	广州东	10:01:00	2320	21:21

图 7.21　利用 Web Service 获取火车时刻表

7.4　利用 Web Service 实现其他功能

7.4.1　利用 Web Service 实现验证码

1. 案例说明

字母和数字混合验证码技术是网站注册和登录中经常用到的验证技术，开发人员可以通过验证码技术阻止非法用户的操作，本案例通过引用 Web 服务实现验证码技术。在本案例中验证码是通过在客户端生成字符串，然后调用 Web 服务中的方法将字符串绘制成图片再传送到客户端网页中实现的。在绘制验证码时主要用到 Graphics 类对象的 FillRectangle()方法和 DrawString()方法。

2. 关键技术

1）FillRectangle()方法

FillRectangle()方法用来绘制并填充图片所在区域矩形，其语法格式如下。

```
FillRectangle(Brush brush, int x, int y, int width, int height)
```

其中参数的说明如下。

- brush：确定填充的画刷。
- x：要填充矩形的左上角的 x 坐标。
- y：要填充矩形的左上角的 y 坐标。
- width：要填充矩形的宽度。
- height：要填充矩形的高度。

2）DrawString()方法

DrawString()方法将客户端生成的字符串绘制到图片上，其语法格式如下。

```
DrawString(string s, Font font, Brush brush, float x, float y)
```

其中参数的说明如下。

- s：要绘制的字符串。
- font：定义字符串的文本格式。
- brush：确定所绘制文本的颜色和纹理。
- x：所绘制文本的左上角的 x 坐标。
- y：所绘制文本的左上角的 y 坐标。

3）显示验证码

在需要验证码的页面中利用 img 控件将其显示出来，其 src 属性指定输出验证码图片的页面，在 img 控件中显示验证码的语法格式如下。

```
< img alt = "" src = "CheckCode.aspx"/>
```

3. 实现过程

【案例 7.7】 利用 Web Service 实现验证码。

创建 Web 服务，在其中设计相关方法，将字符串绘制成图片再传送到客户端网页实现验证码。

1）新建一个空网站

方法略。

2）创建 Web 服务

右击网站名称，在弹出的快捷菜单中选择"添加|添加新项"选项，打开"添加新项"对话框，在中间的模板列表中选择"Web 服务（ASMX）"选项，采用默认的文件名称 WebService.asmx，单击"添加"按钮后，除了在网站根目录下多了 WebService.asmx 文件外，还自动创建了 App_Code 文件夹，在该文件夹中有 WebService.cs 文件，系统会自动转到 WebService.cs 文件的编辑界面。

在 WebService.cs 文件中自定义 CheckCodeService()方法完成验证码的绘制，主要用到 Graphics 类对象的 FillRectangle()方法和 DrawString()方法。CheckCodeService()方法的代码如下。

```
[WebMethod]
public byte[] CheckCodeService(int nLen, ref string strKey)
{
    int nBmpWidth = 20 * nLen + 5;
    int nBmpHeight = 30;
    System.Drawing.Bitmap bmp = new System.Drawing.Bitmap(nBmpWidth, nBmpHeight);
    int nRed, nGreen, nBlue;
    //生成三原色
    System.Random rd = new Random((int)System.DateTime.Now.Ticks);
    nRed = rd.Next(255) % 128 + 128;
    nGreen = rd.Next(255) % 128 + 128;
    nBlue = rd.Next(255) % 128 + 128;
    //填充背景
    System.Drawing.Graphics graph = System.Drawing.Graphics.FromImage(bmp);
    graph.FillRectangle(new System.Drawing.SolidBrush(System.Drawing.Color.AliceBlue), 0, 0,
nBmpWidth, nBmpHeight);
    //绘制干扰线条,采用比背景略深的颜色
    int nLines = 3;
```

```
    System.Drawing.Pen pen = new System.Drawing.Pen(System.Drawing.Color.FromArgb(nRed - 17,
nGreen - 17, nBlue - 17), 2);
        for (int a = 0; a < nLines; a++)
        {
            int x1 = rd.Next(nBmpWidth);
            int y1 = rd.Next(nBmpHeight);
            int x2 = rd.Next(nBmpWidth);
            int y2 = rd.Next(nBmpHeight);
            graph.DrawLine(pen, x1, y1, x2, y2);
        }
        //画图片的前景噪点
        for (int i = 0; i < 100; i++)
        {
            int x = rd.Next(bmp.Width);
            int y = rd.Next(bmp.Height);
            bmp.SetPixel(x, y, System.Drawing.Color.FromArgb(rd.Next()));
        }
        //确定字体
        System.Drawing.Font font = new System.Drawing.Font("Courier New", 14 + rd.Next() % 4,
System.Drawing.FontStyle.Bold);
        System.Drawing.Drawing2D.LinearGradientBrush brush = new System.Drawing.Drawing2D.
LinearGradientBrush(new System.Drawing.Rectangle(0, 0, bmp.Width, bmp.Height),
System.Drawing.Color.Blue, System.Drawing.Color.DarkRed, 1.2f, true);
        graph.DrawString(strKey, font, brush, 2, 2);
        //输出字节流
        System.IO.MemoryStream stream = new System.IO.MemoryStream();
        bmp.Save(stream, System.Drawing.Imaging.ImageFormat.Jpeg);
        bmp.Dispose();
        graph.Dispose();
        byte[] byteReturn = stream.ToArray();
        stream.Close();
        return byteReturn;
    }
```

3) 引用 Web 服务

　　右击网站名称，在弹出的快捷菜单中选择"添加|服务引用"选项，打开"添加服务引用"对话框，然后单击其左下角的"高级"按钮，打开"服务引用设置"对话框，单击该对话框中的"添加 Web 引用"按钮，打开"添加 Web 引用"对话框，在这个对话框中单击"此解决方案中的 Web 服务"超链接，在对话框中就列出了此解决方案中可用的 Web 服务，单击 Web 服务名称，Web 引用名采用默认的 localhost。

　　单击"添加引用"按钮，此时会在网站根目录中生成一个名为 App_WebReferences 的文件夹，并在该文件夹下建立一个与 Web 引用名相同的文件夹，在这个文件夹中存放着 Web 服务的代理文件。

4) 新建网页 CheckCode.aspx

　　在页面中定义一个 Code() 方法用于生成随机字符串，代码如下。

```
public string Code(int length)
{
    string strResult = "";
    //采用的字符集可以拓展,也可以控制字符出现的概率
    string strCode = "0123456789ABCDEFGHIJKLMNOPQRSTUVWXYZ";
```

```
Random rd = new Random();
for (int i = 0; i < length; i++)
{
    char c = strCode[rd.Next(strCode.Length)];
    //随机获取字符
    strResult += c.ToString();
}
Session["CheckCode"] = strResult;
return strResult;
}
```

在页面加载时指定验证码为 4 位,并以此参数调用自定义的 Code()方法生成随机的 4 位字符串,再以验证码长度和随机生成的 4 位字符串为参数调用 Web 服务里的 CheckCodeService()方法生成验证码并显示验证码,而且把验证码存储在 Session 变量 CheckCode 中。Page_Load 事件的代码如下。

```
protected void Page_Load(object sender, EventArgs e)
{
    localhost.WebService lw = new localhost.WebService();
    int length = 4;
    string strKey = Code(length);
    byte[] data = lw.CheckCodeService(length, ref strKey);
    Response.OutputStream.Write(data, 0, data.Length);
}
```

5）新建网页 Default.aspx

设置网页标题为"利用 Web Service 实现验证码",在页面中添加一个 5 行 2 列的表格用于布局,在第 2 列的第 2 行和第 3 行各添加一个 TextBox 控件;在第 2 列的第 4 行添加一个 1 行 2 列的子表格,在左边单元格中添加一个 TextBox 控件,在右边单元格中添加一个 img 控件;把第 5 行合并后添加两个 Button 控件。所有控件的 ID 均采用默认名称,将 TextBox2 的 TextMode 属性设置为 Password,Default.aspx 设计视图如图 7.22 所示。

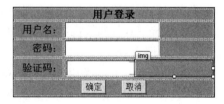

图 7.22　Default.aspx 设计视图

在本案例中,重点放在验证码方面,没有检查用户名和密码的正确性,所以用户名和密码随便输入即可。由于 Default.aspx 页面中的 img 控件的 src 属性是 CheckCode.aspx 页面,所以当该页加载时会去执行 CheckCode.aspx 页面,从而生成验证码并显示在 img 控件中,据此输入验证码后单击"确定"按钮,在其 Click 事件中把从 CheckCode.aspx 页面传过来的 Session 变量 CheckCode 中存储的验证码取出来,与文本框中输入的验证码比较。"确定"按钮的 Click 事件的代码如下。

```
protected void Button1_Click(object sender, EventArgs e)
{
    if (Session["CheckCode"].ToString() == this.TextBox3.Text.Trim())
    {
        Response.Write("<script>alert('验证码正确!')</script>");
    }
```

图 7.23　利用 Web Service 实现验证码

```
else
{
    Response.Write("< script > alert('验证码错
误!')</script >");
}
}
```

6）运行页面

运行 Default.aspx 页面，在页面上会显示随机生成的验证码，如图 7.23 所示。

7.4.2　利用 Web Service 生成注册码

1. 案例说明

本案例获取客户端的网卡号和机器名，通过调用 Web 服务中的方法生成注册码并返回，单击"注册"按钮时将调用 Web 服务中的分解注册码的方法，将注册码分解成网卡号和机器名，与之前获取的网卡号和机器名进行对比，如果正确则说明注册成功。

2. 关键技术

1）获取机器名

Dns 是一个静态类，它从 Internet 域名系统（DNS）检索关于特定主机的信息。GetHostName()是 Dns 类的一个方法，它可以获取 DNS 解析的主机的名称。

2）对机器名的处理

由于在获取机器名时长度是不可预测的，有可能大于 4 位或小于 4 位，为了生成统一位数的注册码，必须保证机器名为 4 位字符串。如果机器名大于 4 位，则将截取机器名的前 4 位字符串；如果机器名小于 4 位，则将通过填字符的方法来解决。例如，假设机器名为 P，则在后面填充 ABC，如果机器名为 PQ，则在后面填充 AB，以此类推。

3）获取网卡号

ManagementClass 类用来获取本机的一些基本信息，如 CPU 的频率、网卡的 MAC、内存的容量、硬盘的容量等。如果要获取网卡号，则除了 ManagementClass 外还要用到两个类，即 ManagementObjectCollection 和 ManagementObject；还需要添加 .NET 引用，即 System.Management；并添加命名空间，即 using System.Management。

4）注册码的生成

传入客户端的网卡号和机器名，将网卡号分成 4 组，每组 3 个字符，将机器名分别取出一个字符添加到网卡号所分的组中，最后将数组赋值到字符串变量中并返回。

5）注册码的分解

传入一个字符串变量，该变量存有用户填写的注册码，循环将注册码的 4 个部分分解为机器名和网卡号，并将这两个值返回。

3. 实现过程

【案例 7.8】 利用 Web Service 生成注册码。

创建 Web 服务，在其中设计相关方法，以获取的客户端网卡号和机器名为参数调用Web 服务中的方法生成注册码。

1）新建一个空网站

方法略。

2）创建 Web 服务

右击网站名称，在弹出的快捷菜单中选择"添加|添加新项"选项，打开"添加新项"对话框，在中间的模板列表中选择"Web 服务（ASMX）"选项，采用默认的文件名称 WebService.asmx，单击"添加"按钮后，除了在网站根目录下多了 WebService.asmx 文件外，还自动创建了 App_Code 文件夹，在该文件夹中有 WebService.cs 文件，系统会自动转到 WebService.cs 文件的编辑界面。

在 WebService.cs 文件中自定义了两个方法，其中，getNumber（）方法用于返回注册码，该方法需要传入两个参数，即客户端网卡号和机器名；getCar（）方法用于分解注册码，该方法需要传入一个参数，即用户所填写的注册码。两个方法的代码如下。

```
[WebMethod]
public string getNumber(string carNmu, string hosNam)
{
    string cardStr = carNmu.Replace(":", "");        //将字符串中的":"替换为空字符
    string[] cards = new string[4];                  //创建数组
    int s = 0;
    string hn = hosNam;                              //获取机器名
    if (hn.Length > 4)                               //判断机器名是否大于4位
    {
        hn = hn.Substring(0, 4);                     //截取4位字符
    }
    else
    {
        int len = hn.Length;                         //获取机器名的长度
        switch (len)                                 //将机器名填充到4位
        {
            case 1: hn += "ABC"; break;
            case 2: hn += "AB"; break;
            case 3: hn += "A"; break;
        }
    }
    hn = hn.ToUpper();                               //将机器名转换为大写
    for (int i = 0; i < 4; i++)                      //创建for循环添加数组
    {
        //将网卡号分成4组，在每组i的位置插入所获取的1为机器名
        cards[i] = cardStr.Substring(s, 3).Insert(i, hn.Substring(i, 1));
        s += 3;
    }
    string getRegNum = "";
    for (int k = 0; k < 3; k++)                      //在每个数组之间插入"-"并存储到字符串变量中
    {
        getRegNum += cards[k] + "-";
    }
    return getRegNum += cards[3];                    //返回所生成的注册码
}
[WebMethod]
public string getCar(string str)
{
```

```
string[] cardStr = str.Split('-');              //将字符串通过"-"进行分组
string card = "";
string hn = "";
for (int i = 0; i < 4; i++)                      //创建 for 循环获取网卡号和机器名
{
    hn += cardStr[i].Substring(i, 1);           //获取机器名
    card += cardStr[i].Remove(i, 1);            //获取网卡号
}
return hn + " - " + card;                        //返回机器名和网卡号
}
```

3) 引用 Web 服务

右击网站名称,在弹出的快捷菜单中选择"添加|服务引用"选项,打开"添加服务引用"对话框,然后单击其左下角的"高级"按钮,打开"服务引用设置"对话框,单击该对话框中的"添加 Web 引用"按钮,打开"添加 Web 引用"对话框,在这个对话框中单击"此解决方案中的 Web 服务"超链接,在对话框中就列出了此解决方案中可用的 Web 服务,单击 Web 服务名称,Web 引用名采用默认的 localhost。

单击"添加引用"按钮,此时会在网站根目录中生成一个名为 App_WebReferences 的文件夹,并在该文件夹下建立一个与 Web 引用名相同的文件夹,在这个文件夹中存放着 Web 服务的代理文件。

4) 新建网页 Default.aspx

设置网页标题为"利用 Web Service 生成注册码",在页面中添加一个 6 行 2 列的表格用于布局,在第 2 列的第 1~3 行各添加一个 Label 控件;在第 3 行的第 1 列添加一个 Button 控件;把第 5 行合并后添加一个 1 行 4 列的子表格,在每个单元格中各添加一个 TextBox 控件;把第 6 行合并后添加两个 Button 控件。所有控件的 ID 均采用默认名称,Default.aspx 设计视图如图 7.24 所示。

图 7.24 Default.aspx 设计视图

5) 页面后台代码设计

添加命名空间的引用,代码如下。

```
using System.Net;
using System.Management;
```

在所有事件之外定义一个 Web 服务对象,代码如下。

```
localhost.WebService lw = new localhost.WebService();
```

自定义 GetMacAddress()方法获取客户端网卡号,代码如下。

```
private string GetMacAddress()
{
    try
    {
        string mac = "";
        ManagementClass mc = new ManagementClass("Win32_NetworkAdapterConfiguration");
            //获取网卡硬件地址
        ManagementObjectCollection moc = mc.GetInstances();
```

```
        foreach (ManagementObject mo in moc)
        {
            if ((bool)mo["IPEnabled"] == true)        //绑定了TCP/IP并已激活的网络适配器
            {
                mac = mo["MacAddress"].ToString();
                break;
            }
        }
        moc = null;
        mc = null;
        return mac;
    }
    catch
    {
        Response.Write("<script>alert('您没有联网!')</script>");
        return "";
    }
}
```

在页面加载时调用 Dns 类的 GetHostName()方法获取客户端机器名,调用自定义的
GetMacAddress()方法获取客户端网卡号,并把结果显示在页面上,Page_Load 事件的代码
如下。

```
protected void Page_Load(object sender, EventArgs e)
{
    if (!IsPostBack)
    {
        //获取客户端机器名
        Label1.Text = Dns.GetHostName();
        //获取客户端网卡号
        Label2.Text = GetMacAddress();
    }
}
```

单击"生成注册码"按钮,以获取的机器名和网卡号为参数调用 Web 服务中的
getNumber()方法,生成的注册码显示在 Label3 控件上,"生成注册码"按钮的 Click 事件代
码如下。

```
protected void Button1_Click(object sender, EventArgs e)
{
    Label3.Text = lw.getNumber(Label2.Text.Trim(),Label1.Text.Trim());
}
```

在页面上输入注册码,单击"注册"按钮,判断用户填写的注册码是否正确。"注册"按钮
的 Click 事件代码如下。

```
protected void Button2_Click(object sender, EventArgs e)
{
    //获取用户填写的注册码
    string strNum = TextBox1.Text + " - " + TextBox2.Text + " - " + TextBox3.Text + " - " +
    TextBox4.Text;
    string[] strs = lw.getCar(strNum).Split('-');     //将 Web 服务中的方法返回的分解值分组
    string hn = Label1.Text;                          //获取机器名
    if (hn.Length > 4)                                //截取 4 位字符
```

```
    {
        hn = hn.Substring(0, 4);
    }
    else
    {
        int len = hn.Length;                    //获取机器名的长度
        switch (len)                            //将机器名填充到 4 位
        {
            case 1: hn += "ABC"; break;
            case 2: hn += "AB"; break;
            case 3: hn += "A"; break;
        }
    }
    //判断分解的客户端网卡号、机器名和自动获取到的客户端网卡号、机器名是否相同
    if (Label2.Text.Replace(":", "").ToLower().Trim() == strs[1].ToLower().Trim() &&
        hn.ToLower().Trim() == strs[0].ToLower().Trim())
    {
        Response.Write("<script>alert('注册成功!')</script>");
    }
    else
    {
        Response.Write("<script>alert('注册失败!')</script>");
    }
}
```

6）运行页面

运行 Default.aspx 页面，在页面上会显示获取的计算机名和网卡号，单击“生成注册码”按钮，调用 Web 服务中的方法生成注册码返回到页面，如图 7.25 所示。

图 7.25　利用 Web Service 生成注册码

习题 7

1. 填空题

（1）在 VS 中新建 Web 服务时会自动生成一个扩展名为_____的文件。

（2）Web 服务是通过_____执行远程方法调用的一种新方法。

（3）在网站中自定义的 Web 服务的后台代码文件存放在网站专用的_____文件夹中。

（4）Web 服务实现了在异类系统之间以_____消息的形式进行数据交换。

（5）Web 服务通过_____在 Web 上提供软件服务，使用_____文件进行说明，并通过_____进行注册。

2. 单项选择题

（1）在添加某个 Web 服务后一定会产生的专用文件夹是_____。

    A. App_Code   B. App_Theme

    C. App_Data   D. App_WebReferences

（2）Web 服务文件的扩展名是_____。

    A. aspx   B. ascx   C. asmx   D. cs

（3）在调用 Web 服务时，可以发送和接收一些数据，这些数据的数据格式是_____。

    A. XML   B. 结构体   C. 数组   D. DataSet

（4）Web 服务基础结构不包括_____。

    A. SOAP   B. WSDL   C. XML   D. UDDI

（5）以下说法中正确的是_____。

    A. 只有使用特定平台才能够使用 Web Service 提供的接口

    B. 只有使用特定语言才能够使用 Web Service 提供的接口

    C. Web 服务使用标准的 XML 消息收发系统

    D. UDDI 用于描述服务

3. 上机操作题

（1）创建一个 Web 服务，对两个整数求和，并返回结果。新建一个网页，在网页中调用该 Web 服务。

（2）利用 Web Service 实时获取天气预报信息，通过选择省份和相应的城市来获取该城市的天气信息。

第 8 章

ASP.NET AJAX

本章学习目标
- 了解 AJAX 的工作原理;
- 掌握 ASP. NET AJAX 常用控件的使用方法;
- 掌握 AJAX 在 ASP. NET 开发中的实际应用。

本章介绍了 AJAX 的工作原理,讲解了 ASP. NET AJAX 常用控件的使用方法,并以案例的形式介绍了 AJAX 在 ASP. NET 开发中的实际应用。

8.1 AJAX 基础

8.1.1 什么是 AJAX

1. 浏览器的同步

1) 实现浏览器同步的步骤

(1) 客户端发出 HTTP 请求。

(2) 服务器接受客户端的请求并处理客户的请求,客户端等待。

(3) 服务器将相应客户端的请求返回客户端所需要的页面。

(4) 客户端继续向下执行。

2) 缺点

(1) 每一次客户端提交请求的时候提交的是整个页面,也就是说不管这个页面的数据量大小都要经过网络的传输,这样给网络造成了数据的压力。

(2) 每次客户端提交请求时,因为要提交整个数据,所以需要刷新整个页面。这种情况对于用户的交互是很不好的,因为提交以后用户当前的页面就成了空白,用户所做的事情只能是等待。

(3) 在每次提交请求的时候,用户有可能让服务器处理的数据很少。例如,某系统的登录,服务器端实际上只需要用户名和密码就可以了,没有必要把其他数据也传输到服务器上,但是同步做不到这一点。

2. AJAX 的产生

由以上可知,传统的网页如果需要更新内容,则要重载整个页面。为了解决这个问题,在浏览器和服务器之间设计一个中间层,即 AJAX 层。AJAX 改变了传统的客户端和服务器的"请求—等待—请求—等待"模式,通过使用 AJAX 向服务器发送和接收需要的数据,从而不会产生页面的刷新。

AJAX 的全称为 Asynchronous JavaScript and XML,即异步 JavaScript 和 XML,它是一种用于创建快速动态网页的技术。通过在后台与服务器进行少量的数据交换,AJAX 可以使网页实现异步更新,这意味着可以在不重新加载整个网页的情况下对网页的某部分进行更新。

ASP.NET AJAX 是 AJAX 的 Microsoft 实现方式,专用于 ASP.NET 开发人员。使用 ASP.NET 中的 AJAX 功能可以生成丰富的 Web 应用程序。ASP.NET AJAX 1.0 以单独下载的形式发布,从.NET Framework 3.5 开始不再需要下载和安装单独的 ASP.NET AJAX。

3. AJAX 的工作原理

在 AJAX 中最重要的就是 XmlHttpRequest 对象。AJAX 通过使用 XmlHttpRequest 对象实现异步通信,在使用 AJAX 技术后,例如用户填写一个表单,数据并不是直接从客户端发送到服务器,而是通过客户端发送到一个中间层,这个中间层被称为 AJAX 引擎。

开发人员无须知道 AJAX 引擎是如何将数据发送到服务器的。当 AJAX 引擎将数据发送到服务器时,服务器同样也不会直接将数据返回给浏览器,而是通过 JavaScript 中间层将数据返回给客户端浏览器。AJAX 的工作原理如图 8.1 所示。

图 8.1 AJAX 的工作原理

8.1.2 AJAX 简单示例

1. AJAX 的使用

虽然 AJAX 的原理听上去非常复杂,但是 AJAX 的使用却非常方便。在进行 AJAX 页面开发时首先需要使用脚本管理控件 ScriptManager,示例代码如下。

```
< asp:ScriptManager ID = "ScriptManager1" runat = "server">
</asp:ScriptManager >
```

开发人员无须对 ScriptManager 控件进行配置,只须保证 ScriptManager 控件在 UpdatePanel 控件之前即可。在使用了 ScriptManager 控件之后,把需要进行局部更新的控件放在 UpdatePanel 中即可,页面只会针对 UpdatePanel 控件里面的控件进行刷新操作,而不会进行这个页面的刷新。

2. 应用举例

【案例 8.1】 AJAX 简单示例。

创建一个 Web 窗体,在窗体上既包含传统的控件,也包含 ASP.NET AJAX 控件。当单击"没有使用 AJAX"按钮时会刷新整个页面,两个标签的内容都会改变。如果单击"使用 AJAX"按钮,则只刷新页面的部分区域。

1) 新建一个空网站

方法略。

图 8.2　Default.aspx 的设计视图

2）新建网页 Default.aspx

设置网页标题为"AJAX 简单示例"，在页面中首先添加一个 ScriptManager 控件，再添加一个 Label 控件和一个 Button 控件，然后添加一个 UpdatePanel 控件，在 UpdatePanel 控件中再添加一个 Label 控件和一个 Button 控件，所有控件的 ID 均采用默认名称。设计界面如图 8.2 所示。

3）后台代码设计

在单击"没有使用 AJAX"按钮时，Button1_Click 事件回送服务器当前日期时间，并且刷新整个网页，Button1_Click 事件的代码如下。

```
//刷新整个页面
protected void Button1_Click(object sender, EventArgs e)
{
    Label1.Text = DateTime.Now.ToString();
    Label2.Text = DateTime.Now.ToString();
}
```

在单击"使用 AJAX"按钮时，Button2_Click 事件回送服务器当前日期时间，但是只刷新 UpdatePanel 控件中的部分，Button2_Click 事件的代码如下。

```
//刷新 UpdatePanel 控件中的部分
protected void Button2_Click(object sender, EventArgs e)
{
    Label1.Text = DateTime.Now.ToString();
    Label2.Text = DateTime.Now.ToString();
}
```

4）运行页面

运行 Default.aspx，单击"没有使用 AJAX"按钮，刷新整个页面，在两个 Label 控件中都回送服务器当前时间，如图 8.3 所示。

单击"使用 AJAX"按钮，只刷新 UpdatePanel 控件中的部分，在第二个 Label 控件中回送服务器当前日期时间，而第一个 Label 控件中的日期时间不变，如图 8.4 所示。

图 8.3　刷新整个页面

图 8.4　页面局部刷新

8.2　ASP.NET AJAX 常用控件

8.2.1　ScriptManager 控件

脚本管理控件 ScriptManager 是 ASP.NET AJAX 中非常重要的控件，通过使用 ScriptManager 能够进行整个页面的局部更新管理。ScriptManager 用来处理页面上的局部更新,同时生成相关的代理脚本,以便能够通过 JavaScript 访问 Web Service。

ScriptManager 只能在页面中使用一次,也就是说每个页面只能使用一个 ScriptManager 控件,ScriptManager 控件用来进行整个页面的局部更新管理。

在 AJAX 应用中 ScriptManager 控件基本不需要配置就能够使用。因为 ScriptManager 控件通常需要和其他 AJAX 控件搭配使用,在 AJAX 应用程序中 ScriptManager 控件就相当于一个总指挥官,这个总指挥官只是进行指挥,而不进行实际的操作。

8.2.2　UpdatePanel 控件

1. UpdatePanel 控件概述

更新区域控件 UpdatePanel 在 ASP. NET AJAX 中是最常用的控件,只要在 UpdatePanel 控件中放入需要刷新的控件就能够实现局部刷新。使用 UpdatePanel 控件,在整个页面中只有 UpdatePanel 控件中的服务器控件或事件会进行刷新操作,页面的其他地方都不会被刷新。UpdatePanel 控件的 HTML 代码如下。

```
< asp:UpdatePanel ID = "UpdatePanel1" runat = "server"></asp:UpdatePanel >
```

UpdatePanel 控件可以用来创建局部更新,开发人员无须编写任何客户端脚本,直接使用 UpdatePanel 控件就能够进行局部更新。UpdatePanel 控件的常用属性如下。

- Triggers 属性:指明可以导致 UpdatePanel 控件更新的触发器的集合。
- Visible 属性:UpdatePanel 控件的可见性。

UpdatePanel 控件要进行动态更新必须依赖于 ScriptManager 控件。UpdatePanel 控件包括 ContentTemplate 标签。在 UpdatePanel 控件的 ContentTemplate 标签中开发人员可以放置任何 ASP. NET 控件,这些控件能够实现页面无刷新的更新操作。

2. 应用举例

在默认情况下,UpdatePanel 控件内的任何回发控件(如 Button 控件等)都将导致异步回发并刷新面板的内容。为了避免不必要的数据回送,可以只将需要更新的控件放在 UpdatePanel 控件内部,而将引发回送事件的控件放在 UpdatePanel 控件外部。

外部按钮是指未包含在 UpdatePanel 控件内的按钮。若要在单击外部按钮时实现局部刷新功能,则需要在 UpdatePanel 控件的< Triggers >元素中进行触发器设置。

【案例 8.2】　使用外部按钮刷新 UpdatePanel 控件。

在页面上单击命令按钮时引发页面回发,页面上的 Label1 控件将被刷新,而 Button1 控件不刷新。

1) 新建一个空网站

方法略。

2) 新建网页 Default. aspx

设置网页标题为"使用外部按钮刷新 UpdatePanel 控件",在页面中首先添加一个 ScriptManager 控件,再添加一个 UpdatePanel 控件,在 UpdatePanel 控件中添加一个 Label 控件,最后添加一个 Button 控件,所有控件的 ID 均采用默认名称。其设计界面如图 8.5 所示。

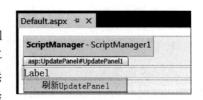

图 8.5　Default. aspx 的设计视图

3) 为 UpdatePanel 设置触发器

选定 UpdatePanel 控件,在其属性窗口中单击 Triggers 右侧的"…"按钮,打开 UpdatePanelTrigger 对话框,单击"添加"按钮右边的下拉箭头,选择 AsyncPostBackTrigger 选项,在 ControlID 右边的下拉列表中选择 Button1 选项,如图 8.6 所示。

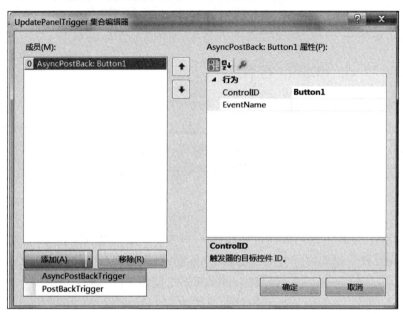

图 8.6 UpdatePanelTrigger 对话框

4) 后台代码设计

在单击"刷新 UpdatePanel"按钮时 Button1_Click 事件回送服务器当前时间,但是只刷新 UpdatePanel 控件中的 Label 控件,Button1_Click 事件的代码如下。

```
protected void Button1_Click(object sender, EventArgs e)
{
    Label1.Text = DateTime.Now.ToLongTimeString();
    Button1.Text = "刷新时间:" + DateTime.Now.ToLongTimeString();
}
```

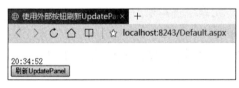

图 8.7 使用外部按钮刷新 UpdatePanel 控件

5) 运行页面

运行 Default.aspx,单击"刷新 UpdatePanel"按钮,位于 UpdatePanel 中的 Label 控件刷新了,位于 UpdatePanel 外的 Button1 控件没有刷新,如图 8.7 所示。

8.2.3 Timer 控件

1. Timer 控件概述

AJAX 提供了一个 Timer 控件,用于执行局部更新,使用 Timer 控件能够控制应用程序在一段时间内进行事件刷新。Timer 控件的初始代码如下。

```
<asp:Timer ID = "Timer1" runat = "server"></asp:Timer>
```

开发人员可以配置 Timer 控件的属性进行相应事件的触发，Timer 的属性如下。

- Enabled 属性：是否启用 Tick 时间引发，默认值为 true。
- Interval 属性：设置 Tick 事件之间的连续时间，单位为毫秒。

通过配置 Timer 控件的 Interval 属性能够指定 Time 控件在一定时间内执行事件进行刷新操作。

2. 应用举例

【案例 8.3】 网页计时器。

在页面呈现时将当前时间传递并呈现到 Label 控件中，Timer 控件每隔 1 秒进行 1 次刷新，将当前时间传递并呈现在 Label 控件中。

1）新建一个空网站

方法略。

2）新建网页 Default.aspx

设置网页标题为"网页计时器"，在页面中首先添加一个 ScriptManager 控件，再添加一个 UpdatePanel 控件，在 UpdatePanel 控件中添加一个 Label 控件和一个 Timer 控件，所有控件的 ID 均采用默认名称。

3）后台代码设计

在 UpdatePanel 控件中包含一个 Label 控件和一个 Timer 控件，Label 控件用于显示时间，Timer 控件用于每 1000 毫秒执行一次 Timer1_Tick 事件。

在页面加载时将当前时间传递并显示在 Label 控件中，Page_Load 事件的代码如下。

```
protected void Page_Load(object sender, EventArgs e)
{
    Label1.Text = DateTime.Now.ToLongTimeString();        //获取当前时间
}
```

每 1000 毫秒执行一次 Timer1_Tick 事件，代码如下。

```
protected void Timer1_Tick(object sender, EventArgs e)
{
    Label1.Text = DateTime.Now.ToLongTimeString();
}
```

4）运行页面

运行 Default.aspx，每隔 1 秒 Label 控件刷新 1 次，实现网页计时器的效果，如图 8.8 所示。

图 8.8　网页计时器

8.2.4　UpdateProgress 控件

1. UpdateProgress 控件概述

使用 ASP.NET AJAX 经常会给用户造成两种疑惑。一种情况是当用户进行评论或留言之类的操作时页面并没有全部刷新，只是进行了局部刷新，这个时候用户很可能不清楚到底发生了什么，以至于用户可能会进行重复操作，甚至会进行非法操作；另一种情况就是如果局部页面的刷新速度较慢，用户不知道任务的完成情况，造成用户的体验不够好。

使用更新进度控件 UpdateProgress 可以解决这些问题，当服务器端与客户端进行异步通信时需要使用 UpdateProgress 控件告诉用户现在正在执行中。例如，当用户单击按钮提交表单时系统应该提示"正在提交中，请稍候"，这样就让用户知道应用程序正在运行中。这种方法不仅能够让用户操作更少地出现错误，也能够提升用户体验的友好度。UpdateProgress 控件的 HTML 代码如下。

```
< asp:UpdateProgress ID = "UpdateProgress1" runat = "server">
    < ProgressTemplate >
            正在操作中,请稍候 ...< br />
    </ProgressTemplate >
</asp:UpdateProgress >
```

上述代码定义了一个 UpdateProgress 控件，并通过使用 ProgressTemplate 标记进行等待中的样式控制。ProgressTemplate 标记用于标记等待中的样式。当用户单击按钮进行相应的操作后，如果服务器和客户端之间需要时间等待，则 ProgressTemplate 标记就会呈现在用户面前，以提示用户程序正在运行。

2. 应用举例

【案例8.4】 UpdateProgress 控件的使用。

添加一个 Label 控件和一个 Button 控件到页面中，使用 UpdateProgress 控件进行用户进度更新提示，当用户单击 Button 控件时提示用户正在更新。

1）新建一个空网站

方法略。

2）新建网页 Default.aspx

图 8.9　Default.aspx 设计视图

设置网页标题为"UpdateProgress 控件的使用"，在页面中首先添加一个 ScriptManager 控件，再添加一个 UpdatePanel 控件，在 UpdatePanel 控件中添加一个 UpdateProgress 控件和一个 Label 控件，所有控件的 ID 均采用默认名称。在 UpdateProgress 控件中通过使用 ProgressTemplate 标记进行等待中的样式控制，如图 8.9 所示。

3）后台代码设计

当用户单击"确定"按钮时就会提示用户程序正在操作中，Button1_Click 事件的代码如下。

```
protected void Button1_Click(object sender, EventArgs e)
{
    System.Threading.Thread.Sleep(3000);            //挂起 3s
    Label1.Text = DateTime.Now.ToString();          //获取时间
}
```

上述代码使用了 System.Threading.Thread.Sleep 方法指定系统线程挂起的时间，这里设置为 3000ms，即当用户进行操作后 3s 时间内会显示"正在操作中,请稍候..."的提示信息，当 3s 过后就会执行后面的语句。

4）运行页面

运行 Default.aspx，单击"确定"按钮后页面的运行效果如图 8.10 所示。

3s 后局部刷新，把系统日期时间传递并显示在 Label 控件中，运行效果如图 8.11 所示。

图 8.10　单击"确定"按钮后的运行效果

图 8.11　局部刷新后的运行效果

8.2.5　ScriptManagerProxy 控件

在 Web 应用的开发过程中经常需要使用到母版页。母版页和内容页一起组合成一个新页面呈现在客户端浏览器中，那么如果在母版页中使用了 ScriptManager 控件，而在内容页中也使用了 ScriptManager 控件，整合在一起的页面就会出现错误，因为 ScriptManager 控件只允许在一个页面中使用一次。为了解决这个问题，可以使用另一个脚本管理控件，即 ScriptManagerProxy 控件。

在母版页中使用 ScriptManagerProxy 控件为母版页中的控件进行 AJAX 应用支持，在内容页中也可以使用 ScriptManagerProxy 控件进行内容页 AJAX 应用的支持，这样通过使用 ScriptManagerProxy 控件就能够在母版页和内容页中都实现 AJAX 应用。

8.3　ASP.NET AJAX 的应用

8.3.1　利用 AJAX 实现倒计时

1．案例说明

本案例应用 AJAX 实现在线考试倒计时功能，Timer 控件能够引发回发，每隔一段时间固定触发其 Tick 事件，在该事件中如果考试时间进入最后 10min 则给予倒计时提示，如果考试时间已到，则设置 Timer 控件的 Enabled 属性为 false（即不可用）。

2．实现过程

【**案例 8.5**】　AJAX 实现倒计时。

在页面中添加一个 Label 控件和一个 Timer 控件，Label 控件用于显示倒计时，Timer 控件用于实时刷新倒计时。

1）新建一个空网站

方法略。

2）新建网页 Default.aspx

设置网页标题为"AJAX 实现倒计时"，在页面中首先添加一个 ScriptManager 控件，用于管理页面中的 AJAX 控件；再添加一个 UpdatePanel 控件，在 UpdatePanel 控件中添加一个 Label 控件和一个 Timer 控件；所有控件的 ID 均采用默认名称。

3）后台代码设计

自定义整数类型变量 index 来设置当考试时间进入最后 10min 时给予倒计时提示，代码如下。

```
private int index                          //定义在线考试总时间变量 index,并设置其读、写属性
{
    get
    {
        object obj = ViewState["index "];
        return (obj == null) ? 600 : (int)obj;
    }
    set
    {
        ViewState["index "] = value;
    }
}
```

Timer 控件每 1000ms 执行一次 Timer1_Tick 事件，直到考试时间结束，代码如下。

```
protected void Timer1_Tick(object sender, EventArgs e)
{
    this.index -- ;
    if (this.index == 0)                   //考试时间到了
    {
        this.Timer1.Enabled = false;       //设置 Timer 控件不可见
        //此处略去自动提交试卷的方法
    }
    else
    {
        //显示考试剩余时间
        this.Label1.Text = "还有" + this.index / 60 + "分" + this.index % 60 + "秒将停止考试,
请及时提交试卷,否则成绩无效!";
    }
}
```

4）运行页面

运行 Default.aspx，运行效果如图 8.12 所示。

图 8.12　AJAX 实现倒计时

8.3.2　利用 AJAX 实现弹出式日历

1. 案例说明

当应用程序要求用户输入日期时需要输入规定的信息格式，否则应用程序不能接受用

户输入的日期内容。如果使用验证控件进行格式验证会比较麻烦。如果能在日期控件中选择输入日期,那么用户的体验会比较好。本案例将实现当用户将鼠标指针放到 TextBox 控件中时出现弹出式日历选择日期。

ASP.NET Ajax Control Toolkit 是 ASP.NET AJAX 扩展控件包,其中包含了数十种基于 ASP.NET AJAX 的、提供专一功能的服务端控件。本案例的弹出式日历通过 ASP.NET Ajax Control Toolkit 中的 PopupControlExtender 控件与日期控件 Calendar 组合实现。

2. 实现过程

【案例 8.6】 AJAX 实现弹出式日历。

在页面中当用户将鼠标指针放在 TextBox 控件中时出现弹出式日历供用户选择日期。

1) 新建一个空网站

方法略。

2) 准备好控件包文件 AjaxControlToolkit.dll

右击网站名称,在弹出的快捷菜单中选择"添加|引用"选项,打开"引用管理器"对话框,单击其中的"浏览"按钮,选择准备好的控件包文件 AjaxControlToolkit.dll,如图 8.13 所示。

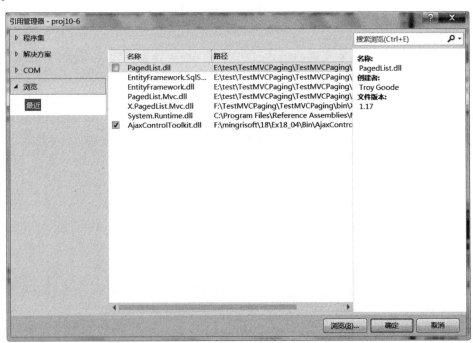

图 8.13 "引用管理器"对话框

单击"确定"按钮,在解决方案下面会增加一个 Bin 文件夹,里面包含引用的控件包文件。如果工具箱中没有 Ajax Control Toolkit,则在工具箱的"AJAX 扩展"中右击,在弹出的快捷菜单中选择"选择项"选项,打开"选择工具箱项"对话框,如图 8.14 所示。

在其中单击"浏览"按钮,选择准备好的控件包文件 AjaxControlToolkit.dll,单击"确定"按钮后,Ajax Control Toolkit 控件包中的几十个控件就会出现在工具箱中。

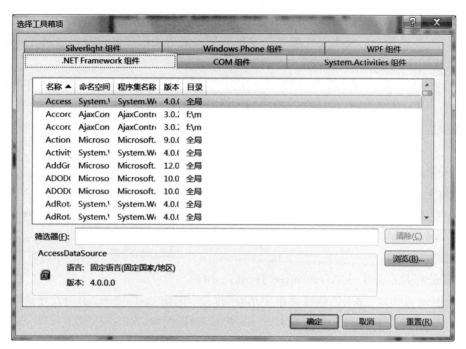

图8.14 "选择工具箱项"对话框

3）新建网页 Default.aspx

设置网页标题为"AJAX 实现弹出式日历"，在页面中首先添加一个 ScriptManager 控件，再添加一个 TextBox 控件，然后添加一个 PopupControlExtender 控件，最后添加一个 UpdatePanel 控件，并在其中添加一个 Calendar 控件，所有控件的 ID 均采用默认名称。

ScriptManager 控件用于管理页面中的 AJAX 控件，PopupControlExtender 控件用于控制弹出的 Calendar 控件，UpdatePanel 控件用于实现局部更新。PopupControlExtender 控件的属性设置如下。

```
< cc1:PopupControlExtender ID = "PopupControlExtender1" runat = "server" TargetControlID =
"TextBox1" PopupControlID = "UpdatePanel1"></cc1:PopupControlExtender >
```

其中，TargetControlID 表示使用该控件的 ID 值，PopupControlID 表示弹出控件的 ID 值。

4）后台代码设计

在 Calendar 控件中选择日期后需要将日期添加到 TextBox 控件，代码如下。

```
protected void Calendar1 _ SelectionChanged
(object sender, EventArgs e)
{
    PopupControlExtender1.Commit(Calendar1.
SelectedDate.ToLongDateString());
}
```

5）运行页面

运行 Default.aspx，运行效果如图8.15所示。

图8.15 AJAX 实现弹出式日历

8.3.3 通过五角星显示好评等级

1. 案例说明

通过五角星来显示好评等级,这种提供直觉化的鼠标操作非常人性化。本案例通过 Ajax Control Toolkit 控件包中的评级控件 Rating 来进行评级。Rating 控件使用星星个数的多少来表示等级的高低,可以指定初始的评级等级、要评定的最高等级、等级排列方式是水平还是垂直方向等。

2. 实现过程

【案例 8.7】 通过五角星显示好评等级。

在页面中通过单击五角星来设置并显示好评等级。

1) 新建一个空网站

在网站根文件夹下新建一个 images 文件夹,把 3 个五角星的图片放入其中。3 个五角星图片分别是默认、鼠标按下及已选定 3 种状态下的图片。

2) 准备好控件包文件 AjaxControlToolkit. dll

右击网站名称,在弹出的快捷菜单中选择"添加|引用"选项,打开"引用管理器"对话框,单击其中的"浏览"按钮,选择准备好的控件包文件 AjaxControlToolkit. dll,单击"确定"按钮后在解决方案下面会增加一个 Bin 文件夹,里面包含引用的控件包文件。

如果工具箱中没有 Ajax Control Toolkit,则在工具箱的"AJAX 扩展"中右击,在弹出的快捷菜单中选择"选择项"选项,打开"选择工具箱项"对话框,在其中单击"浏览"按钮,选择准备好的控件包文件 AjaxControlToolkit. dll,单击"确定"按钮后,Ajax Control Toolkit 控件包中的几十个控件就会出现在工具箱中。

3) 新建网页 Default. aspx

设置网页标题为"通过五角星显示好评等级",在页面中首先添加一个 ScriptManager 控件,再添加一个 Rating 控件,然后添加一个 Label 控件,所有控件的 ID 均采用默认名称。

ScriptManager 控件用于管理页面中的 AJAX 控件,Rating 控件用于评定等级,Label 控件用于显示评级结果。

4) CSS 文件设计

Rating 控件有 4 个重要的属性,即 StarCssClass、WaitingStarCssClass、FilledStarCssClass 和 EmptyStarCssClass,它们分别指定初始时 Star 的样式、处于等待状态的 Star 样式、处于 Filled 模式的 Star 样式和处于空模式的 Star 样式。Star 样式表设计如下。

```
< style type = "text/css">
    .cssRatingStar
    {
        white - space: nowrap;
        margin: 5pt;
        height: 14px;
        float: left;
    }
    .cssRatingStarratingItem
    {
        font - size: 0pt;
```

```
        width: 13px;
        height: 12px;
        margin: 0px;
        padding: 2px;
        cursor: pointer;
        display: block;
        background - repeat: no - repeat;
    }
    .cssRatingStarSaved
    {
        background - image: url(Images/RatingStarSaved.png);
    }
    .cssRatingStarFilled
    {
        background - image: url(Images/RatingStarFilled.png);
    }
    .cssRatingStarEmpty
    {
        background - image: url(Images/RatingStarEmpty.png);
    }
</style>
```

5）Rating 控件的属性设置

```
< cc1:Rating ID = "Rating1" runat = "server" AutoPostBack = "true" CssClass = "cssRatingStar"
    CurrentRating = "1" EmptyStarCssClass = "cssRatingStarEmpty" FilledStarCssClass =
"cssRatingStarSaved"
    WaitingStarCssClass = "cssRatingStarFilled" StarCssClass = "cssRatingStarratingItem"
OnChanged = "Rating1_Changed">
</cc1:Rating >
```

其中，CurrentRating 表示当前等级，StarCssClass、WaitingStarCssClass、FilledStarCssClass 和 EmptyStarCssClass 分别指定初始时 Star 的样式、处于等待状态的 Star 样式、处于 Filled 模式的 Star 样式和处于空模式的 Star 样式。

6）后台代码设计

当等级改变时触发 Rating1_Changed 事件，在该事件中通过 e.Value 获取五角星的个数。Rating1_Changed 事件的代码如下。

```
protected void Rating1_Changed(object sender, AjaxControlToolkit.RatingEventArgs e)
{
    Label1.Text = e.Value;        // 获取五角星的个数
}
```

图 8.16　通过五角星显示好评等级

7）运行页面

运行 Default.aspx，运行效果如图 8.16 所示。

8.3.4　利用 AJAX 实现搜索框智能提示

1. 案例说明

现在用户上网一般都会用百度或者谷歌搜索信息，当在输入框中输入一两个字后就会自动提示用户想要的信息由用户进行选择。这种搜索框智能提示功能可以用 Ajax Control

Toolkit 控件包里的 AutoCompleteExtender 控件来实现。

AutoCompleteExtender 控件也称为自动完成控件,常用于在文本框中输入搜索关键字的时候自动显示数据库中的现有数据,需要用到 WebService。AutoCompleteExtender 控件的主要属性如下。

(1) CompletionInterval 属性：多长时间后去调用服务获取数据,单位是毫秒。

(2) TargetControlID 属性：寄宿到哪个控件上。

(3) ServicePath 属性：Web 服务文件。

(4) ServiceMethod 属性：返回数据的函数。

(5) MinimumPrefixLength 属性：最少需要录入的长度。

2. 实现过程

【案例 8.8】　AJAX 实现搜索框智能提示。

在页面中的文本框里输入一个字,在文本框下面将自动产生一个列表框并显示所有以该字打头的省名,以供作为文本框输入的选择。

1) 新建一个空网站

方法略。

2) 准备好控件包文件 AjaxControlToolkit. dll

右击网站名称,在弹出的快捷菜单中选择"添加|引用"选项,打开"引用管理器"对话框,单击其中的"浏览"按钮,选择准备好的控件包文件 AjaxControlToolkit. dll,单击"确定"按钮后在解决方案下面会增加一个 Bin 文件夹,里面包含引用的控件包文件。

如果工具箱里没有 Ajax Control Toolkit,则在工具箱的"AJAX 扩展"中右击,在弹出的快捷菜单中选择"选择项"选项,打开"选择工具箱项"对话框,在其中单击"浏览"按钮,选择准备好的控件包文件 AjaxControlToolkit. dll,单击"确定"按钮后 Ajax Control Toolkit 控件包中的几十个控件就会出现在工具箱中。

3) 在 Web. config 文件的< configuration >节中加入代码

```
< connectionStrings >
      < add name = "constr" connectionString = "Server = .;Database = test;Integrated Security
= true"/>
</connectionStrings >
```

4) 添加新项

右击网站名称,在弹出的快捷菜单中选择"添加|添加新项"选项,打开"添加新项"对话框,在中间的模板列表中选择"Web 服务(ASMX)"选项,采用默认的文件名称,单击"添加"按钮后系统自动转到相应的类文件的编辑界面。

添加命名空间的引用,代码如下。

```
using System. Configuration;
using System. Data;
using System. Data. SqlClient;
```

在 WebService. cs 文件中取消对下列这条语句的注释。

```
//若要允许使用 ASP.NET AJAX 从脚本中调用此 Web 服务,请取消注释以下行
[System. Web. Script. Services. ScriptService]
```

在 WebService.cs 文件中设计一个获取省名的方法 GetProvinceList()，代码如下。

```
public string[] GetProvinceList(string prefixText)          //返回省名
{
    string[] Name = null;
    SqlConnection conn =
        new SqlConnection(ConfigurationManager.ConnectionStrings["constr"].ConnectionString);
conn.Open();
    SqlCommand sqlComd = conn.CreateCommand();
    sqlComd.CommandType = CommandType.Text;
    sqlComd.CommandText = "select name from province where name like @prefixText";
    sqlComd.Parameters.Add(new SqlParameter("@prefixText", string.Format("{0}%",
prefixText)));
    SqlDataAdapter sqlAdpt = new SqlDataAdapter();
    sqlAdpt.SelectCommand = sqlComd;
    DataTable table = new DataTable();
    sqlAdpt.Fill(table);
    Name = new string[table.Rows.Count];
    int i = 0;
    foreach (DataRow rdr in table.Rows)
    {
        Name[i] = rdr["name"].ToString().Trim();
        ++i;
    }
    return Name;
}
```

5）新建网页 Default.aspx

设置网页标题为"AJAX 实现搜索框智能提示"，在页面中首先添加一个 ScriptManager 控件，再添加一个 TextBox 控件，然后添加一个 AutoCompleteExtender 控件，所有控件的 ID 均采用默认名称。

ScriptManager 控件用于管理页面中的 AJAX 控件，TextBox 控件输入文字，AutoCompleteExtender 控件用于自动完成后提示。AutoCompleteExtender 控件的属性设置如下。

```
< cc1:AutoCompleteExtender ID = "AutoCompleteExtender1" runat = "server" CompletionInterval
= "100" MinimumPrefixLength = "1" ServicePath = "~/WebService.asmx" ServiceMethod =
"GetProvinceList" TargetControlID = "TextBox1"></cc1:AutoCompleteExtender >
```

6）运行页面

运行 Default.aspx，在文本框中输入一个字，以该字打头的省名将在文本框下面自动列出，运行效果如图 8.17 所示。

图 8.17　AJAX 实现搜索框智能提示

习题 8

1. 填空题

(1) AJAX 的全称为_____。

(2) 通常称_____页面为无刷新 Web 页面。

(3) 若要使用 UpdatePanel 控件,必须添加一个_____控件。

(4) 通过使用_____控件能够在母版页和内容页中都实现 AJAX 应用。

(5) 开发人员可以放置任何 ASP.NET 控件到_____标签中,这些控件能够实现页面无刷新的更新操作。

2. 单项选择题

(1) 下列技术中_____不是 AJAX 应用程序所必需的。

    A. XmlHttpRequest 对象　　　　　　B. JavaScript

    C. XML　　　　　　　　　　　　D. ASP.NET

(2) 下列控件中_____是 ASP.NET AJAX 页所必需的。

    A. ScriptManager　B. UpdatePanel　C. UpdateProgress　D. Timer

(3) 下面有关一个页面上可以使用几个 UpdatePanel 控件的选项中_____是正确的。

    A. 一个　　　　B. 最多一个　　　C. 最少一个　　　D. 多个

(4) 以下_____不是 AJAX 带来的好处。

    A. 减轻服务器的负担　　　　　　B. 不对整个页面刷新

    C. 可以保存应用程序状态　　　　D. 使 Web 中的界面与应用分离

(5) 使用 Timer 控件可以定时完成一定的任务,常用来处理任务的事件是_____。

    A. OnClick　　　B. Interval　　　C. TimeChanged　　D. Tick

3. 上机操作题

(1) 设计一个程序,浏览数据库中某张表的信息,在程序中使用 AJAX 控件实现无刷新页面效果。

(2) 设计一个程序,使用 AJAX 控件实现用户登录时无刷新的页面效果。

综合案例：留言板

本章学习目标
- 掌握留言板的功能模块设计；
- 掌握留言板的数据库设计；
- 掌握留言板公用模块的设计；
- 掌握留言板各模块功能的实现。

留言板是系统开发中比较基础的系统，也是初学者最常学习的 Web 应用。本章介绍了留言板的功能模块设计、数据库设计和公用模块设计，并完整地介绍了留言板各功能模块的实现过程。通过学习留言板系统的开发读者可以熟悉软件开发的基础步骤。

9.1 系统设计

9.1.1 项目开发背景

随着互联网的发展，越来越多的用户习惯使用互联网进行信息交互，促使越来越多的基于浏览器的应用程序出现，企业可以使用客户端/服务器的开发模型进行系统的开发，ASP.NET 留言板就是为了解决信息交互复杂和交互困难的问题而诞生的。为了解决现有企业中企业与用户信息反馈困难等情况，让企业能够更加方便地和用户进行信息交互，在做了充分调研的情况下进行此 ASP.NET 留言板的开发，以解决现有的企业难题。

本留言板可以加强现有企业和用户之间的信息的交互，解决企业和用户沟通不便的难题，用户能够使用留言板进行信息的反馈，企业能够通过留言板及时地获取用户的相关意见和相关数据。

9.1.2 系统功能设计

1. 浏览留言信息

用户可以在相应的留言页面进行留言信息的浏览，包括对企业产品的意见以及功能反馈等。用户能够通过导航栏进行不同留言类别的跳转。

2. 用户功能模块

在用户进行留言之前必须进行注册和登录等操作，如果用户没有登录就不能够进行留言操作,用户登录或注册后可以添加留言和查看留言。此外,用户还可以查看和修改自己的个人信息。

3. 管理员管理

管理员可以回复留言,对于不良的留言可以进行删除操作,也可对用户信息进行编辑和删除操作。

9.1.3 模块功能划分

1. 系统功能模块划分

系统总体功能包括留言信息浏览、用户功能模块以及管理员管理模块等,系统功能模块如图9.1所示。

2. 用户功能模块

在用户未登录时可以访问页面浏览留言信息,当用户要留言时就必须登录,如果用户事先没有任何账号信息可以进行注册,注册完成后会跳转到登录页面进行登录操作,如果用户已经存在账号就能够直接登录进行操作。

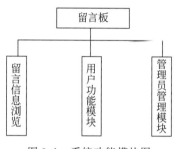

图 9.1 系统功能模块图

在用户注册或登录后就可以进行留言的添加和查看及修改个人信息,添加后的留言能够提交给管理员回复。用户功能模块划分如图9.2所示。

3. 管理员管理模块

管理员可以查看留言并进行留言管理和用户管理,在管理员管理之前也需要进行登录操作,以验证管理员身份的正确性。在管理员验证通过后可以进行相应的管理操作,管理员管理模块划分如图9.3所示。

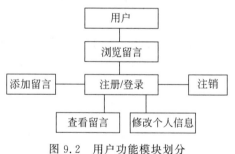

图 9.2 用户功能模块划分

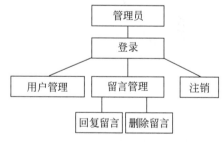

图 9.3 管理员管理模块划分

9.2 数据库设计

9.2.1 数据库的分析

1. 设计数据库表的功能

设计的数据库包括4个表,功能分别如下。

(1) 用户表:用于存放用户的信息并进行用户信息的管理。

（2）管理员表：用于存放管理员的信息并在管理员登录时进行数据验证。

（3）留言表：用于存放留言信息。

（4）留言分类表：用于进行留言分类。

其中，留言表和留言分类表用于描述留言项目。对于一个企业，留言板不只包含一个留言页面，留言分类表和留言表一起描述留言项目，这样能够增加留言板系统的扩展性，管理员可以创建多个留言分类进行留言管理。

2. 留言表的字段设计

留言表用于描述用户的留言信息，留言表中的信息为最主要的数据，在呈现留言时呈现的就是此数据表中的数据。留言表的字段设计如下。

（1）留言编号：用于标识留言的编号，为自动增长的主键。

（2）留言标题：用户留言的标题。

（3）留言名称：用户名。

（4）留言时间：用户留言的时间。

（5）留言内容：用户留言的内容。

（6）管理员名称：管理员名。

（7）回复时间：管理员回复留言的时间。

（8）回复内容：管理员回复的内容。

（9）所属留言分类：用户留言所属的分类。

（10）所属用户：留言所属的用户ID。

3. 留言分类表的字段设计

为了能够将留言数据进行分类，需要创建留言分类表，其字段设计如下。

（1）分类编号：用于标识留言分类的编号，为自动增长的主键。

（2）分类名称：用于描述分类的名称，如"客户服务"等。

4. 用户表的字段设计

在进行留言前用户必须登录，如果不能登录就必须注册，则可以使用注册模块进行注册功能的实现。注册模块中用户信息表的字段设计如下。

（1）用户名：用于保存用户的用户名。

（2）密码：用于保存用户的密码。

（3）性别：用于保存用户的性别。

（4）QQ：用于保存用户的QQ信息。

（5）个性签名：用于展现用户的个性签名等资料。

（6）备注：用于保存用户的备注信息。

用户在注册后就能够进行登录，登录后的用户能够通过留言页面进行信息的发布和反馈。

5. 管理员表的字段设计

在用户留言后管理员可以对这些信息进行管理，管理员在进行信息管理时也需要登录，管理员表的字段设计如下。

（1）管理员编号：用于标识管理员信息，为自动增长的主键。

（2）管理员用户名：用于标识管理员用户名。

（3）管理员密码：用于标识管理员的密码。

9.2.2 数据表的创建

在 SQL Server 中创建数据库 guestbook.mdf，然后在库中分别创建留言表、留言分类表、用户表和管理员表。

1. 留言表

留言表（gbook）的表结构如图 9.4 所示。

留言表（gbook）中各字段的意义如下。

- id：用于标识留言本的编号进行索引，为自动增长的主键。
- title：用户留言的标题。
- name：用户的名称。
- time：用户留言的时间。
- contents：用户留言的内容。
- admin：管理员的名称。
- reptime：管理员回复留言的时间。
- repcontent：管理员回复的内容。
- classid：用户留言所属的分类。
- userid：留言所属的用户 ID。

2. 留言分类表

留言分类表（gbook_class）的表结构如图 9.5 所示。

列名	数据类型	允许 Null 值
id	int	☐
title	nvarchar(50)	☑
name	nvarchar(50)	☑
time	datetime	☑
contents	nvarchar(MAX)	☑
admin	nvarchar(50)	☑
reptime	datetime	☑
repcontent	nvarchar(MAX)	☑
classid	int	☑
userid	int	☑

图 9.4 留言表（gbook）的表结构

列名	数据类型	允许 Null 值
id	int	☐
classname	nvarchar(50)	☑

图 9.5 留言分类表（gbook_class）的表结构

留言分类表（gbook_class）中各字段的意义如下。

- id：用于标识留言本分类的编号，为自动增长的主键。
- classname：用于描述分类的名称，如"客户服务"等。

3. 用户表

用户表（register）的表结构如图 9.6 所示。

用户表（register）中各字段的意义如下。

- id：用于标识用户 ID，为自动增长的主键。
- username：用于保存用户的用户名，当用户登录时可以通过用户名验证。
- password：用于保存用户的密码，当用户登录时可以通过密码验证。
- sex：用于保存用户的性别。
- QQ：用于保存用户的 QQ 等信息。
- information：用于展现用户的个性签名等资料。

- others：用于保存用户的备注信息。

4. 管理员表

管理员表(admin)的表结构如图9.7所示。

列名	数据类型	允许 Null 值
id	int	☐
username	nvarchar(50)	☑
password	nvarchar(50)	☑
sex	nchar(10)	☑
QQ	nvarchar(50)	☑
information	nvarchar(MAX)	☑
others	nvarchar(MAX)	☑

图 9.6 用户表(register)的表结构

列名	数据类型	允许 Null 值
id	int	☐
adminname	nvarchar(50)	☑
password	nvarchar(50)	☑

图 9.7 管理员表(admin)的表结构

管理员表(admin)中各字段的意义如下。

- id：用于标识管理员信息，为自动增长的主键。
- adminname：用于标识管理员用户名。
- password：用于标识管理员的密码。

9.2.3 关系的创建

在数据库中需要进行约束，需要约束的表包括用户表、留言表和留言分类表，创建约束无须编写复杂的 SQL 语句，可以使用 SQL Server Management Studio 视图创建。打开SQL Server Management Studio，在对象资源管理器中的数据库节点下找到本留言板的数据库 guestbook，展开后右击 guestbook 下的"数据库关系图"，在弹出的快捷菜单中选择"新建数据库关系图"选项，打开"添加表"对话框，依次添加 gbook、gbook_class、register 几张表，建立的关系如图9.8所示。

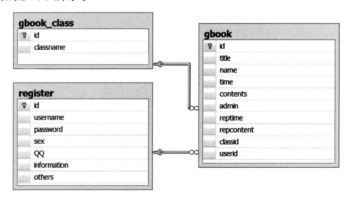

图 9.8 数据表关系图

9.3 公用模块的创建

9.3.1 创建 CSS

用户可以使用 CSS 进行留言板布局的样式控制，通过使用 CSS 能够将页面代码和布局代码相分离，这样就能够方便地进行系统样式维护。样式表可以统一存放在一个文件夹中，

该文件夹能够进行样式表的统一存放和规划，以便系统可以使用不同的样式表。右击现有网站，新建文件夹 css，然后右击 css，在弹出的快捷菜单中选择"添加|样式表"选项，就可以新建一个 CSS 文件。通过编写 CSS 文件能够进行控件和页面的样式控制，CSS 代码如下。

```
body                              //定义 body 标签的样式
{
    font-size:12px;
    font-family:Geneva, Arial, Helvetica, sans-serif;
    margin:0px 0px 0px 0px;
}
.admin_login                      //定义登录界面样式
{
    margin:100px auto;
    width:500px;
    border:1px solid #CCC;
    background:#F0F0F0;
}
.register                         //定义注册界面样式
{
    margin:100px auto;
    width:400px;
    border:1px solid #CCC;
    background:#F0F0F0;
}
.gbook_main_title                 //定义留言板标题界面
{
    margin:0px auto;
    margin-top:50px;
    width:800px;
    border:1px solid #CCC;
    background:white url(../images/top.png);
    height:200px;
}
.gbook_main                       //定义留言板主界面
{
    margin:5px auto;
    width:800px;
    border:1px solid #CCC;
    background:white;
}
.gbook_banner                     //定义留言板导航界面
{
    margin:5px auto;
    width:790px;
    border:1px solid #CCC;
    background:white;
    padding:5px 5px 5px 5px;
}
.left                             //定义留言板左界面
{
    width:200px;
    float:left;
}
.right                            //定义留言板右界面
{
    width:579px;
```

```
        margin-left:10px;
        float:left;
        border-left:1px dashed #CCC;
        padding:5px 5px 5px 5px;
    }
    .copyright                        //定义版权界面
    {
        margin:5px auto;
        width:800px;
        border:1px solid #CCC;
        background:white;
        font-size:10px;
        text-align:center;
    }
    .g_title                          //定义控件标题
    {
        background:#F0F0F0;
        padding:5px 5px 5px 5px;
    }
    .g_content                        //定义控件内容界面
    {
        padding:5px 5px 5px 5px;
    }
    .g_reply                          //定义控件回复界面
    {
        padding:5px 5px 5px 5px;
    }
    .g_table                          //定义控件循环表格
    {
        border:1px solid #CCC;
        margin:5px 5px 5px 5px;
        width:98%;
    }
```

9.3.2　配置 Web.config

在 ASP.NET 的 Web.config 文件中提供了自定义可扩展的系统配置,在其中可以定义数据库连接字符串代码。在 Web.config 文件的<configuration>节中加入以下代码。

```
<connectionStrings>
    <add name="constr" connectionString="Server=.;Database=guestbook;Integrated
Security=true"/>
</connectionStrings>
```

9.3.3　创建数据访问公用类

在开发过程中很多页面需要进行数据库连接和数据的增、删、改、查操作,这些代码会在不同的页面中重复出现,而建立数据访问公用类就可以解决这种代码冗余和重复的问题。

右击网站名称,在弹出的快捷菜单中选择"添加|添加新项"选项,打开"添加新项"对话框,在中间的模板列表中选择"类"选项,在"名称"文本框中输入类文件名称,单击"添加"按钮后网站根目录下自动创建系统文件夹 App_Code 用来存放类文件。在类文件中建立数据

库连接对象、查询数据返回数据表以及执行增、删、改操作的方法，代码如下。

```
using System.Configuration;
using System.Data;
using System.Data.SqlClient;
public class DBClass
{
    public SqlConnection conn;
    public DBClass()
    {
        conn = new SqlConnection(ConfigurationManager.ConnectionStrings["constr"].
ConnectionString);
    }
    public int ExecuteSql(string cmdtext)
    {
        conn.Open();
        SqlCommand comm = new SqlCommand(cmdtext, conn);
        int x = comm.ExecuteNonQuery();
        conn.Close();
        return x;
    }
    public DataTable GetRecords(string sqltext)
    {
        conn.Open();
        SqlDataAdapter da = new SqlDataAdapter(sqltext, conn);
        DataTable dt = new DataTable();
        da.Fill(dt);
        conn.Close();
        return dt;
    }
}
```

9.3.4 创建用户控件

在留言板的数据显示中可以编写用户控件进行数据显示并在相应的页面中使用该用户控件，用户控件能够极大地方便开发人员进行开发维护。

用户控件是使用现有的服务器控件进行控件的制作，开发和使用比较容易、方便。用户控件使用现有的数据源控件能够方便地进行分页、更新、删除等操作，所以在留言板中可以选择用户控件进行数据的呈现。

右击网站名称，在弹出的快捷菜单中选择"添加|添加新项"选项，打开"添加新项"对话框，在中间的模板列表中选择"Web 用户控件"选项，在"名称"文本框中输入文件名称 GbookList.ascx，单击"添加"按钮后在用户控件的设计界面中添加一个DataList 控件进行留言数据的呈现，编辑 DataList的项模板，设计效果如图 9.9 所示。

图 9.9 用户控件的设计视图

当留言信息过多时用户可以使用分页进行留言的查看，在管理员进行留言的回复时也可以使用分页操作对原来未进行回复的操作进行回复。分页使用 PagedDataSource 类。用户控件后台代码如下。

```
DBClass db1 = new DBClass();
protected void Page_Load(object sender, EventArgs e)
{
    if (!IsPostBack)
    {
        this.Label3.Text = "1";
        bind();
    }
}
public void bind()
{
    string strsql = "select * from gbook order by id DESC";
    DataTable dt = db1.GetRecords(strsql);
    int curpage = Convert.ToInt32(this.Label3.Text);
    PagedDataSource pds = new PagedDataSource();        //使用分页类
    pds.DataSource = dt.DefaultView;
    pds.AllowPaging = true;                             //是否可以分页
    pds.PageSize = 2;                                   //每页显示的记录数量
    pds.CurrentPageIndex = curpage - 1;                 //取得当前页的页码
    this.LinkButton1.Enabled = true;
    this.LinkButton2.Enabled = true;
    this.LinkButton3.Enabled = true;
    this.LinkButton4.Enabled = true;
    if (curpage == 1)
    {
        this.LinkButton1.Enabled = false;              //不显示"第一页"
        this.LinkButton2.Enabled = false;              //不显示"上一页"
    }
    if (curpage == pds.PageCount)
    {
        this.LinkButton3.Enabled = false;              //不显示"下一页"
        this.LinkButton4.Enabled = false;              //不显示"最后一页"
    }
    this.Label4.Text = Convert.ToString(pds.PageCount);
    this.DataList1.DataSource = pds;
    this.DataList1.DataKeyField = "id";
    this.DataList1.DataBind();
}
protected void LinkButton1_Click(object sender, EventArgs e)
{
    this.Label3.Text = "1";
    bind();
}
protected void LinkButton2_Click(object sender, EventArgs e)
{
    this.Label3.Text = Convert.ToString(Convert.ToInt32(this.Label3.Text) - 1);
    this.bind();
}
protected void LinkButton3_Click(object sender, EventArgs e)
{
    this.Label3.Text = Convert.ToString(Convert.ToInt32(this.Label3.Text) + 1);
    this.bind();
```

```
}
protected void LinkButton4_Click(object sender, EventArgs e)
{
    this.Label3.Text = this.Label4.Text;
    this.bind();
}
```

9.4　用户功能的实现

9.4.1　用户注册

　　用户在留言之前需要进行登录，如果用户没有账号则需要在登录之前进行注册。在用户注册时用户名和密码为必填项，其他为选填项，当用户单击按钮控件进行注册时会执行相应的注册事件进行数据库操作。用户注册界面的设计视图如图9.10所示。

　　把选择性别的下拉列表放在 AJAX 控件中，以避免其自动回发时导致密码框中的数据消失。"立即注册"按钮的 Click 事件的代码如下。

图 9.10　用户注册界面的设计视图

```
protected void Button1_Click(object sender, EventArgs e)
{
    DBClass db1 = new DBClass();
    try
    {
        string check = "select * from register where username = '" + TextBox1.Text + "'";
        DataTable dt = db1.GetRecords(check);
        if (dt != null && dt.Rows.Count == 1)     //用户名重名
        {
            Response.Write("< script > alert('注册失败,用户名重名!');</script >");
        }
        else
        {
            string strsql = " insert into register (username, password, sex, QQ, information,
others) values('" + TextBox1.Text + "','" + TextBox2.Text + "','" + DropDownList1.Text + "','" +
TextBox4.Text + "','" + TextBox5.Text + "','" + TextBox6.Text + "')";
            db1.ExecuteSql(strsql);
            string strsql2 = "select * from register where username = '" + TextBox1.Text + "'";
            DataTable dt2 = db1.GetRecords(strsql2);
            string id = dt2.Rows[0]["id"].ToString();
            Response.Write("< script languge = 'javascript'> alert('注册成功!');
                window.location.href = 'login.aspx?id = " + id + "'</script >");
        }
    }
    catch
    {
        Response.Write("< script languge = 'javascript'> alert('注册失败!');
            window.location.href = 'Default.aspx'</script >");
    }
}
```

9.4.2 用户登录

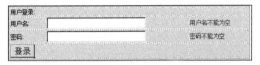

用户登录界面的设计视图如图 9.11 所示。

登录成功后,用 Session 变量记录用户名和密码,然后转向留言页面。"登录"按钮的 Click 事件的代码如下。

图 9.11 用户登录界面的设计视图

```
protected void Button1_Click(object sender, EventArgs e)
{
    DBClass db1 = new DBClass();
    string strsql = "select * from register where username = '" + TextBox1.Text + "' and
password = '" + TextBox2.Text + "'";
    DataTable dt = db1.GetRecords(strsql);
    if (dt != null && dt.Rows.Count == 1)            //登录成功
    {
        Session["username"] = TextBox1.Text;
        Session["userid"] = dt.Rows[0]["id"].ToString();
        Response.Redirect("Gbook.aspx?id = " + Session["uscrid"]);
    }
    else
    {
        Response.Write("< script languge = 'javascript'> alert('无法登录,用户名或密码错误!');
            window.location.href = 'login.aspx'</script>");
    }
}
```

9.4.3 用户留言

留言页面(Gbook.aspx)的设计视图如图 9.12 所示。

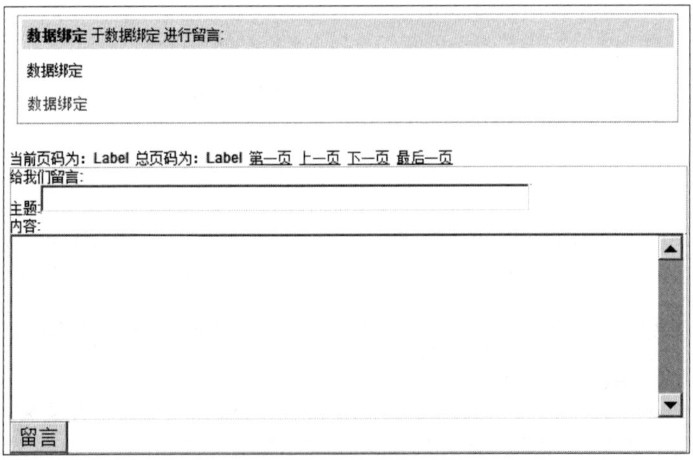

图 9.12 留言页面的设计视图

　　用户登录成功后可以进入留言页面,在该页面中可以查看留言、添加留言、注销,还可以进入个人信息修改页面。在留言功能实现前首先需要判断用户是否注册或登录,如果用户没有注册或登录,则用户就只能查看留言而无权进行留言;如果进行注册并登录,则用户在留言页面能够进行留言操作,所以在页面加载时就必须对用户的身份进行验证判断。留言页面（Gbook.aspx）的后台代码如下。

```
DBClass db1 = new DBClass();
protected void Page_Load(object sender, EventArgs e)
{
    if (Session["username"] == null || Session["userid"] == null)
    {
        Panel1.Visible = false;
        Label1.Text = "< a href = '" + "login.aspx'>" + "登录</a>";
        Label2.Text = "< a href = '" + "register.aspx'>" + "注册</a>";
        Label3.Text = "< a href = '" + "~/admin/login.aspx'>" + "管理员登录</a>";
    }
    else
    {
        Label1.Text = "你好" + "< a href = '" + "personal.aspx?uid = " + Request.QueryString
["id"] + "'>" + Session["username"].ToString() + "</a>";
        Label2.Text = "< a href = '" + "userindex.aspx?uid = " + Session["userid"].ToString() +
"&name = " + Session["username"] + "'>查看留言</a>";
        Label3.Text = "< a href = '" + "logout.aspx'>" + "注销</a>";
    }
}
protected void Button1_Click(object sender, EventArgs e)
{
    string strsql = " insert into gbook (title, name, time, contents, admin, reptime, repcontent,
classid, userid)
        values ('" + TextBox2.Text + "','" + Session["username"].ToString() + "','" + DateTime.
Now + "','" + TextBox1.Text + "','','" + DateTime.Now + "','','" + Request.QueryString["cid"] +
"','" + Session["userid"].ToString() + "')";
    db1.ExecuteSql(strsql);
    Response.Redirect("Gbook.aspx?cid = " + Request.QueryString["cid"]);
}
```

9.4.4 查看留言

用户登录后进入留言页面，可以单击"查看留言"超链接查看自己的留言，查看留言页面
（seebook.aspx）的设计视图如图 9.13 所示。

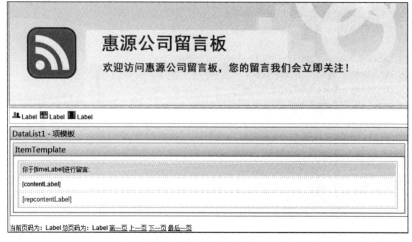

图 9.13 查看留言页面的设计视图

查看留言页面（seebook. aspx）的后台代码如下。

```
DBClass db1 = new DBClass();
protected void Page_Load(object sender, EventArgs e)
{
    if (!IsPostBack)
    {
        this.Label3.Text = "1";
        bind();
    }
    Label1.Text = "你好" + "< a href = '" + "personal.aspx?uid = " + Request.QueryString["uid"] +
"'>" + Request.QueryString["name"] + "</a>";
    Label2.Text = "< a href = '" + "Gbook.aspx?uid = " + Request.QueryString["uid"] + "'>留言</a>";
    Label5.Text = "< a href = '" + "logout.aspx'>" + "注销</a>";
}
public void bind()
{
    string strsql = "select gbook. * from gbook, register where register.id = gbook.userid
order by gbook.id desc";
    DataTable dt = db1.GetRecords(strsql);
    int curpage = Convert.ToInt32(this.Label3.Text);
    PagedDataSource pds = new PagedDataSource(); //使用分页类
    pds.DataSource = dt.DefaultView;
    pds.AllowPaging = true;              //是否可以分页
    pds.PageSize = 2;                    //每页显示的记录数量
    pds.CurrentPageIndex = curpage - 1;  //取得当前页的页码
    this.LinkButton1.Enabled = true;
    this.LinkButton2.Enabled = true;
    this.LinkButton3.Enabled = true;
    this.LinkButton4.Enabled = true;
    if (curpage == 1)
    {
        this.LinkButton1.Enabled = false;     //不显示"第一页"
        this.LinkButton2.Enabled = false;     //不显示"上一页"
    }
    if (curpage == pds.PageCount)
    {
        this.LinkButton3.Enabled = false;     //不显示"下一页"
        this.LinkButton4.Enabled = false;     //不显示"最后一页"
    }
    this.Label4.Text = Convert.ToString(pds.PageCount);
    this.DataList1.DataSource = pds;
    this.DataList1.DataKeyField = "id";
    this.DataList1.DataBind();
}
protected void LinkButton1_Click(object sender, EventArgs e)
{
    this.Label3.Text = "1";
    bind();
}
protected void LinkButton2_Click(object sender, EventArgs e)
{
    this.Label3.Text = Convert.ToString(Convert.ToInt32(this.Label3.Text) - 1);
    this.bind();
```

```
}
protected void LinkButton3_Click(object sender, EventArgs e)
{
    this.Label3.Text = Convert.ToString(Convert.ToInt32(this.Label3.Text) + 1);
    this.bind();
}
protected void LinkButton4_Click(object sender, EventArgs e)
{
    this.Label3.Text = this.Label4.Text;
    this.bind();
}
```

9.4.5 用户信息的查看

　　用户登录后可以查看自己的信息，在用户信息页面中用户不仅能够查看自己的用户信息，还能够通过 SQL 语句对留言信息查询进行数据的统计。用户信息页面（personal.aspx）的设计视图如图 9.14 所示。

图 9.14　用户信息页面的设计视图

　　当页面加载时先获取跳转前的页面传递过来的用户 ID 进行数据查询，在查询完成后将查询的数据值填充到控件中，以便能够呈现在客户端浏览器中。在查询了用户数据后还需要通过用户的用户名进行数据库中留言数据的统计，以便用户能够快速查看自己的留言统计信息，单击"修改资料"超链接则跳转到用户信息修改页面。用户信息页面（personal.aspx）的后台代码如下。

```
protected void Page_Load(object sender, EventArgs e)
{
    Label9.Text = "你好" + Session["username"];
    Label10.Text = "< a href = '" + "Gbook.aspx?uid = " + Request.QueryString["uid"] + "'>留言
</a>";
    Label11.Text = "< a href = '" + "logout.aspx'>" + "注销</a>";
    DBClass db1 = new DBClass();
    if (!String.IsNullOrEmpty(Request.QueryString["uid"]))          //获取传递的 uid
    {
```

```
        string uid = Request.QueryString["uid"];                       //参数值的获取
        string strsql = "select * from register where id = " + uid ;   //编写查询语句
        DataTable dt = db1.GetRecords(strsql);
        Label1.Text = dt.Rows[0]["username"].ToString();               //显示用户名
        Label2.Text = dt.Rows[0]["sex"].ToString();                    //显示性别
        Label3.Text = dt.Rows[0]["QQ"].ToString();                     //输出 QQ 值
        Label4.Text = dt.Rows[0]["information"].ToString();            //输出用户信息
        Label5.Text = dt.Rows[0]["others"].ToString();                //输出备注
        string strsql1 = "select count( * ) as mycount from gbook where name = '" + Label1.Text + "'";
        DataTable dt1 = db1.GetRecords(strsql1);                        //查询统计信息
        Label6.Text = dt1.Rows[0][0].ToString();                       //输出统计信息
    }
}
protected void LinkButton1_Click(object sender, EventArgs e)
{
    Response.Redirect("modi.aspx?uid = " + Request.QueryString["uid"]);
}
```

9.4.6　用户信息的修改

用户信息修改页面（modi.aspx）的设计视图如图9.15所示。

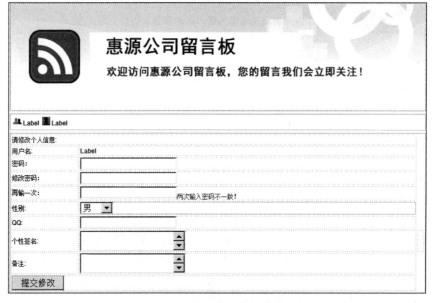

图 9.15　用户信息修改页面的设计视图

当 modi.aspx 页面加载时把相关信息呈现在对应的控件中，并显示相应的超链接，代码如下。

```
protected void Page_Load(object sender, EventArgs e)
{
    if (!IsPostBack)
    {
        string uid = Request.QueryString["uid"];                       //获取传递的参数
        string strsql = "select * from register where id = " + uid ;   //编写查询语句
        DataTable dt = db1.GetRecords(strsql);                          //获取查询结果
```

```
        Label1.Text = dt.Rows[0]["username"].ToString();                //填充用户名
        TextBox1.Text = dt.Rows[0]["password"].ToString();              //填充密码
        DropDownList1.SelectedItem.Text = dt.Rows[0]["sex"].ToString();  //填充性别
        TextBox3.Text = dt.Rows[0]["QQ"].ToString();                    //填充 QQ
        TextBox4.Text = dt.Rows[0]["information"].ToString();           //填充用户信息
        TextBox5.Text = dt.Rows[0]["others"].ToString();               //填充用户备注
    }
    Label2.Text = "< a href = '" + "personal.aspx?uid = " + Request.QueryString["uid"] + "'>返回
</a>";
    Label3.Text = "< a href = '" + "logout.aspx'>" + "注销</a>";
}
```

如果要修改个人信息，把相关信息修改后单击"提交修改"按钮，其 Click 事件的代码如下。

```
protected void Button1_Click(object sender, EventArgs e)
{
    string strsql;
    if (!String.IsNullOrEmpty(TextBox2.Text))                        //如果要修改密码
    {
        strsql = "update register set password = '" + TextBox2.Text + "', sex = '" + DropDownList1.
Text + "', QQ = '" + TextBox3.Text + "', information = '" + TextBox4.Text + "', others = '" + TextBox5.
Text + "' where id = " + Request.QueryString["uid"];
        db1.ExecuteSql(strsql);
        Response.Write("< script > alert('修改成功!');</script >");
    }
    else                                                            //如果不修改密码
    {
        strsql = "update register set sex = '" + DropDownList1.Text + "', QQ = '" + TextBox3.Text
+ "', information = '" + TextBox4.Text + "', others = '" + TextBox5.Text + "' where id = '" + Request.
QueryString["uid"] + "'";
    }
    db1.ExecuteSql(strsql);
    Response.Redirect("personal.aspx?uid = " + Request.QueryString["uid"]);
}
```

9.4.7 用户注销

当用户登录并执行了相应的操作后，用户可以选择注销操作进行注销以保证用户信息的安全。注意，不仅是注册用户能够执行注销操作，管理员也同样能够执行注销操作，在执行了注销操作后用户的所有信息将会被清除。单击"注销"超链接，转向 logout.aspx 页面，该页面的 Page_Load 事件的代码如下。

```
protected void Page_Load(object sender, EventArgs e)
{
    Session["username"] = null;                                      //清除用户信息
    Session["userid"] = null;                                        //清除用户信息
    Session["admin"] = null;                                         //清除管理员信息
    Response.Redirect("Default.aspx");                               //页面跳转
}
```

用户注销的过程十分简单，从上述代码即可看出。当用户执行注销操作时系统只需要将相应 Session 对象的值赋值为 null 即可，当系统的某些页面被加载时会判断该用户未登录。

9.5 管理员功能的实现

9.5.1 管理员登录

在网站根文件夹下新建文件夹 admin，将所有管理员功能页面都放在其中。管理员登录界面与用户登录界面的设计相同，在此不再赘述，其后台代码如下。

```
protected void Button1_Click(object sender, EventArgs e)
{
    DBClass db1 = new DBClass();
    string strsql = "select * from admin where adminname = '" + TextBox1.Text + "' and password = '" +
    TextBox2.Text + "'";
    DataTable dt = db1.GetRecords(strsql);
    if (dt != null && dt.Rows.Count == 1)                          //登录成功
    {
        Session["admin"] = TextBox1.Text;
        Response.Redirect("Gbook.aspx");
    }
    else
    {
        Response.Write("< script languge = 'javascript'> alert('无法登录,用户名或密码错误!');
          window.location.href = '../admin/login.aspx'</script>");
    }
}
```

9.5.2 管理员主界面

管理员登录后进入管理员主界面（Gbook.aspx），该页面使用了一个用户控件，该用户控件与 9.3.4 节中的用户控件不同，区别在于增加了"回复"和"删除"超链接，另外没有留言界面。使用了该用户控件的管理员主界面的设计视图如图 9.16 所示。

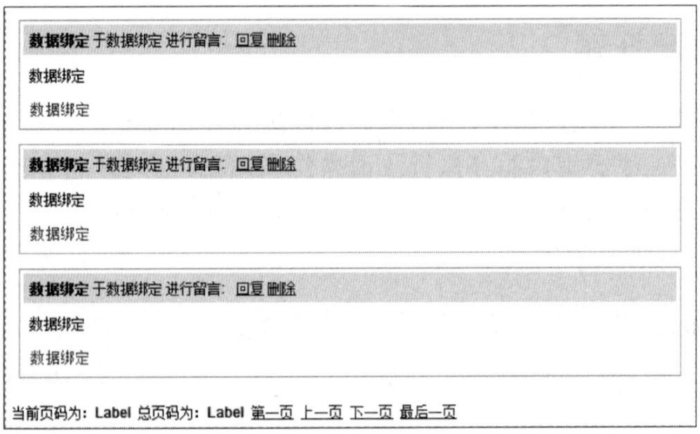

图 9.16　管理员主界面的设计视图

Gbook.aspx 的功能主要依靠用户控件 GbookList.ascx 来实现，该用户控件的后台代码与 9.3.4 节所创建的用户控件的后台代码相似，在此省略。在该用户控件中有关留言回复和删除的代码如下。

```
< span style = "font - size:10px">
    < a href = "reply. aspx?cid = <% # Eval("classid") %>&id = <% # Eval("id") %>">回复</a>
    < a href = "delete.aspx?cid = <% # Eval("classid") %>&id = <% # Eval("id") %>">删除</a>
</span>
```

Gbook. aspx 页面的后台代码很简单，就是设置两个导航链接，代码如下。

```
protected void Page_Load(object sender, EventArgs e)
{
    Label1. Text = "< a href = '" + "usermanage. aspx'>" + "用户管理</a>";
    Label2. Text = "< a href = '" + "../logout.aspx'>" + "注销</a>";
}
```

9.5.3　回复留言

当管理员在管理员主界面中单击"回复"超链接时会跳转到回复页面（reply. aspx），该页面能够执行相应留言的回复，其设计视图如图 9.17 所示。

图 9.17　回复页面的设计视图

在回复页面中程序通过传递过来的参数进行更新操作，完成后跳转到管理员主界面。"回复留言"按钮的 Click 事件的代码如下。

```
protected void Button1_Click(object sender, EventArgs e)
{
    DBClass db1 = new DBClass();
    string strsql = "update gbook set repcontent = '" + TextBox1. Text + "', reptime = '" +
DateTime. Now + "', admin = '" + Session["admin"]. ToString() + "' where id = '" + Request.
QueryString["id"] + "'";
    db1. ExecuteSql(strsql);
    Response. Redirect("Gbook. aspx?cid = " + Request. QueryString["cid"] + "");
}
```

9.5.4　删除留言

在执行回复和删除操作时页面通过获取 cid 参数进行跳转，通过获取 id 参数进行相应的数据处理。删除页面并不需要进行数据的呈现或 HTML 的呈现，只需要进行数据的处理，所以无须设计前台界面。删除留言页面的后台代码如下。

```
protected void Page_Load(object sender, EventArgs e)
{
    DBClass db1 = new DBClass();
    string strsql = "delete from gbook where id = '" + Request. QueryString["id"] + "'";
    db1. ExecuteSql(strsql);
```

```
        Response.Redirect("Gbook.aspx?cid = " + Request.QueryString["cid"] + "");
    }
```

9.5.5 用户管理

管理员在该模块中对用户信息进行管理,用户管理页面(usermanage.aspx)的设计视图如图 9.18 所示。

图 9.18 用户管理页面的设计视图

该页面的设计比较简单,结合使用数据源控件 SqlDataSource 和数据显示控件 GridView,无须后台代码就可以实现用户表的编辑和删除功能,在页面加载时只需要设置两个导航链接,代码如下。

```
protected void Page_Load(object sender, EventArgs e)
{
    Label1.Text = "< a href = '" + "Gbook.aspx'>" + "留言管理</a>";
    Label2.Text = "< a href = '" + "../logout.aspx'>" + "注销</a>";
}
```

9.6 案例运行演示

9.6.1 准备基本数据

在运行留言板前应保证基本的数据是存在的。首先需要添加管理员,管理员可以在 SQL Server Management Studio 视图状态下添加,也可以执行 SQL 语句添加。执行 SQL 语句添加管理员的代码如下。

```
insert into admin (adminname, password) values ('admin', 'admin')
```

上述代码创建了一个名字为 admin、密码为 admin 的管理员,使用该用户名和密码能够登录到管理员主界面进行管理员的相关操作。除了需要准备管理员数据以外,还需要准备留言分类数据,其 SQL 语句如下。

```
insert into gbook_class (classname) values ('客户服务')
insert into gbook_class (classname) values ('最新产品')
insert into gbook_class (classname) values ('意见反馈')
```

9.6.2　主页运行效果演示

运行 Default.aspx,运行效果如图 9.19 所示。

图 9.19　主页运行效果

未注册和登录的用户都可以单击"查看留言"按钮查看留言,运行效果如图 9.20 所示。

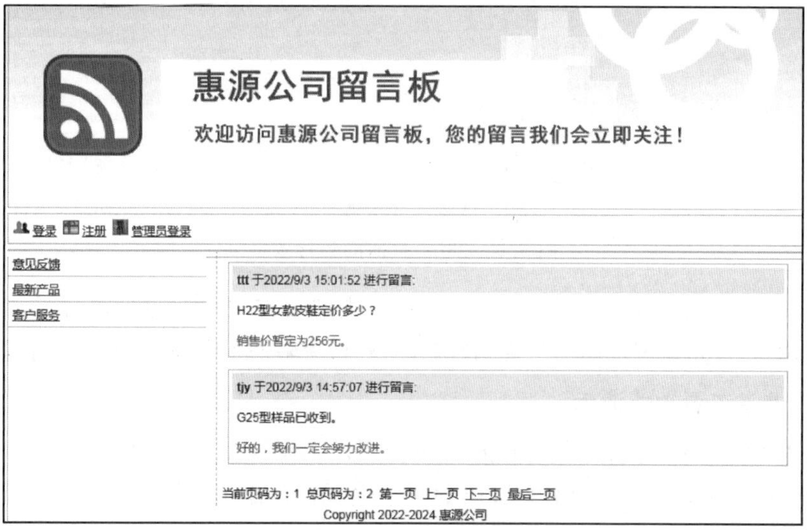

图 9.20　查看留言

9.6.3　用户功能演示

1. 用户注册功能演示

单击"注册"超链接,页面转向注册页面(register.aspx),在该页面中填写各项个人信息,其中用户名和密码不能空,填写完毕后单击"立即注册"按钮就可以完成注册。注册页面的运行效果如图 9.21 所示。

2. 留言功能演示

用户登录成功后进入留言页面(Gbook.aspx),页面运行效果如图 9.22 所示。

图 9.21　注册页面的运行效果

图 9.22　留言页面的运行效果

在留言页面中,用户在左侧导航栏中选择留言类别,在右侧留言区域填写留言主题和留言内容,单击"留言"按钮就可以添加留言到数据库,然后跳转回本页面,并显示刚才添加的留言。

3. 用户信息查看功能演示

在留言页面(Gbook.aspx)的导航栏中单击用户名超链接,页面转向用户信息查看页面(personal.aspx),在该页面中将显示用户的基本信息及留言统计数,页面运行效果如图 9.23 所示。

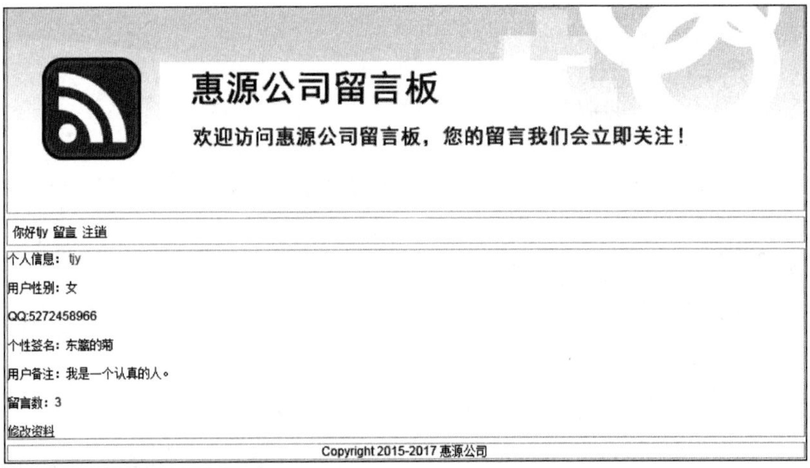

图 9.23　用户信息查看页面的运行效果

4．用户信息修改功能演示

如果要修改用户信息，在用户信息查看页面中单击"修改资料"超链接，页面转向用户信息修改页面（modi．aspx），运行效果如图 9.24 所示。

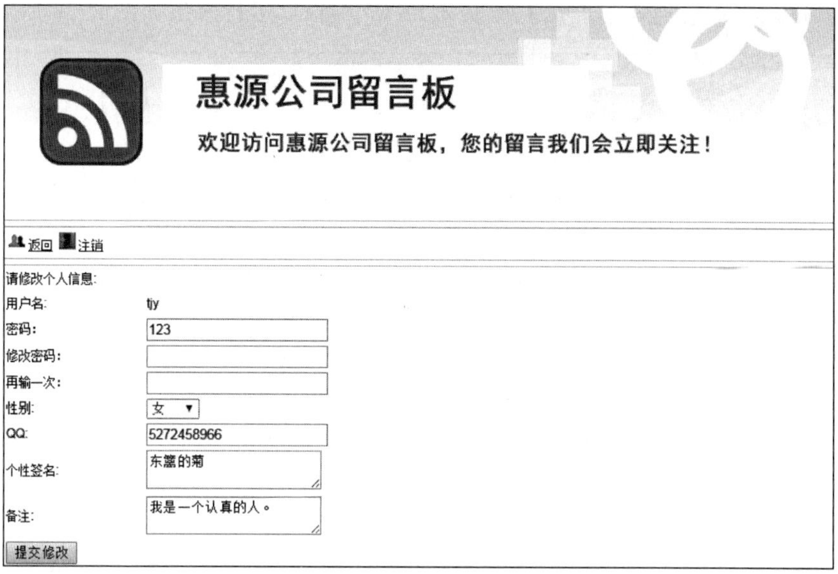

图 9.24 用户信息修改页面的运行效果

在本页面中修改个人信息，单击"提交修改"按钮后就可以修改用户个人信息。单击"返回"按钮可以返回用户信息查看页面。

5．查看留言功能演示

在留言页面（Gbook．aspx）的导航栏中单击"查看留言"超链接，页面转向查看留言页面（seebook．aspx），在该页面中用户可以查看留言，运行效果如图 9.25 所示。

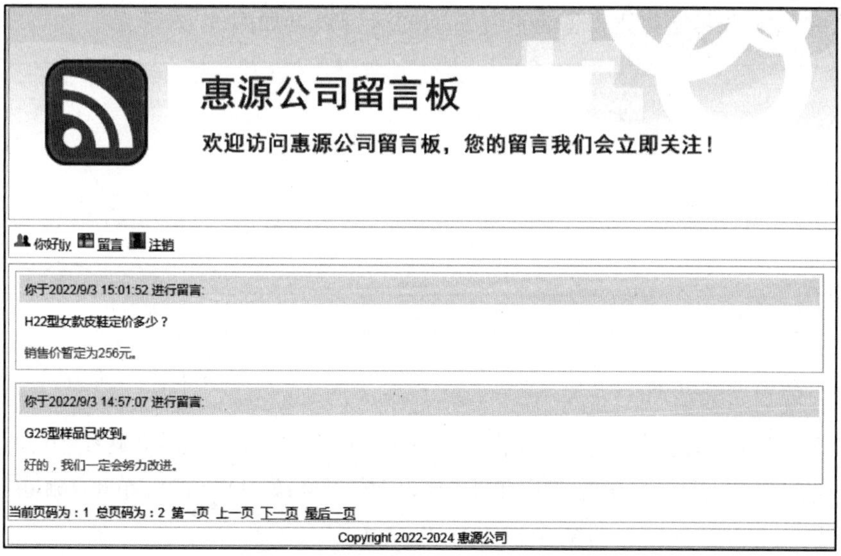

图 9.25 查看留言页面的运行效果

9.6.4　管理员功能演示

1．管理员主界面运行效果

管理员登录成功后进入管理员主界面（Gbook.aspx），运行效果如图 9.26 所示。

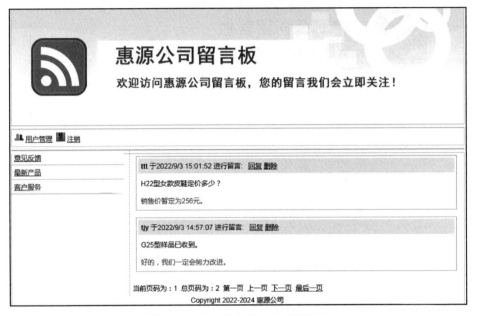

图 9.26　管理员主界面的运行效果

2．留言管理功能演示

在管理员主界面中的某条留言后单击"删除"超链接，就可以删除该条留言；单击"回复"超链接，页面转向留言回复页面（reply.aspx），管理员在该页面中回复后单击"回复留言"就可以完成留言回复功能。留言回复页面的运行效果如图 9.27 所示。

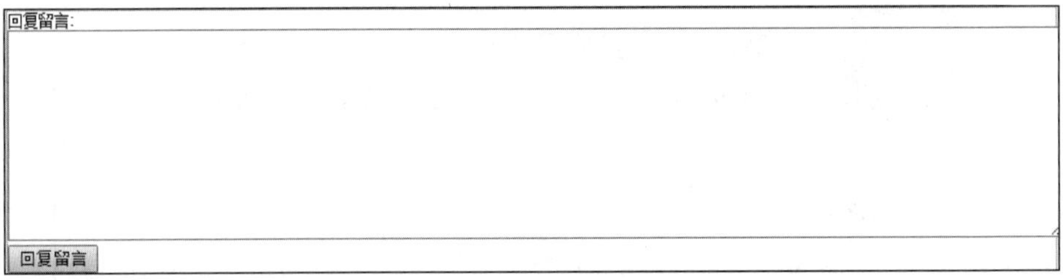

图 9.27　留言回复页面的运行效果

3．用户管理功能演示

在管理员主界面的导航栏中单击"用户管理"超链接，页面可转向用户管理页面（usermanage.aspx），在该页面中可以单击"编辑"按钮修改用户信息，单击"删除"按钮删除用户信息，用户管理页面的运行效果如图 9.28 所示。

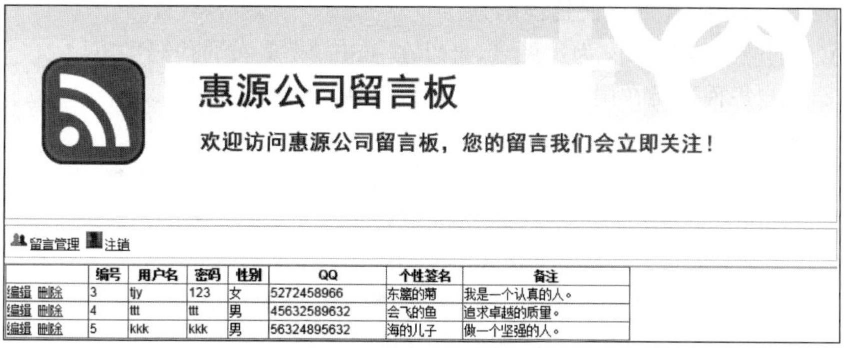

图 9.28 用户管理页面的运行效果

习题 9

1. 填空题

（1）通过使用 CSS 能够将_____和_____相分离，这样就能够方便地进行系统样式维护。

（2）用户控件是使用现有的_____进行控件的制作。

（3）_____文件提供了自定义可扩展的系统配置，在其中可以定义数据库连接字符串代码。

（4）建立数据访问公用类可以解决代码_____的问题。

（5）当用户执行注销操作时，系统只需要将相应 Session 对象的值赋值为_____即可。

2. 单项选择题

（1）在下列选项中只有_____不是 Page 指令的属性。

    A. CodeFile   B. Inherits   C. Namespace   D. Language

（2）下面对状态保持对象的说法错误的是_____。

    A. Session 对象是针对单一会话的，可以用来保存对象

    B. Cookie 保存在浏览器端，若没设置 Cookie 的过期时间，则会发生在关闭当前会话的相关浏览器后 Cookie 丢失的情况

    C. Application 是应用程序级的，所有浏览器端都可以获取到 Application 中保存的信息

    D. Session 对象保存在浏览器端，容易丢失

（3）在 ADO. NET 中，对于 Command 对象的 ExecuteNonQuery()方法和 ExecuteReader()方法，下面叙述中错误的是_____。

    A. Insert、Update、Delete 等操作的 SQL 语句主要用 ExecuteNonQuery()方法来执行

    B. ExecuteNonQuery()方法返回执行 SQL 语句所影响的行数

    C. Select 操作的 SQL 语句只能由 ExecuteReader()方法来执行

    D. ExecuteReader()方法返回一个 DataReader 对象

（4）下列对用户控件的说法错误的是_____。

　　A. 用户控件以.ascx 为扩展名，可以在 ASP.NET 布局代码中重用

　　B. 用户控件不能在同一应用程序的不同网页上使用

　　C. 用户控件使用@Control 指令

　　D. 用户控件是一种自定义的组合控件

（5）关于 GridView 的使用，下列说法中错误的是_____。

　　A. GridView 会生成以表格布局的列表

　　B. GridView 内置了分页、排序以及增、删、改、查等功能

　　C. 在给 GridView 设置数据源时可以指定该控件的 DataSourceID 为某数据源控件的 ID

　　D. 在给 GridView 设置 DataSource 属性后必须调用 DataBind（）方法，且 DataSource 和 DataSourceID 不可以同时指定

3. 上机操作题

（1）设计一个简单的新闻发布系统，要求前台能展示新闻列表、浏览新闻内容，后台登录后能进行新闻的添加、修改和删除。

（2）设计一个简单的论坛系统，要求用户能注册、登录、发帖、回帖、查看帖子等，管理员能登录以及管理用户和帖子。

参 考 文 献

[1] 郭兴峰,张露,刘文昌.ASP.NET 3.5 动态网站开发基础教程(C♯2008 篇)[M].北京:清华大学出版社,2010.

[2] 马骏,党兰学,杜莹.ASP.NET 网页设计与网站开发[M].北京:人民邮电出版社,2007.

[3] 祁长兴.ASP.NET Web 程序设计[M].北京:机械工业出版社,2013.

[4] 胡静,韩英杰,陶永才.ASP.NET 动态网站开发教程[M].2 版.北京:清华大学出版社,2009.

[5] 郑阿奇.ASP.NET 程序设计教程[M].北京:机械工业出版社,2009.

[6] 吴志祥,李光敏,郑军红.高级 Web 程序设计 ——ASP.NET 网站开发[M].北京:科学出版社,2013.

[7] 吴志祥,何享,张智.ASP.NET Web 应用开发教程[M].武汉:华中科技大学出版社,2016.

[8] 李春葆,曾平,喻丹丹.C♯程序设计教程[M].3 版.北京:清华大学出版社,2015.

[9] 王喜平,于国槐,宋晶.ASP.NET 程序开发范例宝典[M].北京:人民邮电出版社,2015.

[10] 陈志泊.ASP.NET 数据库应用程序开发教程[M].北京:人民邮电出版社,2005.

图书资源支持

感谢您一直以来对清华版图书的支持和爱护。为了配合本书的使用，本书提供配套的资源，有需求的读者请扫描下方的"书圈"微信公众号二维码，在图书专区下载，也可以拨打电话或发送电子邮件咨询。

如果您在使用本书的过程中遇到了什么问题，或者有相关图书出版计划，也请您发邮件告诉我们，以便我们更好地为您服务。

我们的联系方式：

地　　址：北京市海淀区双清路学研大厦 A 座 714

邮　　编：100084

电　　话：010-83470236　010-83470237

客服邮箱：2301891038@qq.com

QQ：2301891038（请写明您的单位和姓名）

资源下载：关注公众号"书圈"下载配套资源。

资源下载、样书申请

书圈

图书案例

清华计算机学堂

观看课程直播